建筑施工图集应用系列丛书

11G101-1 平法图集应用百问
(现浇混凝土框架、剪力墙、梁、板)

上官子昌　主编

中国建筑工业出版社

图书在版编目(CIP)数据

11G101-1平法图集应用百问（现浇混凝土框架、剪力墙、梁、板）/上官子昌主编. —北京：中国建筑工业出版社，2013.11
（建筑施工图集应用系列丛书）
ISBN 978-7-112-16098-3

Ⅰ.①1… Ⅱ.①上… Ⅲ.①钢筋混凝土-混凝土施工-国家标准-中国-问题解答 Ⅳ.①TU755-65

中国版本图书馆CIP数据核字(2013)第268349号

本书主要依据最新的规范、标准和制图规则进行编写，结合工程实际应用，全面介绍了《11G101-1混凝土结构施工图平面整体表示方法制图规则和构造详图（现浇混凝土框架、剪力墙、梁、板）》图集应用的相关知识，并列举了大量实例应用，内容丰富，实用性强。全书内容主要包括：11G101-1图集基础知识、柱构件、剪力墙构件、梁构件、板构件。

本书作为介绍平法技术和钢筋计算的基础性、普及性读物，可供设计人员、施工技术人员、工程监理人员、工程造价人员及钢筋工等参考使用，也可以作为相关专业的教学辅导用书。

责任编辑：岳建光 张 磊
责任设计：李志立
责任校对：陈晶晶 党 蕾

建筑施工图集应用系列丛书
11G101-1平法图集应用百问
（现浇混凝土框架、剪力墙、梁、板）
上官子昌 主编
*
中国建筑工业出版社出版、发行（北京西郊百万庄）
各地新华书店、建筑书店经销
北京科地亚盟排版公司制版
北京市安泰印刷厂印刷
*
开本：787×1092毫米 1/16 印张：14¼ 字数：355千字
2014年3月第一版 2014年3月第一次印刷
定价：**38.00**元
ISBN 978-7-112-16098-3
（24846）

本书编委会

主　编　上官子昌

参　编（按姓氏笔画排序）

王　红　刘　磊　刘志强　刘连刚

许　腾　孙育博　李　倩　李祥芹

李博文　吴　丹　张　彤　张光明

张晓静　张馨元　赵丽杰　郭晶晶

前　言

随着我国国民经济持续、快速、健康的发展，钢筋作为建筑工程的主要工程材料，以其优越的材料特性，成为大型建筑首选的结构形式，这就使得钢筋在建筑结构中的应用比例越来越高，而高质量的钢筋算量是实现快速、经济、合理施工的重要条件。

钢筋识图与算量工作是贯穿工程建设过程中确定钢筋用量及造价的重要环节，是一项技术含量高的工作。目前，平法钢筋技术发展迅速，涌现出很多新方法、新工艺，但钢筋翻样仍未形成一套完整的理论体系，而从事钢筋工程的设计人员、施工人员，对于钢筋算量理论知识的掌握水平以及方法技巧的运用能力等仍有待提高。为了满足钢筋工程技术人员与其他相关人员的需要，我们依据最新的规范、标准和制图规则等，编写了本书。

本书从11G101-1图集基础知识讲起，然后按照11G101-1图集里的顺序逐步介绍柱构件、剪力墙构件、梁构件、板构件中的识图与钢筋算量的知识。本书可供设计人员、施工技术人员、工程监理人员、工程造价人员及钢筋工等参考使用，也可以作为相关专业的教学辅导用书。

本书在编写过程中参阅和借鉴了许多优秀书籍、图集和有关国家标准，并得到了有关领导和专家的帮助，在此一并致谢。由于作者的学识和经验有限，虽经编者尽心尽力，但书中仍难免存在疏漏或未尽之处，敬请有关专家和读者予以批评指正。您若对本书有什么意见、建议或图书出版的意愿、想法，欢迎致函289052980@qq.com交流沟通！

编　者

2013年9月

目　录

第1章　11G101-1图集基础知识

1　11G101图集有哪些基本要求？

（1）11G101图集根据住房和城乡建设部建质函〔2011〕82号《关于印发〈2011年国家建筑标准设计编制工作计划〉的通知》进行编制。

（2）11G101图集是混凝土结构施工图采用建筑结构施工图平面整体设计方法的国家建筑标准设计图集。

平法的表达形式，概括来讲，是把结构构件的尺寸和配筋等，按照平面整体表示方法制图规则，整体直接表达在各类构件的结构平面布置图上，再与标准构造详图相配合，即构成一套完整的结构设计。平法系列图集包括：

1）11G101-1《混凝土结构施工图平面整体表示方法制图规则和构造详图（现浇混凝土框架、剪力墙、梁、板)》。

2）11G101-2《混凝土结构施工图平面整体表示方法制图规则和构造详图（现浇混凝土板式楼梯)》。

3）11G101-3《混凝土结构施工图平面整体表示方法制图规则和构造详图（独立基础、条形基础、筏形基础及桩基承台)》。

（3）11G101图集标准构造详图的主要设计依据：

1）《混凝土结构设计规范》(GB 50010—2010)。

2）《建筑抗震设计规范》(GB 50011—2010)。

3）《建筑地基基础设计规范》(GB 50007—2011)。

4）《高层建筑混凝土结构技术规程》(JGJ 3—2010)。

5）《建筑桩基技术规范》(JGJ 94—2008)。

6）《地下工程防水技术规范》(GB 50108—2008)。

7）《建筑结构制图标准》(GB/T 50105—2010)。

（4）11G101图集的制图规则，既是设计者完成平法施工图的依据，也是施工、监理人员准确理解和实施平法施工图的依据。

（5）11G101图集中未包括的构造详图，以及其他未尽事项，应在具体设计中由设计者另行设计。

（6）当具体工程设计需要对11G101图集的标准构造详图做某些变更，设计者应提供相应的变更内容。

（7）11G101图集构造节点详图中的钢筋，部分采用深红色线条表示。

（8）11G101图集的尺寸以毫米为单位，标高以米为单位。

2 11G101-1图集是由哪些内容组成的？

1. 柱（表1-1）

11G101-1图集的应用——柱　　表1-1

柱	制图规则	施工图表示方法		
		列表注写方式		
		截面注写方式		
		其他		
	标准构造详图	框架柱根部钢筋锚固构造	框架柱插筋在基础中的锚固构造	
			框架梁上起柱钢筋锚固构造	
			剪力墙上起柱钢筋锚固构造	
			芯柱锚固构造	
		框架柱和地下框架柱柱身钢筋构造	抗震框架柱（KZ）纵向钢筋连接构造	
			地下室抗震框架柱（KZ）的纵向钢筋连接构造与箍筋加密区范围	
			非抗震框架柱（KZ）纵向钢筋连接构造	
		框架柱节点钢筋构造	框架柱变截面位置纵向钢筋构造	抗震KZ柱变截面位置纵向钢筋构造
				非抗震KZ柱变截面位置纵向钢筋构造
			框架柱顶层中间节点钢筋构造	抗震KZ中柱柱顶纵向钢筋构造
				非抗震KZ中柱柱顶纵向钢筋构造
			框架柱顶层端节点钢筋构造	抗震KZ边柱和角柱柱顶纵向钢筋构造
				非抗震KZ边柱和角柱柱顶纵向钢筋构造
		框架柱箍筋构造	抗震KZ、QZ、LZ箍筋加密区范围及抗震QZ、LZ纵向钢筋构造	
			非抗震KZ箍筋构造及非抗震QZ、LZ纵向钢筋构造	

2. 剪力墙（表1-2）

11G101-1图集的应用——剪力墙　　表1-2

剪力墙	制图规则	施工图表示方法		
		列表注写方式		
		截面注写方式		
		剪力墙洞口表示方法		
		地下室外墙表示方法		
		其他		
	标准构造详图	剪力墙插筋锚固构造		
		剪力墙柱钢筋构造	剪力墙柱柱身钢筋构造	约束边缘构件YBZ构造
				剪力墙水平钢筋计入约束边缘构件体积配筋率的构造做法
				构造边缘构件GBZ、扶壁柱FBZ、非边缘暗柱AZ构造
				剪力墙边缘构件纵向钢筋连接构造
				剪力墙上起约束边缘构件纵筋构造
			剪力墙柱节点钢筋构造	墙柱变截面钢筋构造
				墙柱柱顶钢筋构造
		剪力墙身钢筋构造	剪力墙身水平钢筋构造	
			剪力墙身竖向钢筋构造	
		剪力墙梁配筋构造	剪力墙连梁配筋构造	
			剪力墙边框梁配筋构造	
			剪力墙暗梁配筋构造	
			剪力墙边框梁或暗梁与连梁重叠时配筋构造	
		剪力墙洞口补强构造		
		地下室外墙DWQ钢筋构造		

3. 梁（表 1-3）

11G101-1 图集的应用——梁 **表 1-3**

梁	制图规则	施工图表示方法	
		平面注写方式	
		截面注写方式	
		梁支座上部纵筋的长度规定	
		不伸入支座的梁下部纵筋的长度规定	
		其他	
	标准构造详图	楼层框架梁纵向钢筋构造	抗震楼层框架梁纵向钢筋构造
			非抗震楼层框架梁纵向钢筋构造
		屋面框架梁纵向钢筋构造	抗震屋面框架梁纵向钢筋构造
			非抗震屋面框架梁纵向钢筋构造
		框架梁、屋面框架梁中间支座纵向钢筋构造	
		梁侧面纵向构造筋及拉筋的构造	
		框架梁水平、竖向加腋构造	
		梁箍筋构造	抗震框架梁和屋面框架梁箍筋构造
			非抗震框架梁和屋面框架梁箍筋构造
		附加箍筋、吊筋的构造	
		纯悬挑梁与各类梁的悬挑端配筋构造	
		不伸入支座梁下部纵向钢筋构造	
		KZZ、KZL 配筋构造	
		非框架梁 L 中间支座纵向钢筋构造	
		井字梁 JZL 配筋构造	

4. 板（表 1-4）

11G101-1 图集的应用——板 **表 1-4**

板	制图规则	有梁楼盖平法施工图制图规则	
		无梁楼盖平法施工图制图规则	
		楼板相关构造制图规则	
	标准构造详图	楼面板与屋面板钢筋构造	
		楼面板与屋面板端部钢筋构造	
		有梁楼盖不等跨板上部贯通纵筋连接构造	
		有梁楼盖悬挑板钢筋构造	悬挑板钢筋构造
			板翻边构造
			悬挑板阳角放射筋构造
		无梁楼盖柱上板带与跨中板带纵向钢筋构造	
		板带端支座、板带悬挑端纵向钢筋构造及柱上板带暗梁钢筋构造	
		板加腋 JY 构造	
		板开洞 BD 与洞边加强钢筋构造	
		柱帽 ZMa、ZMb、ZMc、ZMab 构造	
		抗冲切箍筋 Rh 和抗冲切弯起筋 Rb 构造	

3 平面整体表示方法制图规则有哪些?

（1）为了规范使用建筑结构施工图平面整体设计方法，保证按平法设计绘制的结构施工图实现全国统一，确保设计、施工质量，特制定 11G101-1 制图规则。

（2）11G101-1 图集制图规则适用于基础顶面以上各种现浇混凝土结构的框架、剪力墙、梁、板（有梁楼盖和无梁楼盖）等构件的结构施工图设计。楼板部分也适用于砌体结构。

（3）当采用 11G101-1 制图规则时，除遵守 11G101-1 图集有关规定外，还应符合国家现行有关标准。

（4）按平法设计绘制的施工图，一般是由各类结构构件的平法施工图和标准构造详图两大部分构成，但对于复杂的工业与民用建筑，尚需增加模板、开洞和预埋件等平面图。只有在特殊情况下才需增加剖面配筋图。

（5）按平法设计绘制结构施工图时，必须根据具体工程设计，按照各类构件的平法制图规则，在按结构（标准）层绘制的平面布置图上直接表示各构件的尺寸、配筋。出图时，宜按基础、柱、剪力墙、梁、板、楼梯及其他构件的顺序排列。

（6）在平面布置图上表示各构件尺寸和配筋的方式，分平面注写方式、列表注写方式和截面注写方式三种。

（7）按平法设计绘制结构施工图时，应将所有柱、剪力墙、梁和板等构件进行编号，编号中含有类型代号和序号等。其中，类型代号的主要作用是指明所选用的标准构造详图；在标准构造详图上，已经按其所属构件类型注明代号，以明确该详图与平法施工图中该类型构件的互补关系，使两者结合构成完整的结构设计图。

（8）按平法设计绘制结构施工图时，应当用表格或其他方式注明包括地下和地上各层的结构层楼（地）面标高、结构层高及相应的结构层号。

其结构层楼面标高和结构层高在单项工程中必须统一，以保证基础、柱与墙、梁、板、楼梯等用同一标准竖向定位。为施工方便，应将统一的结构层楼面标高和结构层高分别放在柱、墙、梁等各类构件的平法施工图中。

注：结构层楼面标高系指将建筑图中的各层地面和楼面标高值扣除建筑面层及垫层做法厚度后的标高，结构层号应与建筑楼层号对应一致。

（9）为了确保施工人员准确无误地按平法施工图进行施工，在具体工程施工图中必须写明以下与平法施工图密切相关的内容：

1）注明所选用平法标准图的图集号（如 11G101-1 图集号为 11G101-1），以免图集升版后在施工中用错版本。

2）写明混凝土结构的设计使用年限。

3）当抗震设计时，应写明抗震设防烈度及抗震等级，以明确选用相应抗震等级的标准构造详图；当非抗震设计时，也应注明，以明确选用非抗震的标准构造详图。

4）写明各类构件在不同部位所选用的混凝土的强度等级和钢筋级别，以确定相应纵向受拉钢筋的最小锚固长度及最小搭接长度等。

当采用机械锚固形式时，设计者应指定机械锚固的具体形式、必要的构件尺寸以及质量要求。

5）当标准构造详图有多种可选择的构造做法时写明在何部位选用何种构造做法。当未写明时，则为设计人员自动授权施工人员可以任选一种构造做法进行施工。例如：框架顶层端节点配筋构造（11G101-1 图集第 59、64 页）、复合箍中拉筋弯钩做法（11G101-1 图集第 56 页）、无支撑板端部封边构造（11G101-1 图集第 95 页）等。

某些节点要求设计者必须写明在何部位选用何种构造做法，例如：非框架梁（板）的上部纵向钢筋在端支座的锚固（需注明“设计按铰接”或“充分利用钢筋的抗拉强度时”）、地下室外墙与顶板的连接（11G101-1 图集第 77 页）、剪力墙上柱 QZ 纵筋构造方式（11G101-1 图集第 61、66 页）、剪力墙水平钢筋是否计入约束边缘构件体积配箍率计算（11G101-1 图集第 72 页）等。

6）写明柱（包括墙柱）纵筋、墙身分布筋、梁上部贯通筋等在具体工程中需接长时所采用的连接形式及有关要求。必要时，尚应注明对接头的性能要求。

轴心受拉及小偏心受拉构件的纵向受力钢筋不得采用绑扎搭接，设计者应在平法施工图中注明其平面位置及层数。

7）写明结构不同部位所处的环境类别。

8）注明上部结构的嵌固部位位置。

9）设置后浇带时，注明后浇带的位置、浇筑时间和后浇混凝土的强度等级以及其他特殊要求。

10）当柱、墙或梁与填充墙需要拉结时，其构造详图应由设计者根据墙体材料和规范要求选用相关国家建筑标准设计图集或自行绘制。

11）当具体工程需要对 11G101-1 图集的标准构造详图做局部变更时，应注明变更的具体内容。

12）当具体工程中有特殊要求时，应在施工图中另加说明。

（10）对钢筋的混凝土保护层厚度、钢筋搭接和锚固长度，除在结构施工图中另有注明者外，均需按 11G101-1 图集标准构造详图中的有关构造规定执行。

4 11G101-1 图集新增的梁柱节点有何意义？

1. 基本锚固长度 l_{ab}

基本锚固长度 l_{ab}的用法如下：

（1）梁上部纵筋在端支座的锚固，钢筋末端 90°弯折锚固：

弯锚水平段长度不小于 $0.4l_{ab}$，弯折段长度 $15d$。

（2）顶层节点中柱纵向钢筋的锚固，柱纵向钢筋 90°弯折锚固：

弯锚垂直段长度不小于 $0.5l_{ab}$，弯折段长度不小于 $12d$。

以上两条可归纳为，弯锚的平直段长度都采用 l_{ab}（l_{abE}）来衡量——即前面可以乘以一个系数（0.4、0.5 或 0.6 以及其他系数）——对比旧规范和旧图集，是以 l_a（l_{aE}）来衡量的（例如 $0.4l_{aE}$、$0.5l_{aE}$等）。

（3）顶层端节点梁、柱纵向钢筋在节点内的锚固与搭接：

1）搭接接头沿顶层端节点外侧及梁端顶部布置：

柱外侧纵筋弯锚长度不小于 $1.5l_{ab}$。

2）搭接接头沿节点外侧直线布置：

梁上部纵筋在端部弯折段与柱纵筋搭接长度不小于 $1.7l_{ab}$。

2. l_{abE}用于梁抗震弯锚时的直段长度

l_{abE}用于梁抗震弯锚时的直段长度。例如：11G101-1 图集第 79 页，抗震楼层框架梁 KL 纵向钢筋构造端支座水平锚固段引注：

上部纵筋：伸至柱外侧纵筋内侧，且不小于 $0.4l_{abE}$，弯折段长度 $15d$。

下部纵筋：伸至梁上部纵筋弯钩段内侧或柱外侧纵筋内侧，且不小于 $0.4l_{abE}$，弯折段长度 $15d$。

3. l_{abE}用于柱抗震弯锚时的直段长度

l_{abE}用于柱抗震弯锚时的直段长度。例如：11G101-1 图集第 60 页，抗震 KZ 中柱柱顶纵向钢筋构造 A、B 节点：柱纵筋弯锚垂直段长度为伸至柱顶，且不小于 $0.5l_{abE}$，弯折段长度 $12d$。

4. l_{aE}与 l_{abE}的不同应用

l_{aE}与 l_{abE}的不同应用：l_{aE}用于（柱）抗震直锚时的锚固长度，l_{abE}用于（柱）抗震弯锚时的直段长度。

例如：11G101-1 图集第 60 页，抗震 KZ 柱变截面位置纵向钢筋构造单侧或双侧变截面（$\Delta/h_b>1/6$）构造做法：下筋直锚段不小于 $0.5l_{abE}$，弯折段长度 $12d$；上筋直锚长度 $1.2l_{aE}$。

5. 顶层端节点梁、柱纵向钢筋在节点内的锚固与搭接

注意，在顶层端节点梁、柱纵向钢筋在节点内的锚固与搭接构造中，全部采用 l_{abE}，而不是 l_{aE}。这就是 11G101-1 图集第 59 页，抗震 KZ 边柱和角柱柱顶纵向钢筋构造（这里，综合了“柱插梁”和“梁插柱”两种情况）。

新图集设定了 5 种节点，其中节点Ⓐ是新增的做法。由于“柱内侧纵筋同中柱柱顶纵向钢筋构造，见 11G101-1 图集第 60 页”，所以下面只讨论柱外侧纵筋。

节点Ⓐ　柱筋作为梁上部钢筋使用：

柱外侧纵向钢筋直径不小于梁上部纵筋时，可弯入梁内作梁上部纵向钢筋。

节点Ⓑ　从梁底算起 $1.5l_{abE}$超过柱内侧边缘：

其构造基本同旧图集，包括柱外侧纵向钢筋配筋率大于 1.2%情况：柱外侧纵筋分两批截断（部分纵筋多伸不小于 $20d$）。

节点Ⓒ　从梁底算起 $1.5l_{abE}$未超过柱内侧边缘（新规范给出这个构造）：

要求柱纵筋弯折长度不小于 $15d$（没有伸过柱内侧 500mm 的规定）；其构造包括柱外侧纵向钢筋配筋率大于 1.2%时分两批截断（部分纵筋多伸不小于 $20d$）；梁上部纵筋下弯到梁底，且不小于 $15d$。

节点Ⓓ　用于Ⓑ或Ⓒ节点未伸入梁内的柱外侧钢筋锚固：

柱顶第一层钢筋伸至柱内边向下弯折 $8d$；柱顶第二层钢筋伸至柱内边；当现浇板厚度不小于 100mm 时，也可按Ⓑ节点方式伸入板内锚固，且伸入板内长度不宜小于 $15d$。

节点Ⓔ　梁、柱纵向钢筋搭接接头沿节点外侧直线布置：

梁、柱纵向钢筋搭接长度不小于 $1.7l_{abE}$（柱纵筋端部没有弯 $12d$ 直钩）；梁上部纵向钢筋配筋率大于 1.2%时，应分两批截断（部分纵筋多伸不小于 $20d$），当梁上部纵向钢筋为两排时，先截断第二排钢筋——这就是说，多伸不小于 $20d$ 的是梁上部第一排纵筋。

必须注意到节点Ⓐ、Ⓑ、Ⓒ、Ⓓ应配合使用。节点Ⓓ不能单独使用。这就是说，上述 5 种节点有下列各种可能的组合：“Ⓑ＋Ⓓ”、“Ⓒ＋Ⓓ”、“Ⓐ＋Ⓑ＋Ⓓ”、“Ⓐ＋Ⓒ＋Ⓓ”、“Ⓔ”、“Ⓐ＋Ⓔ”。

5 钢筋的表示方法有哪些?

普通钢筋的一般表示方法应符合表1-5的规定。

普通钢筋　　表1-5

序号	名称	图例	说明
1	钢筋横截面	•	—
2	无弯钩的钢筋端部		下图表示长、短钢筋投影重叠时，短钢筋的端部用45°斜画线表示
3	带半圆形弯钩的钢筋端部		—
4	带直钩的钢筋端部		—
5	带丝扣的钢筋端部		—
6	无弯钩的钢筋搭接		—
7	带半圆弯钩的钢筋搭接		—
8	带直钩的钢筋搭接		—
9	花篮螺丝钢筋接头		—
10	机械连接的钢筋接头		用文字说明机械连接的方式（如冷挤压或直螺纹等）

6 钢筋连接形式有哪些?

钢筋连接包括焊接、机械连接和绑扎搭接等方式。

1. 钢筋焊接

钢筋焊接有多种方法，具体方法分类如表1-6所示。

钢筋焊接方法　　表1-6

焊接方法	接头形式	标注方法
单面焊接的钢筋接头		
双面焊接的钢筋接头		
用帮条单面焊接的钢筋接头		
用帮条双面焊接的钢筋接头		
接触对焊的钢筋接头（闪光焊、压力焊）		
坡口平焊的钢筋接头	60° b	60° b
坡口立焊的钢筋接头	b 45°	45° b

续表

焊接方法	接头形式	标注方法
用角钢或扁钢做连接板焊接的钢筋接头	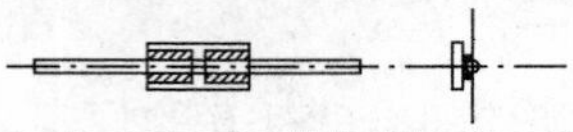	
钢筋或螺（锚）栓与钢板穿孔塞焊的接头	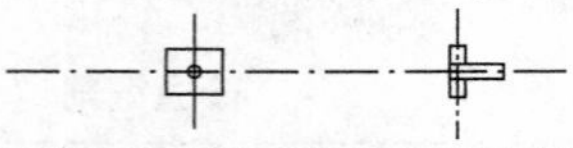	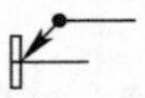

（1）闪光对焊

闪光对焊又称镦粗头。它是将两根相同直径钢筋安放成对接形式，两根钢筋分别接通电流，通电后两根钢筋接触点产生高温高热，使接触点金属熔化，产生强烈的火花飞溅形成闪光，同时迅速施加顶锻力使其熔化的金属熔合为一体，达到对接目的。

闪光对焊主要适用于直径14～40mm的钢筋焊接，常见于预应力构件中的预应力粗钢筋焊接。

（2）电阻点焊

电阻点焊又称点焊。它是将两根钢筋安放成交叉叠接形式，压紧于两电极之间，利用电阻热熔化两钢筋接触点，再施加压力使两钢筋熔化的金属连接为一体，达到焊接的目的。

电阻点焊主要用于直径4～14mm的小钢筋焊接，常见于钢筋网片的焊接。

（3）电弧焊

钢筋电弧焊是利用通电后产生电弧热熔化的电焊条，连接两根钢筋的焊接方式。钢筋电弧焊适用于各种钢筋的焊接。

钢筋电弧焊包括帮条焊、搭接焊、熔槽帮条焊以及坡口焊等形式。

1）帮条焊

帮条焊是在两根被连接钢筋的端部，另加两根短钢筋，将其焊接在被连接的钢筋上，使之达到连接的目的。短钢筋的直径与被连接钢筋直径相同，长度分别为：单面焊为$10d$，双面焊为$5d$。

2）搭接焊

搭接焊又称错焊，是先将两根待连接的钢筋预弯，并使两根钢筋的中心线在同一直线上，再用电焊条焊接，使之达到连接的目的。预弯长度分别为：单面焊为$10d$，双面焊为$5d$。

3）熔槽帮条焊

熔槽帮条焊是在焊接时加角钢作垫板模。角钢的边长宜为40～70mm，长度为80～100mm。

4）坡口焊

坡口焊是先将两根待连接的钢筋端部切口，再在坡口处垫一钢板，焊接坡口使两根钢筋连接。

坡口焊包括平焊和立焊，平焊用于梁主筋的焊接，立焊用于柱主筋的焊接。

（4）电渣压力焊

电渣压力焊又称药包焊。它是将两根钢筋安放成竖向对接形式，利用焊接电流通过两根钢筋端面间隙，在焊剂的作用下形成电弧过程和电渣过程，产生电弧热和电阻热熔化钢筋，加压使之达到钢筋连接的一种压焊方法。钢筋电渣压力焊设备示意如图1-1所示。

电渣压力焊主要用于直径14～40mm的柱子主筋焊接，是目前较为常用的方法。

2. 机械连接

机械连接又称套筒连接，包括钢筋套筒挤压连接、钢筋锥螺纹套筒连接、钢筋镦粗直螺纹套筒连接以及钢筋滚压直螺纹套筒连接等方式。

（1）钢筋套筒挤压连接

钢筋套筒挤压连接，是将两根待连接的钢筋插入套筒，用挤压连接设备沿径向挤压钢套筒，使之产生塑性变形，依靠变形后钢套筒与被连接钢筋纵、横肋产生的机械咬合成为整体，达到钢筋连接的目的，如图1-2所示。套筒规格如表1-7所示。

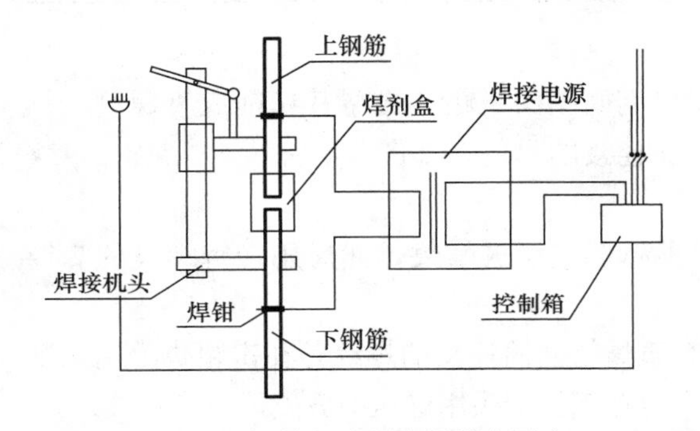

图1-1　钢筋电渣压力焊设备示意

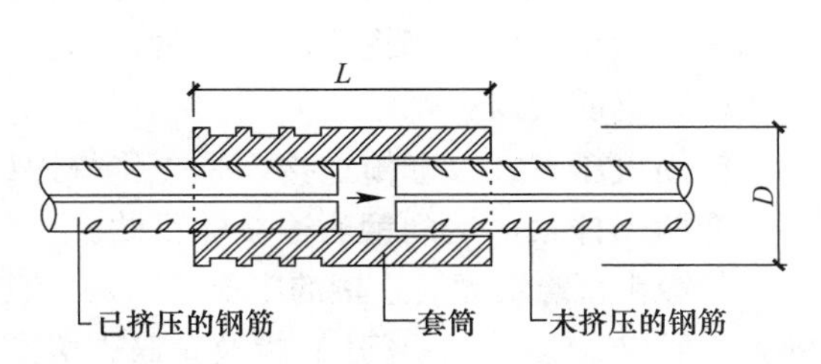

图1-2　钢筋套筒挤压连接示意

套筒挤压连接套筒规格　　**表1-7**

钢套筒型号	钢套筒尺寸/mm		
	外径 D	长度 L	壁厚
G40	70	240	12
G36	63	216	11
G32	56	192	10
G28	50	168	8
G25	45	150	7.5
G22	40	132	6.5
G20	36	120	6

注：钢套筒型号即钢筋直径，例如G25表示适用于直径为25mm的钢筋连接套筒型号。

（2）钢筋锥螺纹套筒连接

钢筋锥螺纹套筒连接，是将两根待接钢筋端头用套丝机做出锥形外丝，然后用带锥形内丝的套筒将钢筋两端拧紧，达到钢筋连接的目的，如图1-3所示。套筒规格如表1-8所示。

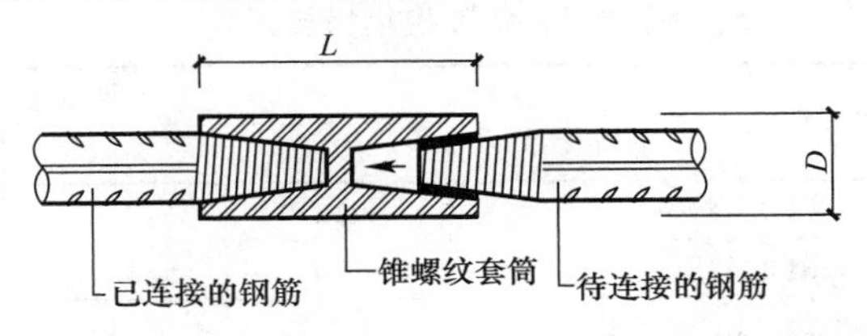

图1-3　钢筋锥螺纹套筒连接示意

锥螺纹连接套筒规格　　表 1-8

锥螺纹钢套筒型号	钢套筒尺寸/mm		适用钢筋直径/mm
	外径 D	长度 L	
ZM19×2.5	28	60	18
ZM21×2.5	30	65	20
ZM23×2.5	32	70	22
ZM26×2.5	35	80	25
ZM29×2.5	38	90	28
ZM33×2.5	44	100	32
ZM33×2.5	48	110	36

（3）钢筋镦粗直螺纹套筒连接

钢筋镦粗直螺纹套筒连接，是先将两根待接钢筋端头镦粗，再将其切削成直螺纹，然后用带直螺纹的套筒将钢筋两端拧紧，达到钢筋连接的目的，如图 1-4 所示。

（4）钢筋滚压直螺纹套筒连接

钢筋滚压直螺纹套筒连接，是先将待连接的钢筋滚压成螺纹，然后用带直螺纹的套筒将钢筋两端拧紧，达到钢筋连接的目的。

与镦粗直螺纹套筒连接的主要区别是，镦粗直螺纹套筒连接的螺纹是在镦粗头处用切削的方式形成直螺纹，而滚压直螺纹套筒连接是直接在钢筋端头用滚压的方式形成直螺纹。

3. 绑扎搭接

钢筋绑扎搭接是利用钢丝（扎丝）将两根钢筋绑扎在一起的接头方式，如图 1-5 所示。

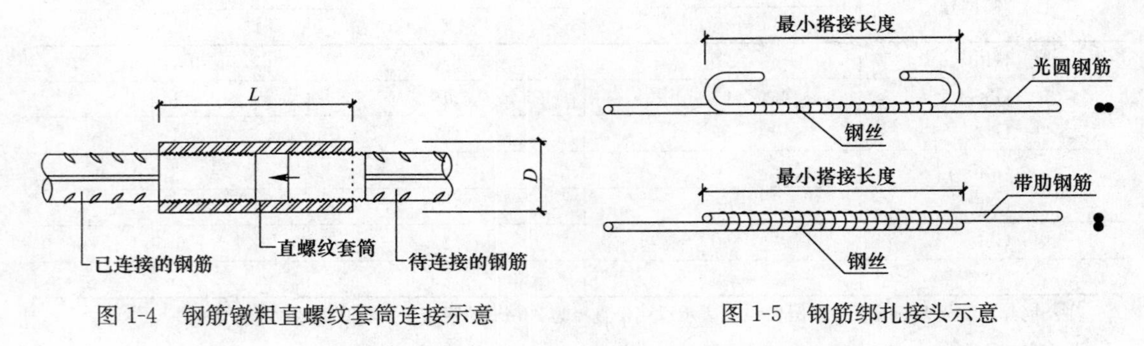

图 1-4　钢筋镦粗直螺纹套筒连接示意　　图 1-5　钢筋绑扎接头示意

钢筋绑扎搭接用于纵向受拉钢筋接头，常见的纵向受拉钢筋最小搭接长度如表 1-9 所示。

纵向受拉钢筋最小搭接长度　　表 1-9

钢筋类型		混凝土强度等级			
		C15	C20～C25	C30～C35	≥C40
光圆钢筋	HPB235 级	45d	35d	30d	25d
带肋钢筋	HRB335 级	55d	45d	35d	30d
	HRB400 级、RRB400 级	—	55d	40d	35d

注：两根直径不同钢筋的搭接长度，以较细钢筋的直径计算。

7 纵向受力钢筋的绑扎搭接要求有哪些？

《混凝土结构设计规范》（GB 50010—2010）第8.4.1条、第8.4.2条、第8.4.3条规定：钢筋连接的形式（搭接、机械连接、焊接）不分优劣，各自适用于一定的工程条件。考虑近年钢筋强度提高以及连接技术进步所带来的影响，搭接钢筋直径的限制较原规范适当加严。绑扎搭接的直径，分别由28mm（受拉）和32mm（受压）减少到25mm（受拉）和28mm（受压）。

（1）轴心受拉及小偏心受拉杆件（如桁架和拱的拉杆）的纵向受力钢筋不得采用绑扎搭接。

（2）其他构件中的钢筋采用绑扎搭接时：

1）受拉钢筋直径不宜大于25mm（原平法为28mm）。

2）受压钢筋直径不宜大于28mm（原平法为32mm）。

特别说明对于直径较粗的受力钢筋，绑扎搭接在连接区域易发生过宽的裂缝，宜采用机械连接或焊接。

（3）粗细钢筋搭接时，按粗钢筋截面积计算接头面积百分率，按细钢筋直径计算搭接长度。

（4）考虑到绑扎钢筋在受力后，尤其是受弯构件挠曲变形，钢筋与搭接区混凝土会产生分离，直至纵向劈裂，纵向受力钢筋搭接长度范围内应配置箍筋，其直径不应小于搭接钢筋较大直径的0.25倍。

（5）在搭接长度范围内的构造钢筋（箍筋或横向钢筋）要求同锚固长度范围（应符合《混凝土结构设计规范》GB 50010—2010第8.3.1条）同样要求，构造钢筋直径按最大钢筋直径取值，间距按最小搭接钢筋直径取值。

（6）纵向受力钢筋的绑扎搭接接头宜相互错开，搭接钢筋长度除设置在受力较小处和错开$1.3l_1$（同一连接区段长度）外，要求间隔式布置，不应相邻连续布置，如钢筋直径相同，接头面积百分率为50%时一隔一布置，接头面积百分率为25%时一隔三布置。

（7）柱纵向钢筋的“非连接区”外钢筋连接可采用绑扎、焊接、机械连接。当某层连接区的高度小于纵筋分两批搭接所需要的高度时，应改为机械连接或焊接（见11G101-1第58页）。

8 纵向受力钢筋的机械连接要求有哪些？

《混凝土结构设计规范》（GB 50010—2010）第8.4.7条规定：纵向受力钢筋机械连接接头宜相互错开。钢筋机械连接接头连接区段的长度为$35d$，d为连接钢筋的较小直径（一般钢筋接头直径不会相差大于2级，如果差一级，d为连接钢筋的较小直径。原规范为较大钢筋直径，并取消了500mm的规定。这是为避免接头处相对滑移变形的影响）。

凡是接头中点位于该连接区段长度内的机械连接接头均属于同一连接区段。位于同一连接区段内的纵向受拉钢筋接头面积百分率不宜大于50%；但对于板、墙、柱及预制构件的拼接处，可根据实际情况放宽。受拉钢筋应力较小部位或纵向受压钢筋的接头百分率可不受限制。机械连接宜用于直径不小于 16mm 受力钢筋的连接。

机械连接接头在箍筋非加密区无箍筋加密要求，但必须进行必要的检验。

机械连接通过套筒的咬合力实现钢筋连接，但机械连接区域的混凝土保护层厚度、净距将减少，所以机械连接套筒的保护层厚度宜满足钢筋最小保护层厚度的规定。机械连接套筒的横向净距不宜小于 25mm，套筒处箍筋的间距应满足相应的构造要求。

直接承受动力荷载结构构件中的机械连接接头，除应满足设计要求的抗疲劳性能外，位于同一连接区段内的纵向受力钢筋接头面积百分率不应大于 50%。

9 纵向受力钢筋的焊接连接要求有哪些?

钢筋焊接连接有闪光对焊、电弧焊、电渣压力焊、气压焊、电阻点焊等。

不同品牌钢筋可焊性及焊后力学性能影响是有差别的。《混凝土结构设计规范》（GB 50010—2010）第 8.4.8 条规定：HRBF 细晶粒热轧带肋钢筋及直径大于 28mm 的带肋钢筋，其焊接应经试验确定；RRB 余热处理钢筋不宜焊接。

焊接接头在箍筋非加密区也无箍筋加密要求，但不允许出现虚焊、夹渣气泡、内裂缝等缺陷，要考虑施工环境温度可能引起的内应力变化，并要求做相应的检验。

纵向受力钢筋的焊接接头应相互错开。钢筋焊接接头连接区段的长度为 $35d$ 且不小于 500mm（注意：机械连接取消了 500mm 的规定），d 为连接钢筋的较小直径（原规范为纵向受力钢筋的较大直径）；凡是接头中点位于该连接区段长度内的焊接接头均属于同一连接区段。

纵向受拉钢筋的接头面积百分率不宜（原规范为不应）大于 50%，但对于预制构件的拼接处，可根据实际情况放宽。纵向受压钢筋的接头百分率可不受限制。焊接宜用于直径不大于 28mm 受力钢筋的连接。

不同直径钢筋可以采用电渣压力焊，要求上下两端钢筋轴线应在同一直线上，对气压焊，当两端钢筋直径不同时，其直径相差不得大于 7mm。对电阻点焊，当两根钢筋直径不同时，焊接骨架较小钢筋直径小于或等于 10mm 时，大、小钢筋直径之比不宜大于 3；当较小钢筋直径为 12～16mm 时，大、小钢筋直径之比不宜大于 2。焊接网较小钢筋直径不得小于较大钢筋直径的 0.6 倍。

10 什么是钢筋单位理论质量?

钢筋单位理论质量是指钢筋每米长度的质量，单位是 kg/m。钢筋密度按 7850kg/m³ 计算。

钢筋单位理论质量计算公式如下：

$$\text{钢筋单位理论质量} = \frac{\pi d^2}{4} \times 7850 \times \frac{1}{1000000} = 0.006165d^2 \tag{1-1}$$

式中 d——钢筋的公称直径（mm）。

各种钢筋的单位理论质量如下。

1. 热轧钢筋单位理论质量

热轧钢筋单位理论质量如表 1-10 所示。

热轧钢筋单位理论质量 **表 1-10**

公称直径/mm	内径/mm	纵横肋高 h、h_1/mm	公称横截面面积/mm²	理论质量/(kg/m)
6	5.8	0.6	28.27	0.222
(6.5)	—	—	33.18	0.260
8	7.7	0.8	50.27	0.395
10	9.6	1.0	78.54	0.617
12	11.5	1.2	113.10	0.888
14	13.4	1.4	153.94	1.208
16	15.4	1.5	201.06	1.578
18	17.3	1.6	254.47	1.998
20	19.3	1.7	314.16	2.466
22	21.3	1.9	380.13	2.984
25	24.2	2.1	490.87	3.853
28	27.2	2.2	615.75	4.834
32	31.0	2.4	804.25	6.313
36	35.0	2.6	1017.88	7.990
40	38.7	2.9	1256.64	9.865
50	48.5	3.2	1963.50	15.413

注：1. 质量允许偏差：直径 6～12mm 为±7%，直径 14～20mm 为±5%，直径 22～50mm 为±4%。
2. 热轧光圆钢筋无内径和肋高。无论是热轧光圆钢筋还是热轧带肋钢筋的公称横截面积和理论质量均按本表计算。

2. 冷轧带肋钢筋单位理论质量

冷轧带肋钢筋单位理论质量如表 1-11 所示。

冷轧带肋钢筋单位理论质量 **表 1-11**

公称直径/mm	公称横截面面积/mm²	理论质量/(kg/m)
(4)	12.57	0.099
5	19.63	0.154
6	28.27	0.222
7	38.48	0.302
8	50.27	0.395
9	63.62	0.499
10	78.54	0.617
12	113.10	0.888

注：质量允许偏差为±4%。

3. 冷轧扭钢筋单位理论质量

冷轧扭钢筋单位理论质量如表 1-12 所示。

冷轧扭钢筋单位理论质量　　表 1-12

强度级别	型号	标志直径 d/mm	公称横截面面积/mm^2	理论质量/(kg/m)
CTB550	Ⅰ	6.5	29.50	0.232
		8	45.30	0.356
		10	68.30	0.536
		12	96.14	0.755
	Ⅱ	6.5	29.20	0.229
		8	42.30	0.332
		10	66.10	0.519
		12	92.74	0.728
	Ⅲ	6.5	29.86	0.234
		8	45.24	0.355
		10	70.69	0.555
CTB650	Ⅲ	6.5	28.20	0.221
		8	42.73	0.335
		10	66.76	0.524

注：质量允许的负偏差不大于5%。

4. 冷拔螺旋钢筋单位理论质量

冷拔螺旋钢筋单位理论质量如表 1-13 所示。

冷拔螺旋钢筋单位理论质量　　表 1-13

公称直径/mm	公称横截面面积/mm^2	理论质量/(kg/m)
4	12.57	0.099
5	19.63	0.154
6	28.27	0.222
7	38.48	0.302
8	50.27	0.395
9	63.62	0.499
10	78.54	0.617

注：质量允许偏差为±4%。

11　钢筋弯钩按弯起角度有几种划分形式?

钢筋弯钩按弯起角度分有 180°、135°和 90°三种，如图 1-6 所示。

1. 180°弯钩

当钢筋混凝土构件钢筋设置 180°弯钩时，平直长度 $3d$，弯心圆直径 $2.5d$，则其弯钩长度为 $6.25d$，如图 1-6 (a) 所示。

$$\text{弯钩长度} = 3.5d \times \pi \times \frac{180}{360} - 2.25d + 3d = 3.25d + 3d = 6.25d$$

式中 $3.5d \times \pi \times \frac{180}{360} - 2.25d = 3.25d$ 称为量度差值。

单个弯钩长 $6.25d$，两个弯钩长 $12.5d$。

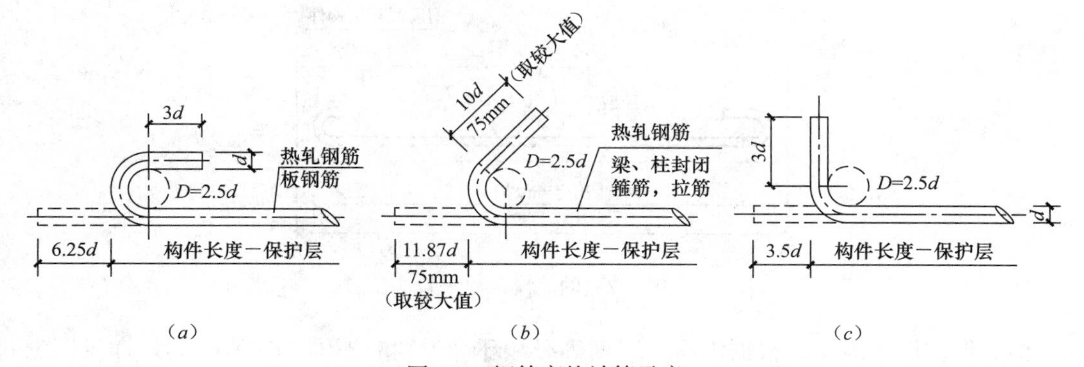

（*a*）　　（*b*）　　（*c*）

图 1-6　钢筋弯钩计算示意

（*a*）180°半圆钩；（*b*）135°斜钩；（*c*）90°弯钩

2. 135°弯钩

现浇钢筋混凝土梁、柱、剪力墙的箍筋和拉筋，其端部应设 135°弯钩，平直长度 max(10*d*，75mm)，弯心圆直径 2.5*d*，则其弯钩为 11.87*d*，如图 1-6（*b*）所示。

$$弯钩长度 = 3.5d \times \pi \times \frac{135}{360} - 2.25d + 10d = 1.87d + 10d = 11.87d$$

式中 $3.5d\times\pi\times\frac{135}{360}-2.25d=1.87d$ 称为量度差值。

若平直长度按 10*d* 计算的结果小于 75mm，其弯钩的长度应按（1.87*d*＋75mm）计算。

若平直长度及弯心圆直径与图 1-6 不同时，弯钩长度应按上述公式进行调整。若弯心圆直径为 4*d*，其余条件不变，则：

135°弯钩长度$=5d\times\pi\times\frac{135}{360}-3d+10d=2.89d+10d=12.89d$，“量度差值”为 2.89*d*，其余类推。

3. 90°弯钩

当施工图纸或相关标准图集中对 90°弯钩长度有规定时，按其规定计算。无规定时可按 3.5*d* 计算，如图 1-6（*c*）所示。

$$弯钩长度 = 3.5d \times \pi \times \frac{90}{360} - 2.25d + 3d = 0.5d + 3d = 3.5d$$

式中 $3.5d\times\pi\times\frac{90}{360}-2.25d=0.5d$ 称为量度差值。

若平直长度及弯心圆直径不同时，弯钩长度应按上述公式进行调整。若弯心圆直径为 4*d*，其余条件不变，则：

90°弯钩长度$=5d\times\pi\times\frac{90}{360}-3d+3d=0.93d+3d=3.93d$，量度差值为 0.93*d*，其余类推。

12　什么是钢筋保护层厚度？

钢筋保护层厚度是指钢筋外表面到构件外表面的距离，如图 1-7 所示。

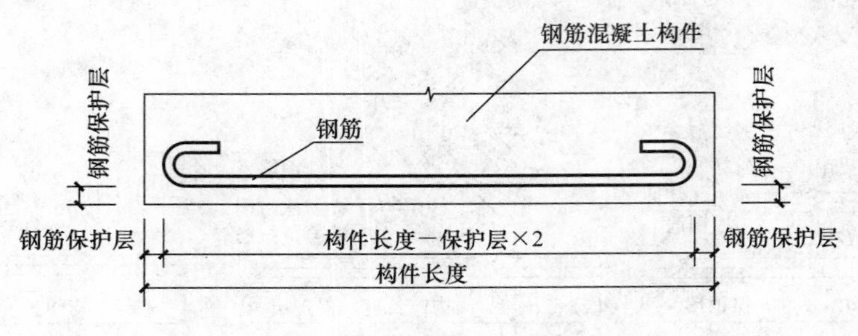

图 1-7　钢筋保护层示意

钢筋保护层的规定，根据混凝土强度等级和环境类别的不同而有所不同，详见国家建筑设计标准图集 11G101。表 1-14 是各种现浇混凝土构件的钢筋保护层最小厚度。

当设计施工图纸中有钢筋保护层的规定时，应按设计施工图纸中的规定计算。

混凝土保护层的最小厚度　　表 1-14

环境类别	板、墙/mm	梁、柱/mm
一	15	20
二 a	20	25
二 b	25	35
三 a	30	40
三 b	40	50

注：1. 表中混凝土保护层厚度是指最外层钢筋外边缘至混凝土表面的距离，适用于设计使用年限为 50 年的混凝土结构。
2. 构件中受力钢筋的保护层厚度不应小于钢筋的公称直径。
3. 设计使用年限为 100 年的混凝土结构，一类环境中，最外层钢筋的保护层厚度不应小于表中数值的 1.4 倍；二、三类环境中，应采取专门的有效措施。
4. 环境类别如表 1-15 所示。
5. 混凝土强度等级不大于 C25 时，表中保护层厚度数值应增加 5mm。
6. 基础底面钢筋的保护层厚度，有混凝土垫层时应从垫层顶面算起，且不应小于 40mm；无垫层时不应小于 70mm。

混凝土结构的环境类别　　表 1-15

环境类别	条　件
一	室内干燥环境 无侵蚀性静水浸没环境
二 a	室内潮湿环境 非严寒和非寒冷地区的露天环境 非严寒和非寒冷地区与无侵蚀性的水或土壤直接接触的环境 严寒和寒冷地区的冰冻线以下与无侵蚀性的水或土壤直接接触的环境
二 b	干湿交替环境 水位频繁变动环境 严寒和寒冷地区的露天环境 严寒和寒冷地区冰冻线以上与无侵蚀性的水或土壤直接接触的环境
三 a	严寒和寒冷地区冬季水位变动区环境 受除冰盐影响环境 海风环境

续表

环境类别	条　件
三 b	盐渍土环境 受除冰盐作用环境 海岸环境
四	海水环境
五	受人为或自然的侵蚀性物质影响的环境

注：1. 室内潮湿环境是指构件表面经常处于结露或湿润状态的环境。
2. 严寒和寒冷地区的划分应符合国家现行标准《民用建筑热工设计规范》（GB 50176—1993）的有关规定。
3. 海岸环境和海风环境宜根据当地情况，考虑主导风向及结构所处迎风、背风部位等因素的影响，由调查研究和工程经验确定。
4. 受除冰盐影响环境是指受到除冰盐盐雾影响的环境；受除冰盐作用环境是指被除冰盐溶液溅射的环境以及使用除冰盐地区的洗车房、停车楼等建筑。
5. 暴露的环境是指混凝土结构表面所处的环境。

第 2 章　柱　构　件

1　11G101-1 图集中，柱构件是由哪些内容组成的？

（1）11G101 图集柱构件的组成，如表 2-1 所示。

11G101-1 柱构件的组成　　**表 2-1**

<table>
<tr><th colspan="6">11G101 平法图集柱构件的组成</th></tr>
<tr><td rowspan="9">制图规则</td><td rowspan="9">11G101-1
第 8～12 页</td><td rowspan="5">柱的分类</td><td colspan="3">框架柱 KZ</td></tr>
<tr><td colspan="3">框支柱 KZZ</td></tr>
<tr><td colspan="3">剪力墙上柱 QZ</td></tr>
<tr><td colspan="3">梁上柱 LZ</td></tr>
<tr><td colspan="3">芯柱 XZ</td></tr>
<tr><td rowspan="2">柱的平法表示方法</td><td colspan="3">列表式</td></tr>
<tr><td colspan="3">截面式</td></tr>
<tr><td colspan="4">柱的数据项</td></tr>
<tr><td colspan="4">数据项的标注方法</td></tr>
<tr><td rowspan="11">构造详图</td><td rowspan="9">基础以上部分</td><td rowspan="9">11G101-1
第 57～67 页</td><td rowspan="2">抗震框架柱</td><td>纵筋</td><td>57～60 页</td></tr>
<tr><td>箍筋</td><td>61、62 页</td></tr>
<tr><td rowspan="2">非抗震框架柱</td><td>纵筋</td><td>63～65 页</td></tr>
<tr><td>箍筋</td><td>66 页</td></tr>
<tr><td rowspan="2">抗震梁上柱、
墙上柱</td><td>纵筋</td><td>61 页</td></tr>
<tr><td>箍筋</td><td>61 页</td></tr>
<tr><td colspan="2">非抗震梁上柱、墙上柱</td><td>66 页</td></tr>
<tr><td colspan="2">芯柱</td><td>67 页</td></tr>
<tr><td colspan="2">柱构件复合箍筋的组合方式</td><td>67 页</td></tr>
<tr><td rowspan="2">基础插筋</td><td>筏形基础</td><td colspan="3">11G101-3 第 59 页</td></tr>
<tr><td>独立基础、条形基础等基础</td><td colspan="3">11G101-3 第 59 页</td></tr>
</table>

（2）11G101 图集关于柱构件的内容分布，如表 2-2 所示。

11G101 柱构件内容分布　　**表 2-2**

<table>
<tr><td rowspan="6">柱构件</td><td rowspan="3">纵筋</td><td>基础插筋</td><td>11G101-3</td></tr>
<tr><td>地下室钢筋</td><td>11G101-1</td></tr>
<tr><td>中间层及顶层钢筋</td><td>11G101-1</td></tr>
<tr><td rowspan="3">箍筋</td><td>基础内箍筋</td><td>11G101-3</td></tr>
<tr><td>地下室箍筋</td><td>11G101-1</td></tr>
<tr><td>地上楼层箍筋</td><td>11G101-1</td></tr>
</table>

2 如何绘制柱平面布置图？

绘制柱平面布置图是柱平法施工图设计首先要做的事情。柱平面布置图的主要功能是表达竖向构件（柱或剪力墙），当主体结构为框架-剪力墙结构时，柱平面布置图通常与剪力墙平面布置图合并绘制。柱平面布置图可采用一种或两种比例绘制。两种比例是指柱轴网布置采用一种比例，柱截面轮廓在原位采用另一种比例适当放大绘制的方法，如图 2-1 所示。在用一种或两种比例绘制的柱平面布置图上，采用截面注写方式或列表注写方式，并且加注相关设计内容后，便构成了柱平面布置图。

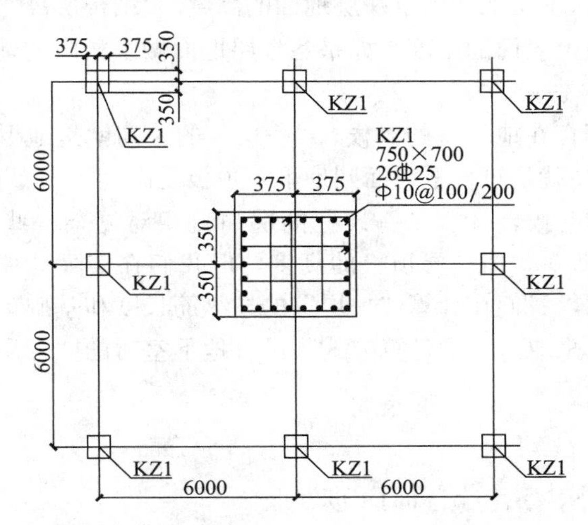

图 2-1 两种比例绘制柱平面布置图

3 柱平面布置图包括哪些内容？

在柱平面布置图中包含结构层楼面标高、结构层高及相应的结构层号表，便于将注写的柱段高度与该表对照，明确各柱在整个结构中的竖向定位。一般柱平法施工图中标注的尺寸以毫米（mm）为单位，标高以米（m）为单位。

此外，结构层楼面标高与结构层高在单项工程中必须统一，以保证基础、柱与墙、梁、板等用同一标准竖向定位。结构层楼面标高是指将建筑图中的各层楼面和楼面标高值扣除建筑面层及垫层做法厚度后的标高。如表 2-3 所示，某结构层楼面标高和结构层高表中，一层地面标高为－0.030m（未作建筑面层和垫层），一层的层高为 4.50m，即二层地面标高 4.470m 和一层地面标高－0.030m 之差。

结构层楼面标高和结构层高　　表 2-3

层号	标高/m	层高/m
屋面	12.270	3.60
3	8.670	3.60

续表

层号	标高/m	层高/m
2	4.470	4.20
1	−0.030	4.50
−1	−4.530	4.50

4 建筑层高与结构层高有何区别?

“建筑层高”是指从本层地面到上一层地面的高度。“结构层高”是指本层现浇楼板上表面到上一层现浇楼板上表面的高度。如果各楼层地面做法相同的话，则各楼层的“结构层高”与“建筑层高”是一致的。

值得注意的是，当存在地下室的时候，“一层”的层高就是地下室顶板到一层顶板的高度，“地下室”的层高就是筏板上表面到地下室顶板的高度。

当不存在地下室的时候，计算“一层”的层高就相对复杂一些。建筑图纸所标注的“一层”层高就是从±0.000到一层顶板的高度，但我们在实际计算“一层”层高时，不应采用这个高度；否则，我们在计算“一层”的柱纵筋长度和基础梁上的柱插筋长度时就会出错。为此，我们可采取这样的计算方式：没有地下室时的“一层”层高，是从筏板上表面到一层顶板的高度。

5 建筑楼层号与结构楼层号有何区别?

在平法技术中，用于平法标注的平面图是分层绘制的，在绘制过程中应该注意建筑楼层号与结构楼层号是有区别的。

因为在建筑图和结构图中，对层号的认识刚好差一层。在建筑施工中，如果我们正在“抹三层的地面”，那就是在抹我们脚下的那个地面；如果我们正在进行“三层主体结构的施工”，那就是对“面前的柱、墙，以及头顶的梁、板”的施工（包括支模板、绑钢筋和浇筑混凝土）。而“三层”头顶上的楼板，正好是“四层”脚下的地面。

在11G101-1图集中，规定“结构层号应与建筑楼层号对应一致”，是因为在设计院里，结构设计师要与建筑设计师保持一致。我们在观看平法施工图的时候，一定要注意这一点，结合实际情况来综合考虑。

在施工中，我们应该按“结构”的概念来进行操作。以前有的结构施工图上会特殊标注××是“三层顶板结构”的施工图，这是照顾了施工的习惯。所以，在根据平法施工图进行施工的时候，对平法施工图要特别注意层号的理解。

下面以图2-2为例进行说明。

从柱表看到，KZ1有三个“变截面”的楼层段，柱表中是以“标高段”来划分的：

−0.050～16.950m　750mm×700mm

16.950～31.950m　650mm×600mm

31.950～49.950m　550mm×500mm

层号	楼面标高/m	结构层高/m
屋面	49.950	3.00
16	46.950	3.00
15	43.950	3.00
…	…	…
11	31.950	3.00
10	28.950	3.00
…	…	…
6	16.950	3.00
5	13.950	3.00
4	10.950	3.00
3	7.950	3.00
2	3.950	4.00
1	−0.050	4.00
−1	−4.050	4.00
−2	−8.050	4.00

柱表

柱号	柱高	b×h	角筋	b边一侧中部筋	h边一侧中部筋	箍筋类型	箍筋
KZ1	−0.030~16.950	750×700	4Φ25	4Φ25	4Φ25	1(5×4)	Φ10@100/200
	16.950~31.950	650×600	4Φ25	4Φ22	4Φ22	1(4×4)	Φ10@100/200
	31.950~49.950	550×500	4Φ25	4Φ20	4Φ20	1(4×4)	Φ8@100/200

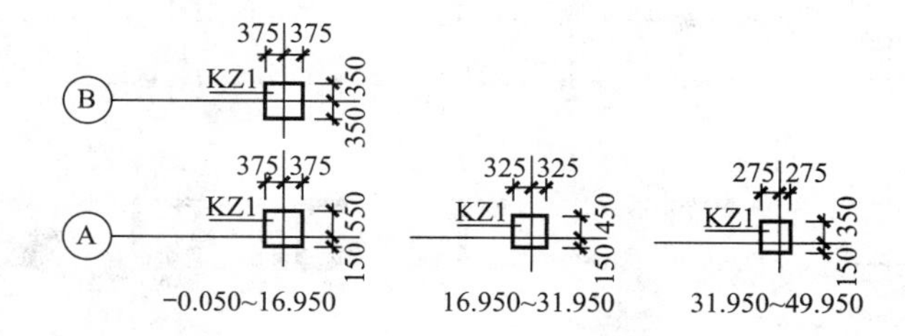

图 2-2 建筑楼层号与结构楼层号举例示意

注：框架柱的偏中尺寸不在柱表定义，而在平面布置图上标注。

以“16.950”这个变截面分界点为例，在“结构层楼面标高、结构层高”的垂直分布图中，标高“16.950”所对应的（左边的）层号为“6”。也就是说，KZ1 的第一个变截面楼层在“第 6 层”，注意：这是建筑楼层号。

按结构施工图来理解，则变成：

第 1 层 ～ 第 5 层　　750mm × 700mm

第 6 层 ～ 第 10 层　　650mm × 600mm

第 11 层 ～ 第 16 层　550mm × 500mm

这对于处理框架柱的“变截面”是十分重要的，因为第 5 层和第 10 层就是变截面的“关节楼层”。

因为变截面的“关节楼层”在顶板以下要进行纵向钢筋的特殊处理，所以规定变截面的“关节楼层”不能纳入“标准层”。

6　什么是柱列表注写方式?

列表注写方式是在柱平面布置图上（一般只需采用适当比例绘制一张柱平面布置图，包括框架柱、框支柱、梁上柱和剪力墙上柱），分别在同一编号的柱中选择一个（有时需要选择几个）截面标注几何参数代号；在柱表中注写柱编号、柱段起止标高、几何尺寸（含柱截面对轴线的偏心情况）与配筋的具体数值，并配以各种柱截面形状及其箍筋类型图的方式，来表达柱平法施工图，如图 2-3 所示。

柱平法施工图列表注写方式的几个主要组成部分为平面图、柱截面图类型、箍筋类型图、柱表、结构层楼面标高及结构层高等内容，如图 2-3 所示。平面图明确定位轴线、柱的代号、形状及与轴线的关系；柱的截面形状为矩形时，与轴线的关系分为偏轴线、柱的中心线与轴线重合两种形式；箍筋类型图重点表示箍筋的形状特征。

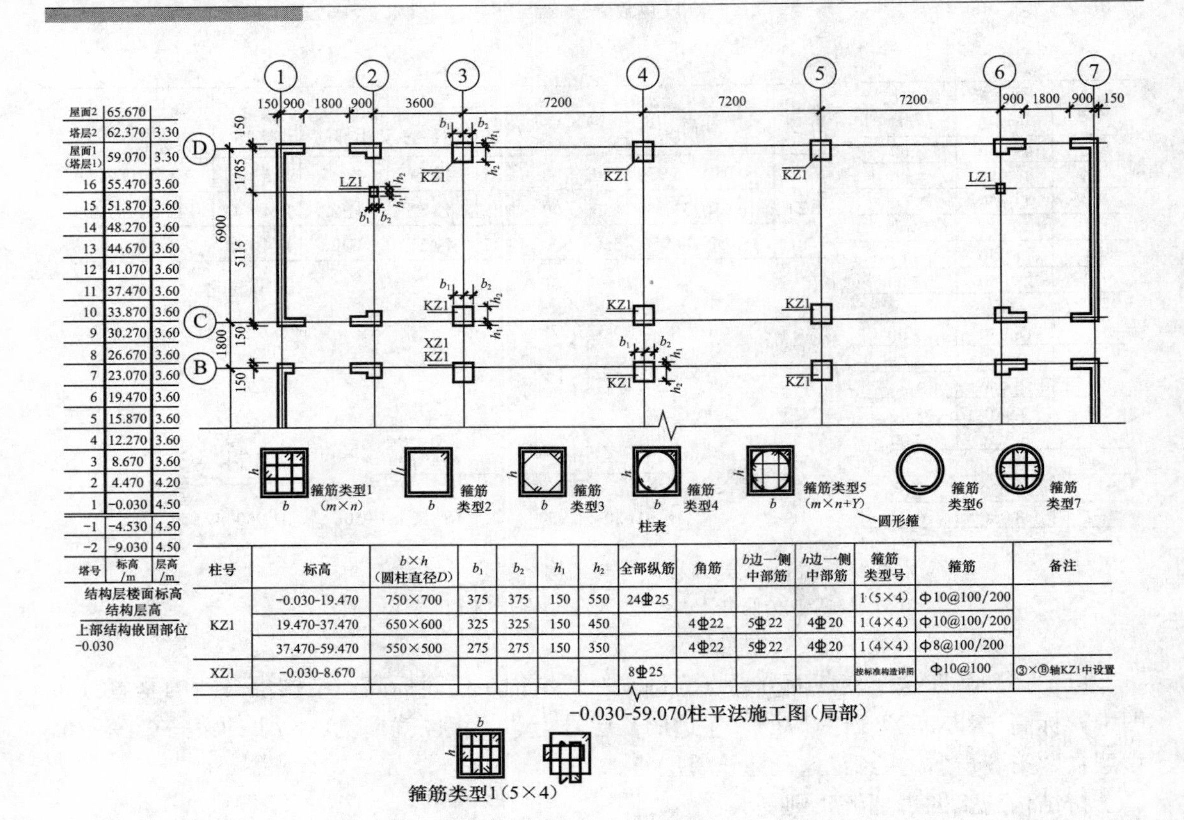

塔号	标高/m	层高/m
屋面2	65.670	
塔层2	62.370	3.30
屋面1（塔层1）	59.070	3.30
16	55.470	3.60
15	51.870	3.60
14	48.270	3.60
13	44.670	3.60
12	41.070	3.60
11	37.470	3.60
10	33.870	3.60
9	30.270	3.60
8	26.670	3.60
7	23.070	3.60
6	19.470	3.60
5	15.870	3.60
4	12.270	3.60
3	8.670	3.60
2	4.470	4.20
1	-0.030	4.50
-1	-4.530	4.50
-2	-9.030	4.50

柱表

柱号	标高	b×h（圆柱直径D）	b_1	b_2	h_1	h_2	全部纵筋	角筋	b边一侧中部筋	h边一侧中部筋	箍筋类型号	箍筋	备注
KZ1	-0.030-19.470	750×700	375	375	150	550	24⌀25				1(5×4)	Φ10@100/200	
	19.470-37.470	650×600	325	325	150	450		4⌀22	5⌀22	4⌀20	1(4×4)	Φ10@100/200	
	37.470-59.470	550×500	275	275	150	350		4⌀22	5⌀22	4⌀20	1(4×4)	Φ8@100/200	
XZ1	-0.030-8.670						8⌀25				按标准构造详图	Φ10@100	③×Ⓑ轴KZ1中设置

图 2-3　柱平法施工图列表注写方式示例

注：1. 如采用非对称配筋，需在柱表中增加相应栏目分别表示各边的中部筋。

2. 抗震设计时箍筋对纵筋至少隔一拉一。

3. 类型 1、5 的箍筋数可有多种组合，右图为 5×4 的组合，其余类型为固定形式，在表中只注类型号即可。

7　如何划分“标准层”?

在分层计算中，如果每一层都要计算，比较麻烦。如果存在“标准层”，则只需要计算其中的某一层，再乘以标准层的层数就可以了。这里，我们以图 2-3 为例，说明标准层的划分。

（1）层高不同的两个楼层，不能作为“标准层”。

层高不同的两个楼层，其竖向构件（例如墙、柱）的工程量肯定不相同，这样的两个楼层，不会同时属于一个标准层。图 2-3 中的第二层层高为 4.20m，第三层层高为 3.60m，这两个楼层就不能划入同一个标准层。

（2）“顶层”不能纳入标准层。

顶层的层高一般要比普通楼层层高要高一些，如果普通楼层层高为 3.30m，则顶层的层高可能会是 3.50m，这是因为顶层可能要走一些设备管道（例如供暖的回水管），所以层高要增加一些。

如果顶层的层高和普通楼层一样，例如，图 2-3 中顶层的层高和普通楼层的层高都是 3.60m，顶层还是不能纳入标准层，这是因为在框架结构中，顶层的框架梁和框架柱要进行“顶梁边柱”的特殊处理。

（3）可以根据框架柱的变截面情况决定“标准层”的划分。

柱变截面包括几何截面的改变和（或）柱钢筋截面的改变。可以把属于“同一柱截面”的楼层划入一个“标准层”。这就是说，处于同一标准层的各个楼层上的相应框架柱的几何截面和柱钢筋截面都是一致的。

（4）框架柱变截面的“关节”楼层不能纳入标准层。

例如，图 2-3 中的第 5 层和第 10 层就不能作为标准层。图 2-3 中，第 1 层到第 5 层，框架柱 KZ1 的截面尺寸都是 750mm×700mm，柱纵筋都是 12⌀25；但是到了第 6 层，KZ1 的截面尺寸变成 650mm×600mm（柱纵筋为 12⌀25），于是第 5 层便成为框架柱变截面的关节楼层。这里需要注意：图 2-3 中的框架柱只有一种，比较了 KZ1 就等于比较了全部的框架柱。如果实际工程存在多种框架柱，则每一种框架柱都要进行比较。

（5）根据剪力墙的变截面情况修正“标准层”的划分。

剪力墙变截面包括墙厚度的改变和（或）墙钢筋截面的改变。可以把属于“同一剪力墙截面”的楼层划入一个“标准层”。

（6）剪力墙变截面的“关节”楼层不能纳入标准层。

剪力墙变截面关节楼层的概念与上面介绍的柱变截面关节楼层类似。图 2-3 中的第 8 层就不能作为标准层。

（7）在剪力墙中，还要注意墙身与暗柱的变截面情况是否一样。如果不一样，就不能划入同一个标准层内。

通过以上讲解可知，在不少实际工程中，能够划入标准层的楼层少之又少。所以，“分层计算”还是被大多数人所采用。

8 柱列表注写方式有哪些规定？

柱表注写内容包括柱编号、柱标高、截面尺寸与轴线的关系、纵筋规格（包括角筋、中部筋）、箍筋类型、箍筋间距等。

1. 注写柱编号

柱编号由类型代号和序号组成，应符合表 2-4 的规定。

柱编号 **表 2-4**

柱类型	代号	序号
框架柱	KZ	××
框支柱	KZZ	××
芯柱	XZ	××
梁上柱	LZ	××
剪力墙上柱	QZ	××

注：编号时，当柱的总高、分段截面尺寸和配筋均对应相同，仅截面与轴线的关系不同时，仍可将其编为同一柱号，但应在图中注明截面与轴线的关系。

2. 注写柱高

注写各段柱的起止标高，自柱根部往上以变截面位置或截面未变但配筋改变处为界分段注写。框架柱和框支柱的根部标高是指基础顶面标高，芯柱的根部标高是指根据结构实际需要而定的起始位置标高，梁上柱的根部标高是指梁顶面标高，剪力墙上柱的根部标高为墙顶面标高。

注：剪力墙上柱 QZ 包括“柱纵筋锚固在墙顶部”、“柱与墙重叠一层”两种构造做法，设计人员应注明选用哪种做法。当选用“柱纵筋锚固在墙顶部”做法时，剪力墙平面外方向应设梁。

3. 注写截面几何尺寸

对于矩形柱，注写柱截面尺寸 $b \times h$ 及与轴线关系的几何参数代号 b_1、b_2 和 h_1、h_2 的具体数值，需对应于各段柱分别注写。其中 $b=b_1+b_2$，$h=h_1+h_2$。当截面的某一边收缩变化至与轴线重合或偏到轴线的另一侧时，b_1、b_2、h_1、h_2 中的某项为零或为负值。

对于圆柱，表中 $b \times h$ 一栏改用在圆柱直径数字前加 d 表示。为表达简单，圆柱截面与轴线的关系也用 b_1、b_2 和 h_1、h_2 表示，并使 $d=b_1+b_2=h_1+h_2$。

对于芯柱，根据结构需要，可以在某些框架柱的一定高度范围内，在其内部的中心位置设置（分别引注其柱编号）。芯柱截面尺寸按构造确定，并按 11G101-1 图集标准构造详图施工，设计不需注写；当设计者采用不同的做法时，应另行注明。芯柱定位随框架柱，不需要注写其与轴线的几何关系。

4. 注写柱纵筋

当柱纵筋直径相同，各边根数也相同时（包括矩形柱、圆柱和芯柱），将纵筋注写在“全部纵筋”一栏中；除此之外，柱纵筋分角筋、截面 b 边中部筋和 h 边中部筋三项分别注写（对于采用对称配筋的矩形截面柱，可仅注写一侧中部筋，对称边省略不注）。

5. 注写柱箍筋

（1）注写箍筋类型号及箍筋肢数，在箍筋类型栏内注写。

（2）注写柱箍筋，包括钢筋级别、直径与间距。

当为抗震设计时，用斜线“/”区分柱端箍筋加密区与柱身非加密区长度范围内箍筋的不同间距。施工人员需根据标准构造详图的规定，在规定的几种长度值中取其最大者作为加密区长度。当框架节点核芯区内箍筋与柱端箍筋设置不同时，应在括号中注明核芯区箍筋直径及间距。

【例 2-1】 Φ10@100/250，表示箍筋为 HPB300 级钢筋，直径 10mm，加密区间距为 100mm，非加密区间距为 250mm。

Φ10@100/250（Φ12@100），表示柱中箍筋为 HPB300 级钢筋，直径 10mm，加密区间距为 100mm，非加密区间距为 250mm。框架节点核芯区箍筋为 HPB300 级钢筋，直径 12mm，间距为 100mm。

当箍筋沿柱全高为一种间距时，则不使用“/”线。

【例 2-2】 Φ10@100，表示沿柱全高范围内箍筋均为 HPB300 级钢筋，直径 10mm，间距为 100mm。

当圆柱采用螺旋箍筋时，需在箍筋前加“L”。

【例 2-3】 LΦ10@100/200，表示采用螺旋箍筋，HPB300 级钢筋，直径 10mm，加密区间距为 100mm，非加密区间距为 200mm。

具体工程所设计的各种箍筋类型图以及箍筋复合的具体方式，需画在表的上部或图中的适当位置，并在其上标注与表中相对应的 b、h 和类型号。

注：当为抗震设计时，确定箍筋肢数时要满足对柱纵筋“隔一拉一”以及箍筋肢距的要求。

9 “截面偏中尺寸”能不放进柱表，直接在结构平面图布置柱子时标出“偏中尺寸”吗？

如果把截面偏中尺寸连同截面尺寸一起写入柱表，这样的做法存在一个问题，当同样的柱子因为布置在不同位置时的偏中尺寸不一样，而引起同一个柱子要编成不同的“柱编号”，造成柱表的编号太多。而且，在 11G101-1 图集第 11 页平面图③轴线的两个 KZl 的偏中尺寸标注，“h_1/h_2”的尺寸注写是矛盾的：Ⓓ轴线的 KZ1 是 h_1 在上、h_2 在下，而Ⓒ轴线的 KZ1 是 h_1 在下、h_2 在上。既然在柱表中注写了“截面偏中尺寸”，却还要在平面图上标注偏中尺寸，则柱表“截面偏中尺寸”标注就显得多此一举。

如果把“截面偏中尺寸”不放进柱表，而直接在结构平面图布置柱子时标出“偏中尺寸”是否可行呢？表 2-4 的下面注有：编号时，当柱的总高、分段截面尺寸和配筋均对应相同，仅截面与轴线的关系不同时，仍可将其编为同一柱号，但应在图中注明截面与轴线的关系。

由这个注解内容，我们选择截面偏中尺寸标注不写入柱表，而直接在结构平面图布置柱子时标注出框架柱的偏中尺寸。这种做法与平法梁“截面偏中尺寸”标注的做法相同。平法梁的集中标注中，并不注写梁的截面偏中尺寸，梁的截面偏中尺寸是直接在结构平面图布置梁的时候进行标注的。

10 什么是柱截面注写方式？

截面注写方式是在柱平面布置图的柱截面上，分别在同一编号的柱中选择一个截面，以直接注写截面尺寸和配筋具体数值的方式来表达柱平法施工图，如图 2-4 所示。

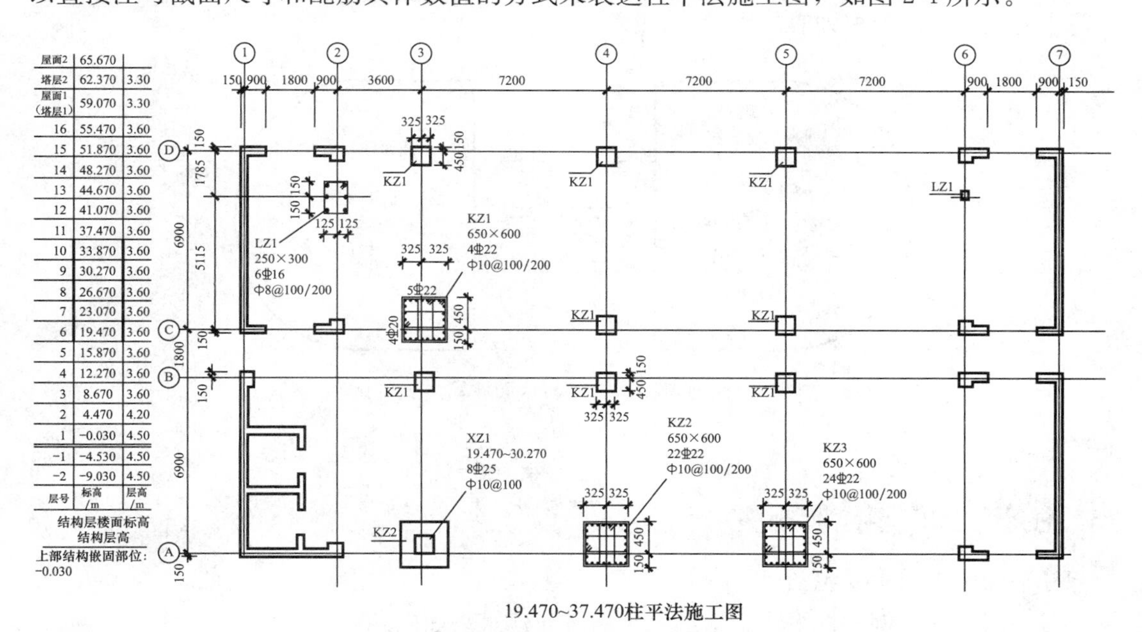

图 2-4 柱平法施工图截面注写方式示例

11 柱截面注写方式有哪些规定?

柱截面注写方式有下列规定:

(1) 对除芯柱之外的所有柱截面按表 2-4 的规定进行编号,从相同编号的柱中选择一个截面,按另一种比例原位放大绘制柱截面配筋图,并在各配筋图上继其编号后再注写截面尺寸 $b \times h$、角筋或全部纵筋(当纵筋采用一种直径且能够图示清楚时)、箍筋的具体数值,以及在柱截面配筋图上标注柱截面与轴线关系 b_1、b_2、h_1、h_2 的具体数值。

当纵筋采用两种直径时,需再注写截面各边中部筋的具体数值(对于采用对称配筋的矩形截面柱,可仅在一侧注写中部筋,对称边省略不注)。

当在某些框架柱的一定高度范围内,在其内部的中心位设置芯柱时,首先按照表 2-4 的规定进行编号,继其编号之后注写芯柱的起止标高、全部纵筋及箍筋的具体数值,芯柱截面尺寸按构造确定,并按标准构造详图施工,设计不注;当设计者采用不同的做法时,应另行注明。芯柱定位随框架柱,不需要注写其与轴线的几何关系。

(2) 在截面注写方式中,如柱的分段截面尺寸和配筋均相同,仅截面与轴线的关系不同时,可将其编为同一柱号。但此时应在未画配筋的柱截面上注写该柱截面与轴线关系的具体尺寸。

12 柱列表注写方式与截面注写方式有何区别?

柱列表注写方式与截面注写方式存在一定的区别,如图 2-5 所示,可以看出,截面注写方式不是单独注写箍筋类型图及柱列表,而仅是直接在柱平面图上截面注写就包括列表注写中箍筋类型图及柱列表的内容。

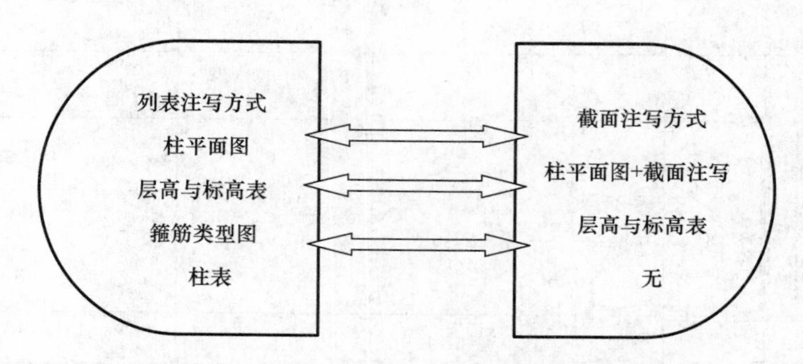

图 2-5 柱列表注写方式与截面注写方式的区别

13 柱平法识图要点有哪些?

柱平法施工图主要包括以下内容:

(1) 图名和比例。柱平法施工图的比例应与建筑平面图相同。

(2) 定位轴线及其编号、间距尺寸。

（3）柱的编号、平面布置、与轴线的几何关系。

（4）每一种编号柱的标高、截面尺寸、纵向钢筋和箍筋的配置情况。

（5）必要的设计说明（包括对混凝土等材料性能的要求）。

识读柱平法施工图时，要把握以下识图要点：

（1）查看图名、比例。

（2）校核轴线编号及间距尺寸，要求必须与建筑图、基础平面图一致。

（3）与建筑图配合，明确各柱的编号、数量和位置。

（4）阅读结构设计总说明或有关说明，明确柱的混凝土强度等级。

（5）根据各柱的编号，查看图中截面标注或柱表，明确柱的标高、截面尺寸和配筋情况。再根据抗震等级、设计要求和标准构造详图确定纵向钢筋和箍筋的构造要求（例如纵向钢筋连接的方式、位置、搭接长度、弯折要求、柱顶锚固要求、箍筋加密区的范围等）。

（6）其他图纸说明的有关要求。

14 柱插筋在基础中的锚固构造做法有哪些?

柱插入到基础中的预留接头的钢筋称为插筋。11G101-3 图集第 59 页给出了下列四种构造做法，这些构造做法主要按下列两种原则进行分类（图 2-6）：

（1）按柱的位置分类

其中（一）和（二）为中柱（“柱插筋保护层厚度大于 $5d$”），柱插筋在基础内设置间距不大于 500mm，且不少于两道矩形封闭箍筋（非复合箍）；（三）和（四）为边柱（“柱插筋保护层厚度不大于 $5d$”），柱插筋在基础内设置锚固区横向箍筋，所谓“锚固区横向箍筋”就是柱插筋在基础的锚固段满布箍筋（仅布置外围大箍）。其实，并不是“边柱”就一定得设置“锚固区横向箍筋”，关键条件是“柱外侧插筋保护层厚度不大于 $5d$”，这就是 11G101-3 图集第 54 页（锚固构造）的注 2，对于 11G101-1 图集是第 53 页。

（2）按基础的厚度分类

其中（一）和（三）的基础厚度“$h_j > l_{aE}(l_a)$”，（二）和（四）的基础厚度“$h_j \leqslant l_{aE}(l_a)$”。

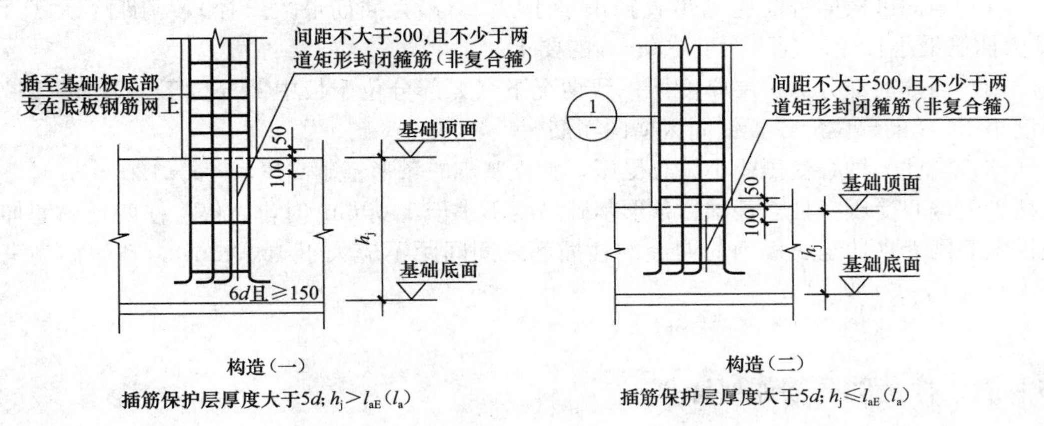

图 2-6 柱插筋在基础中的锚固构造（一）

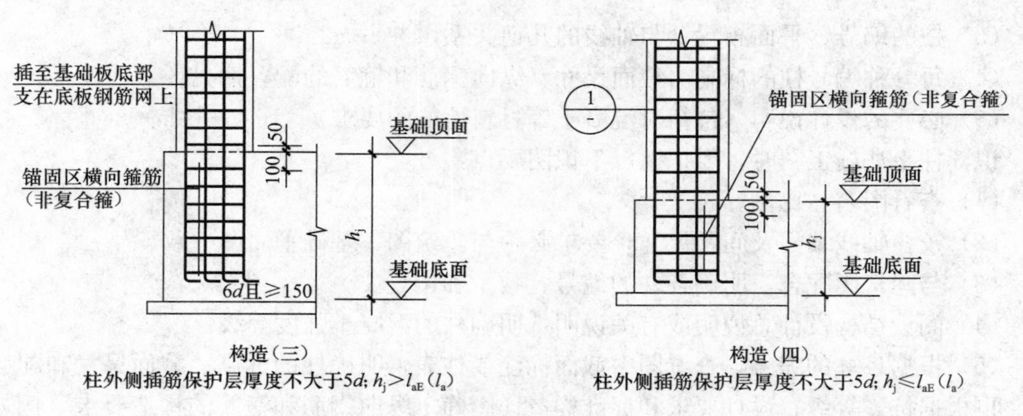

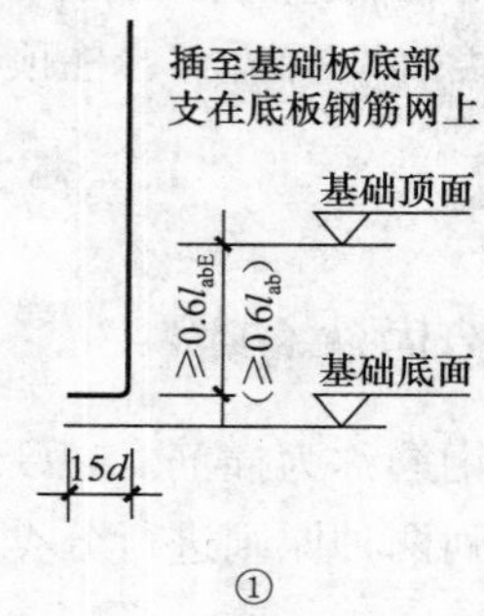

图 2-6　柱插筋在基础中的锚固构造（二）

其中　h_j——基础底面至基础顶面的高度，对于带基础梁的基础为基础梁顶面至基础梁底面的高度，当柱两侧基础梁标高不同时取较低标高；

d——柱插筋直径；

$l_{abE}(l_{ab})$——受拉钢筋的基本锚固长度，抗震设计时锚固长度用 l_{abE} 表示，非抗震设计用 l_{ab} 表示；

$l_{aE}(l_a)$——受拉钢筋锚固长度，抗震设计时锚固长度用 l_{aE} 表示，非抗震设计用 l_a 表示。

需要注意以下几点：

(1) 锚固区横向箍筋应满足直径不小于 $d/4$（d 为插筋最大直径），间距不大于 $10d$（d 为插筋最小直径）且不大于 100mm 的要求。

(2) 当插筋部分保护层厚度不一致情况下（如部分位于板中部分位于梁内），保护层厚度小于 $5d$ 的部位应设置锚固区横向箍筋。

(3) 当柱为轴心受压或小偏心受压，独立基础、条形基础高度不小于 1200mm 时，或当柱为大偏心受压，独立基础、条形基础高度不小于 1400mm 时，可仅将柱四角插筋伸至底板钢筋网上（伸至底板钢筋网上的柱插筋之间间距不应大于 1000mm），其他钢筋满足锚固长度 $l_{aE}(l_a)$ 即可。

15　框架柱基础插筋如何计算?

以筏形基础为例，框架柱基础插筋的计算公式如下：

（1）框架柱插入到基础梁以内部分长度计算公式

框架柱插入到基础梁以内部分长度＝基础梁截面高度－基础梁下部纵筋直径

－筏板底部纵筋直径－筏板保护层

（2）框架柱净高计算公式

地下室柱净高＝地下室层高－地下室顶框架梁高－基础主梁与筏板高差

【例 2-4】 试求 KZ1 的基础插筋。KZ1 的截面尺寸为 750mm×700mm，柱纵筋为 22Φ25，混凝土强度等级 C30，二级抗震等级。

假设某建筑物有层高为 5.0m 的地下室。地下室下面是正筏板基础（即低板位的有梁式筏形基础，基础梁底和基础板底一平）。地下室顶板的框架梁采用 KL1（300mm×700mm）。基础主梁的截面尺寸为 700mm×900mm，下部纵筋为 9Φ25。筏板的厚度为 600mm，筏板的纵向钢筋都是Φ18@200，如图 2-7 所示。

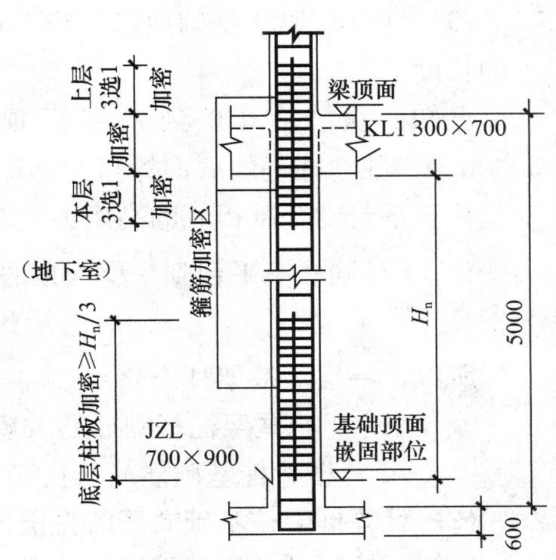

图 2-7　筏形基础构造一

【解】

（1）计算框架柱基础插筋伸出基础梁顶面以上的长度

已知：地下室层高＝5000mm，地下室顶框架梁高＝700mm

基础主梁高＝900mm，筏板厚度＝600mm

所以，地下室框架柱净高 H_n＝5000－700－(900－600)＝4000mm

框架柱基础插筋（短筋）伸出长度＝H_n/3＝4000/3＝1333mm

则框架柱基础插筋（长筋）伸出长度＝1333＋35×25＝2208mm

（2）计算框架柱基础插筋的直锚长度

已知：基础主梁高度＝900mm，基础主梁下部纵筋直径＝25mm

筏板下层纵筋直径＝18mm，基础保护层厚度＝40mm

所以，框架柱基础插筋直锚长度＝900－25－18－40＝817mm

（3）框架柱基础插筋的总长度

框架柱基础插筋的垂直段长度（短筋）＝1333＋817＝2150mm

框架柱基础插筋的垂直段长度（长筋）＝2208＋817＝3025mm

因为，l_{aE}＝40d＝40×25＝1000mm

而现在的直锚长度＝817mm＜l_{aE}

所以，框架柱基础插筋的弯钩长度＝15d＝15×25＝375mm

框架柱基础插筋（短筋）的总长度＝2150＋375＝2525mm

框架柱基础插筋（长筋）的总长度＝3025＋375＝3400mm

【例 2-5】 试求 KZ1 的基础插筋。KZ1 的柱纵筋为 22Φ25，混凝土强度等级 C30，二级抗震等级。

假设某建筑物一层的层高为 5.0m（从±0.000 算起）。一层的框架梁采用 KL1

(300mm×700mm)。一层框架柱的下面是独立柱基，独立柱基的总高度为1200mm（即柱基平台到基础底板的高度为1200mm）。独立柱基的底面标高为－1.800m，独立柱基下部的基础板厚500mm，独立柱基底部的纵向钢筋均为Φ18@200，如图2-8所示。

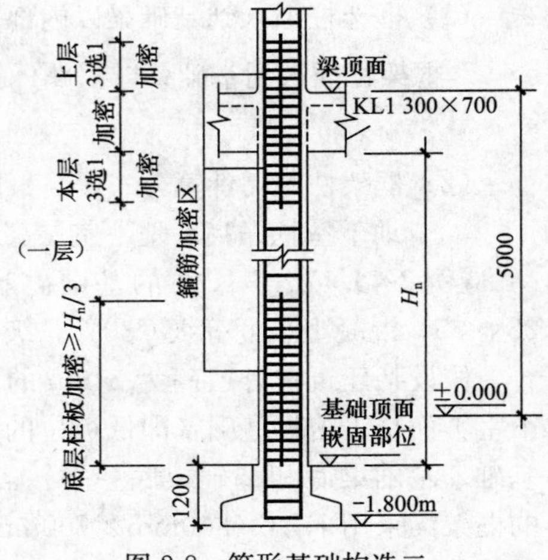

图2-8　筏形基础构造二

【解】

(1) 计算框架柱基础插筋伸出基础梁顶面以上的长度

已知：从±0.000到一层板顶的高度＝5000mm，独立柱基的底面标高为－1.800m，

柱基平台到基础板底的高度为1200mm

则柱基平台到一层板顶的高度＝5000＋1800－1200＝5600mm

一层的框架梁高＝700mm

所以，一层的框架柱净高＝5600－700＝4900mm

框架柱基础插筋（短筋）伸出长度＝4900/3＝1633mm

框架柱基础插筋（长筋）伸出长度＝1633＋35×25＝2508mm

(2) 计算框架柱基础插筋的直锚长度

已知：柱基平台到基础板底的高度为1200mm

独立柱基底部的纵向钢筋直径＝18mm

基础保护层厚度＝40mm

所以，框架柱基础插筋直锚长度＝1200－18－40＝1142mm

(3) 框架柱基础插筋的总长度

框架柱基础插筋（短筋）的垂直段长度＝1633＋1142＝2775mm

框架柱基础插筋（长筋）的垂直段长度＝2508＋1142＝3650mm

因为，l_{aE}＝40d＝40×25＝1000mm

而现在的直锚长度＝1142mm＞l_{aE}

所以，框架柱基础插筋的弯钩长度＝max(6d,150)＝6×25＝150mm

框架柱基础插筋（短筋）的总长度＝2775＋150＝2925mm

框架柱基础插筋（长筋）的总长度＝3650＋150＝3800mm

16　抗震框架柱KZ纵向钢筋的一般连接构造做法有哪些?

11G101-1图集第57页左面的三个图，就是讲抗震框架柱KZ纵向钢筋的一般连接构造，如图2-9所示。

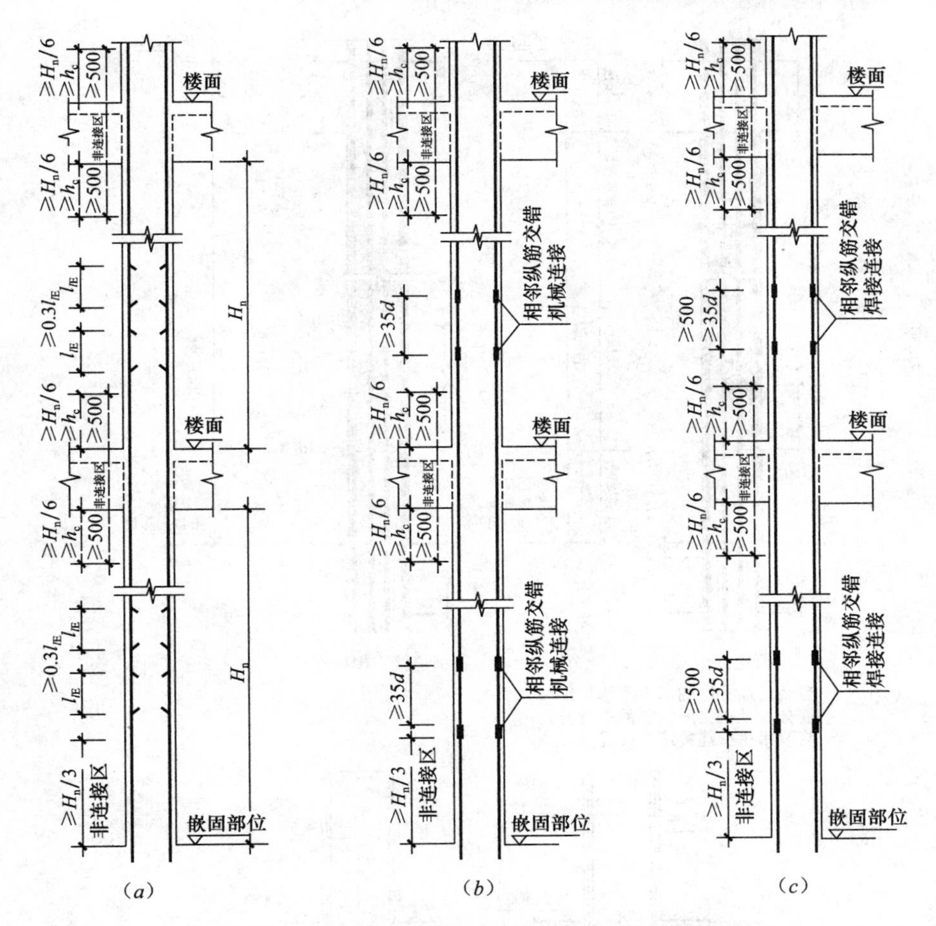

图 2-9　抗震框架柱 KZ 纵向钢筋一般连接构造

(a) 绑扎搭接；(b) 机械连接；(c) 焊接连接

h_c—柱截面长边尺寸；H_n—所在楼层的柱净高；d—框架柱纵向钢筋直径；

l_{lE}—纵向受拉钢筋抗震绑扎搭接长度

17　抗震框架柱纵向钢筋的连接位置有什么要求？

12G901-1 图集第 18 页给出了抗震框架柱纵向钢筋连接的连接位置要求，如图 2-10 所示。

(1) 框架柱纵向钢筋直径 $d>25$mm 时，不宜采用绑扎搭接接头。

(2) 框架柱纵向钢筋应贯穿中间层节点，不应在中间各层节点内截断，钢筋接头应设在节点区以外。

(3) 框架柱纵向钢筋连接接头位置应避开柱端箍筋加密区，当无法避开时，应采取机械连接或焊接，且钢筋接头面积百分率不应超过 50%。

(4) 机械连接和焊接接头的类型及质量应符合国家现行有关标准的规定。

(5) 具体工程中，框架柱的嵌固部位详见设计图纸标注。

(6) 其他要求：

1) 钢筋连接区段长度：绑扎搭接为 $1.3l_{lE}(l_l)$，机械连接为 $35d$，焊接连接为 $35d$ 且

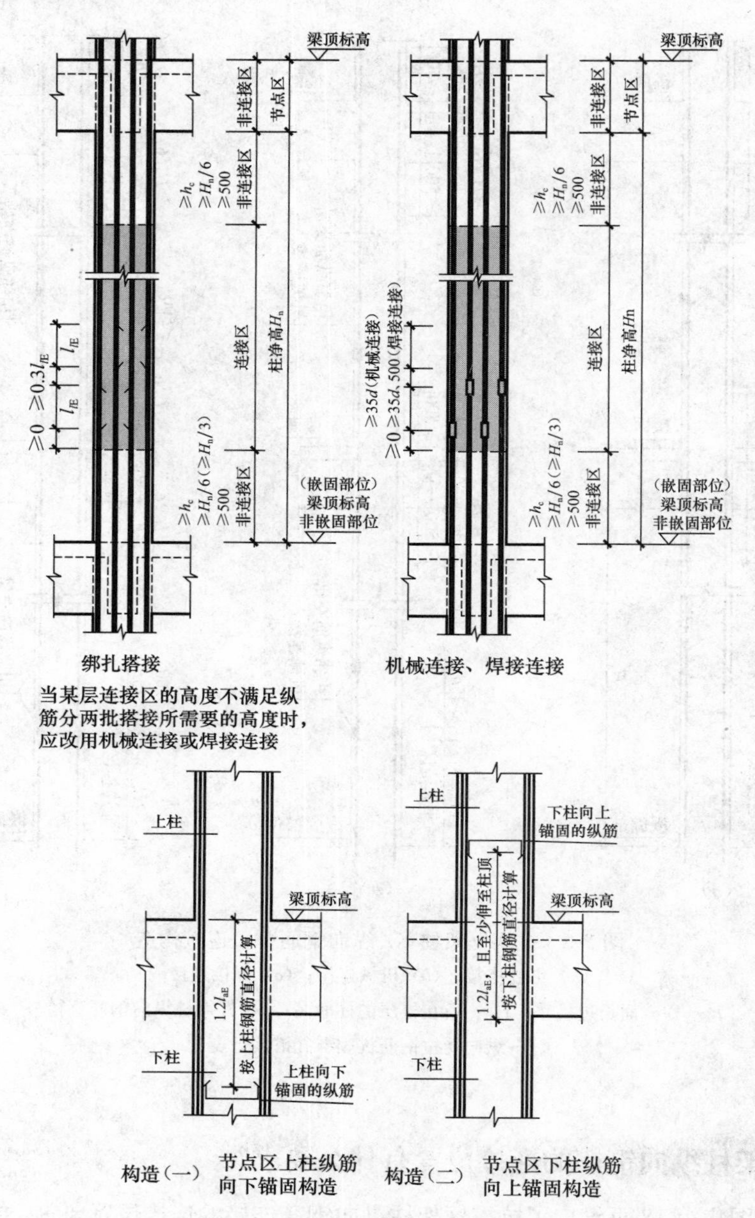

图 2-10　抗震框架柱纵向钢筋的连接位置

不小于 500mm。凡接头中点位于连接区段长度内的连接接头均属于同一连接区段。

2）当绑扎搭接的两根钢筋直径不同时，搭接长度按较小直径计算。

3）当机械连接或焊接的两根钢筋直径不同时，钢筋连接区段长度按较小直径计算。

18　如何理解柱纵筋的“非连接区”？

(1) 非连接区是指柱纵筋不允许在这个区域之内进行连接。抗震框架柱 KZ 纵向钢筋的一般连接构造应该遵守这项规定。

1）基础顶面以上有一个“非连接区”，其长度不小于 $H_n/3$（H_n 是从基础顶面到顶板梁底的柱的净高）。

2）楼层梁上下部位范围形成一个“非连接区”，其长度由三部分组成：梁底以下部分、梁中部分和梁顶以上部分，这三个部分构成一个完整的“柱纵筋非连接区”。

① 梁底以下部分的非连接长度

为下面三个数的最大者（即所谓“三选一”）：

$\geqslant H_n/6$ （H_n 是所在楼层的柱净高）

$\geqslant h_c$ （h_c 为柱截面长边尺寸，圆柱为截面直径）

$\geqslant 500\text{mm}$

如果把上面的“≥”号取成“=”号，则上述的“三选一”可以用下式表示：

$$\max(H_n/6, h_c, 500)$$

② 梁中部分的非连接区长度

就是梁的截面高度。

③ 梁顶以上部分的非连接区长度

为下面三个数的最大者：（即所谓“三选一”）

$\geqslant H_n/6$ （H_n 是上一楼层的柱净高）

$\geqslant h_c$ （h_c 为柱截面长边尺寸，圆柱为截面直径）

$\geqslant 500\text{mm}$

如果把上面的“≥”号取成“=”号，则上述的“三选一”可以用下式表示：

$$\max(H_n/6, h_c, 500)$$

注意：上面①和③的“三选一”形式一样，但是内容却不一样。①中的 H_n 是当前楼层的柱净高，而③中的 H_n 是上一楼层的柱净高。

（2）由柱纵筋非连接区的范围，可知柱纵筋切断点的位置。这个“切断点”可以选定在非连接区的边缘。

切断柱纵筋是因为工程施工是分楼层进行的。在进行基础施工的时候，有柱纵筋的基础插筋，以后在进行每一楼层施工的时候，楼面上都要伸出柱纵筋的插筋。柱纵筋的“切断点”就是下一楼层伸出的插筋与上一楼层柱纵筋的连接点。

19 从“基础顶面嵌固部位”到“嵌固部位”有何变化？

11G101-1 图集第 57 页把 03G101-1 图集第 36 页中的“基础顶面嵌固部位”改成了“嵌固部位”，这中间有哪些变化呢？

1. 基础顶面嵌固部位

03G101-1 图集的框架柱根部从基础顶面嵌固部位算起。要确定基础顶面嵌固部位，首先要明确该工程设置的基础类型。如果该工程是筏形基础，而且是基础梁顶面高于基础板顶面的正筏板，则基础顶面嵌固部位就是基础主梁的顶面；如果该工程是条形基础，则基础顶面嵌固部位就是基础主梁的顶面；如果该工程是独立基础或桩承台，则基础顶面嵌固部位就是柱下平台的顶面。

需要注意的是，03G101-1图集关于柱纵筋的标注和构造，只限于基础顶面嵌固部位以上的部位。关于这一点，在03G101-1图集第10页例子工程的柱表标注和图集第36页左面三个图都可以清楚看出来。至于基础顶面嵌固部位以下部位的构造，只能查找相关的基础图集。

2. 嵌固部位

嵌固部位就是上部结构嵌固部位。

上部结构嵌固部位可能存在三种情况：

（1）上部结构嵌固部位在基础顶面（即基础顶面嵌固部位）。

（2）上部结构嵌固部位在地下室顶面。

（3）上部结构嵌固部位在地下室中层。

上部结构嵌固部位位置的确定比较复杂，施工单位无权也无法自行确定上部结构嵌固部位的位置，只能由设计师来确定。

20 柱纵向钢筋连接接头相互错开的距离有何特殊规定？

柱相邻纵向钢筋连接接头要相互错开。在同一截面内钢筋接头面积百分率不宜大于50%。柱纵向钢筋连接接头相互错开的距离如下：

（1）绑扎搭接连接：接头错开距离不小于$0.3l_{lE}$。

绑扎搭接连接应该算是三者之中最不可靠、最不安全、最不经济实用的连接了，当层高较小时，这种做法还不能使用。同时，许多施工单位对绑扎搭接连接还有其他具体的规定。

（2）机械连接：接头错开距离不小于$35d$。

抗震框架柱KZ1的基础插筋伸出基础梁顶面以上的长度是$H_n/3$，但是并不是KZ1所有的基础插筋都是伸出$H_n/3$长度的，它们需要把接头错开。假如一个KZl有20根基础插筋，其中有10根插筋是伸出基础顶面$H_n/3$，另外的10根插筋是伸出基础顶面（$H_n/3+35d$）。柱插筋长短筋的这个差距向上一直维持，直到顶层。

在工程施工和预算时还要注意，柱纵筋的标注是按角筋、b边中部筋和h边中部筋来分别标注的，这三种钢筋的直径可能不一样，所以，在考虑接头错开距离的时候，要按这三种钢筋分别设置长短钢筋。

（3）焊接连接：接头错开距离不小于$35d$且不小于500mm。

电渣压力焊和闪光对焊是目前焊接连接较为常用的连接方式。当$d=14$mm时，$35d=35\times14=490$mm，这样，当柱纵筋直径大于14mm时，$35d$必定大于500mm。抗震框架柱的纵向钢筋直径一般都比较大，所以也可执行焊接连接接头错开距离不小于$35d$即可。

21 钢筋的绑扎搭接连接为什么被称为最不安全、最不可靠的连接？

钢筋的绑扎搭接是指两根钢筋相互有一定的重叠长度，用铁丝绑扎的连接方法，适用于较小直径的钢筋连接。一般用于混凝土内的加强筋网，经纬均匀排列，不用焊接，只需铁丝固定。

我们知道，钢筋混凝土结构维持安全和可靠的条件是：把钢筋用在适当的位置，并且让混凝土360°地包裹每一根钢筋。但是，传统的钢筋绑扎搭接连接做法是：把两根钢筋并排地紧靠在一起，再用绑丝（细铁丝）绑扎起来，然而这根铁丝是不可能固定这两根搭接连接的钢筋的。固定这两根搭接连接的钢筋还是要靠包裹它们的混凝土。但是，这两根紧靠在一起的钢筋，每根钢筋只有约270°的周长被混凝土所包围，所以达不到360°周边被混凝土包裹的要求，这就大大地降低了混凝土构件的强度。许多力学试验表明，构件的破坏点就在钢筋绑扎搭接连接点上。即使增大绑扎搭接的长度，也于事无补。与此同时，钢筋绑扎搭接连接还会造成“两根钢筋轴心错位”的情形，这将会降低钢筋在混凝土构件中的力学作用。但是，如果换作其他连接方式，如机械连接、焊接连接，就能避免这种状况的发生。

此外，钢筋绑扎搭接连接既浪费材料，又达不到质量和安全的要求，所以不少正规的施工企业都对钢筋绑扎搭接连接加以限制。例如，有的施工企业在工程的施工组织设计中明确规定，当钢筋直径在14mm以下时才使用绑扎搭接连接，而当钢筋直径在14mm以上时使用机械连接或焊接连接。

22　当层高较小时，绑扎搭接连接为什么不适用？

11G101-1图集第57页在绑扎搭接构造图下方注写道：“当某层连接区的高度小于纵筋分两批搭接所需的高度时，应改用机械连接或焊接连接。”

举例说明，一个地下室的框架柱净高3300mm，即从基础主梁的顶面到地下室顶板梁的梁底面的高度 H_n 是3300mm，根据11G101-1图集的规定：

从基础梁顶面以上的非连接区高度为 $H_n/3=3300/3=1100$mm

从这个非连接区顶部开始是第一个搭接区的起点，

则框架柱短插筋伸出基础梁的高度 $=H_n/3+l_{lE}=1100+1100=2200$mm

而框架柱插筋第二个搭接区与第一个搭接区之间间隔 $0.3l_{lE}$

则框架柱长插筋比短插筋高出 $l_{lE}+0.3l_{lE}=1.3l_{lE}$

即框架柱短插筋伸出基础梁的高度 $=2200+1.3\times1100=3630$mm

这个长度已经超过了3300mm（H_n），伸进了框架柱上部的非连接区之内，这是不允许的。所以，在这样的地下室框架柱上，对柱纵筋不能采用绑扎搭接连接。

23　柱纵筋绑扎搭接长度有什么要求？

柱纵筋绑扎搭接长度要求如表2-5所示。

柱纵筋绑扎搭接长度要求　　表2-5

纵向受拉钢筋绑扎搭接长度 l_{lE}、l_l	
抗震	非抗震
$l_{lE}=\zeta_l l_{aE}$	$l_l=\zeta_l l_a$

续表

纵向受拉钢筋搭接长度修正系数 ζ_l			
纵向钢筋搭接接头面积百分率/%	≤25	50	100
ζ_l	1.2	1.4	1.6

注：1. 当直径不同的钢筋搭接时，l_l、l_{lE}按直径较小的钢筋计算。
2. 任何情况下不应小于300mm。
3. 式中 ζ_l 为纵向受拉钢筋搭接长度修正系数。当纵向钢筋搭接接头百分率为表中的中间值时，可按内插取值。

24 抗震框架柱KZ纵向钢筋一般连接构造的连接要求有哪些？

抗震框架柱KZ纵向钢筋一般连接构造的连接要求有：

（1）当受拉钢筋直径大于25mm及受压钢筋直径大于28mm时，不宜采用绑扎搭接。

（2）轴心受拉及小偏心受拉构件中纵向受力钢筋不应采用绑扎搭接接头，设计者应在柱平法结构施工图中注明其平面位置及层数。

（3）纵向受力钢筋连接位置宜避开梁端、柱端箍筋加密区。如必须在此连接时，应采用机械连接或焊接。

（4）机械连接和焊接接头的类型及质量应符合国家现行有关标准的规定。

（5）绑扎搭接中，当某层连接区的高度小于纵筋分两批搭接所需的高度时，应改用机械连接或焊接连接。

25 抗震框架柱KZ纵向钢筋特殊连接构造做法有哪些？

11G101-1图集第57页给出了绑扎搭接连接形式下，抗震框架柱KZ纵向钢筋特殊连接的构造，如图2-11所示。当然，也可采用机械连接或焊接连接。

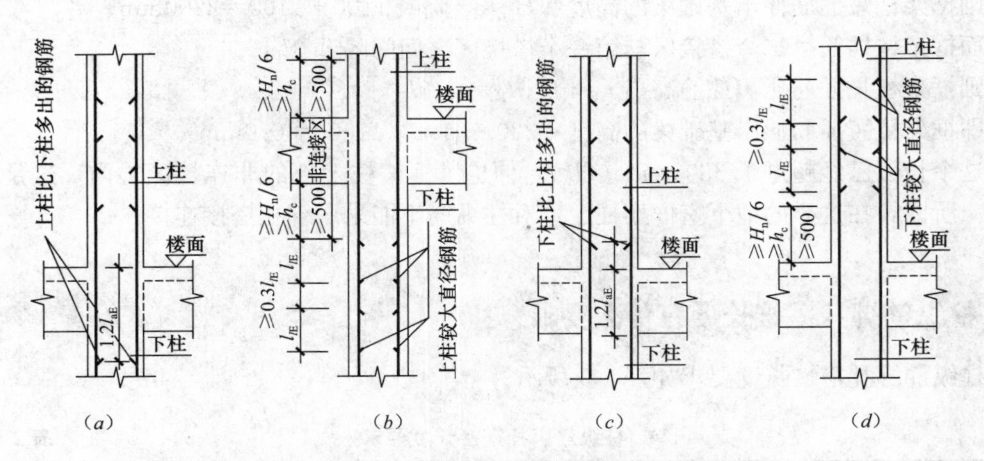

图2-11　抗震框架柱KZ纵向钢筋特殊连接构造
（a）上柱钢筋比下柱多时；（b）上柱钢筋直径比下柱钢筋直径大时；
（c）下柱钢筋比上柱多时；（d）下柱钢筋直径比上柱钢筋直径大时

26　抗震框架柱KZ纵向钢筋，当上柱钢筋直径比下柱钢筋直径大时，为什么上下柱纵筋要在下柱进行连接？

在施工图设计时，若出现“上柱纵筋直径比下柱大”的情况，便不能执行图2-9的做法，即上柱纵筋和下柱纵筋在楼面之上进行连接，不然会造成上柱柱根部位柱纵筋直径小于上柱中部柱纵筋直径的不合理现象。

这是因为在水平地震力的作用下，上柱根部和下柱顶部这段范围是最容易被破坏的部位。设计师通常会把上柱纵筋直径设计得比较大，如果我们在施工中，把下柱直径较小的柱纵筋伸出上柱根部以上和上柱纵筋连接，这样，上柱根部就成为“细钢筋”了，这会明显削弱上柱根部的抗震能力，违背设计师的意图。

所以，在遇到“上柱钢筋直径比下柱大”的时候，正确的做法是：把上柱纵筋伸到下柱之内来进行连接。但下柱的顶部有一个非连接区，其长度就是前面讲过的“三选一”，所以必须把上柱纵筋向下伸到这个非连接区的下方，才能与下柱纵筋进行连接。这样一来，下柱顶部的纵筋直径变大了，柱钢筋的用量变大了，不过，这对于加强下柱顶部的抗震能力也是十分必要的。

27　抗震框架柱KZ纵向钢筋，当上柱钢筋直径比下柱钢筋直径大时，机械连接和焊接连接的做法如何？

图2-11（*a*）、（*b*）、（*c*），只画出了绑扎搭接连接的做法，可能设计者认为绑扎搭接连接的做法相对比较复杂，读者只要看懂绑扎搭接连接的做法，机械连接和焊接连接的做法便一目了然。

下面，我们来分析一下图2-11（*b*）给出的绑扎搭接连接的做法。柱纵筋的绑扎搭接连接有两个绑扎搭接区，每个绑扎搭接区的长度为l_{lE}，两个绑扎搭接区之间的净距离为$0.3l_{lE}$；而最上面的绑扎搭接区紧贴着下柱顶部非连接区的下边界——看懂这一点非常重要。

此时，如果我们是采用机械连接或焊接连接，只要在下柱顶部非连接区的下边界处设置第一个连接点，再在第一个连接点的下方$35d$处设置第二个连接点，就能满足“相邻柱纵筋连接接头相互错开”的要求了。

28　机械连接或焊接连接时的柱纵筋如何计算？

框架柱纵筋计算应遵循分层计算的原则，具体包括以下内容：

（1）框架柱纵筋的基础插筋

框架柱纵筋的基础插筋包括：锚入基础（梁）以内的部分和伸出基础（梁）顶面以上部分。

注意，柱基础插筋伸出基础梁顶面有“长短筋”的不同长度，其中“短筋”的伸出长度为$H_n/3$，“长筋”的伸出长度为$H_n/3+35d$。

（2）地下室的柱纵筋

地下室的柱纵筋的计算长度：下端与伸出基础（梁）顶面的柱插筋相接，上端伸出地下室顶板以上一个“三选一”的长度，即 $\max(H_n/6, h_c, 500)$。

这样，地下室的柱纵筋的长度包括以下两个组成部分：

1）地下室顶板以下部分的长度：

$$柱净高\ H_n + 地下室顶板的框架梁截面高度 - H_n/3$$

其中，H_n 是地下室的柱净高，$H_n/3$ 就是框架柱基础插筋伸出基础梁顶面以上的长度。

2）地下室板顶以上部分的长度：

$$\max(H_n/6, h_c, 500)$$

其中，H_n 是地下室以上的那个楼层（例如“一层”）的柱净高，h_c 也是地下室以上的那个楼层（例如“一层”）的柱截面长边尺寸。

地下室的柱纵筋可以采用统一的长度。这个“统一的长度”与基础插筋伸出基础梁顶面的“长短筋”相接，伸到地下室顶板之上时，柱纵筋继续形成“长短筋”的两种长度。

（3）一层的柱纵筋

1）当“一层”的下面有“地下室”时

此时一层的柱纵筋的计算长度是：下端与地下室伸出板顶的柱纵筋相连接，上端伸出一层顶板一个“三选一”的长度，即 $\max(H_n/6, h_c, 500)$。

通常情况下，我们会选用“一层的层高”来作为本楼层的框架柱纵筋的长度。

2）当“一层”的下面没有“地下室”时

此时的一层的柱纵筋与地下室的柱纵筋类似。

（4）标准层的柱纵筋

此时标准层的柱纵筋的计算长度是：下端与下一层伸出板顶的柱纵筋相连接，上端伸出本层顶板一个“三选一”的长度，即 $\max(H_n/6, h_c, 500)$。

通常情况下，我们会选用“标准层的层高”来作为本楼层所有的框架柱纵筋的长度。

（5）顶层的柱纵筋

顶层的柱纵筋的计算长度是：下端与下一层伸出板顶的柱纵筋相连接，上端伸至本层楼板的板顶（减去保护层厚度），再弯 $12d$ 的直钩。

由于从“下一层”伸上来的柱纵筋有长、短筋两种长度，所以，与长、短筋连接的相应“顶层的柱纵筋”的长度就有短、长筋两种不同的长度。

假如“下一层”伸上来的柱纵筋长度为短筋“$\max(H_n/6, h_c, 500)$”和长筋“$\max(H_n/6, h_c, 500)+35d$”，则顶层柱纵筋的垂直段长度分别为：

$$顶层的层高-保护层厚度-\max(H_n/6, h_c, 500)$$

$$顶层的层高-保护层厚度-\max(H_n/6, h_c, 500)-35d$$

然后，顶层的每根柱纵筋都加上一个 $12d$ 的弯钩。

29 绑扎搭接连接时的柱纵筋如何计算？

1. 框架柱纵筋的基础插筋

框架柱纵筋的基础插筋包括：锚入基础（梁）以内的部分和伸出基础（梁）顶面以上

部分。

需要注意的是，柱基础插筋伸出基础梁顶面有“长短筋”的不同长度：

“短筋”的伸出长度$=H_n/3+l_{lE}$

“长筋”的伸出长度$=$“短筋”的伸出长度$+1.3l_{lE}$

2. 地下室的柱纵筋

地下室的柱纵筋的长度包括以下两个部分：

（1）地下室顶板以下部分的长度：

柱净高H_n + 地下室顶板的框架梁截面高度 $-H_n/3$

其中，H_n是地下室的柱净高，$H_n/3$就是框架柱基础插筋伸出基础梁顶面以上的长度。

（2）地下室板顶以上部分的长度：

$$\max(H_n/6, h_c, 500)+l_{lE}$$

其中，H_n是地下室以上的那个楼层的柱净高，h_c也是地下室以上的那个楼层的柱截面长边尺寸。

地下室的柱纵筋可以采用统一的长度。这个“统一的长度”与基础插筋伸出基础梁顶面的“长短筋”相接，伸到地下室顶板之上时，柱纵筋继续形成“长、短筋”的两种长度。

3. 一层的柱纵筋

关于“一层的柱纵筋”的计算可参考“28. 机械连接或焊接连接时的柱纵筋如何计算?”中的相关内容。

4. 标准层的柱纵筋

标准层的柱纵筋可以采用统一的长度。这个“统一的长度”就是：

标准层柱纵筋长度 = 标准层层高 $+ l_{lE}$

5. 顶层的柱纵筋

顶层的柱纵筋的计算长度就是：下端与下一层伸出板顶的柱纵筋相连接，上端伸至本层楼板的板顶（减去保护层厚度），再弯$12d$的直钩。

因为从“下一层”伸上来的柱纵筋有长、短筋两种长度，所以，与长、短筋连接的相应“顶层的柱纵筋”的长度就有短、长筋两种不同的长度。

假如“下一层”伸上来的柱纵筋长度为：

“短筋”：$\max(H_n/6，h_c，500)+l_{lE}$

“长筋”：“短筋”伸出长度$+1.3l_{lE}$

则顶层柱纵筋与“短筋”和“长筋”相接的垂直段长度分别为：

顶层层高－保护层厚度$-\max(H_n/6，h_c，500)$

顶层层高－保护层厚度$-\max(H_n/6，h_c，500)-1.3l_{lE}$

然后，顶层的每根柱纵筋都加上一个$12d$的弯钩。

30 举例说明柱纵向钢筋计算

1. 地下室柱纵筋的计算

【例 2-6】 地下室层高5.0m，下面是“正筏板”基础，基础主梁的截面尺寸为700mm×

900mm，下部纵筋为 9 ⌽ 25。筏板的厚度为 600mm，筏板的纵向钢筋都是⌽ 18@200。

地下室的抗震框架柱 KZ1 的截面尺寸为 750mm×700mm，柱纵筋为 22 ⌽ 25，混凝土强度等级 C30，二级抗震等级。地下室顶板的框架梁截面尺寸为 300mm×700mm。地下室上一层的层高为 4.0m，地下室上一层的框架梁截面尺寸为 300mm×700mm。计算该地下室的框架柱纵筋尺寸。

【解】

(1) 地下室顶板以下部分的长度 H_1

地下室的柱净高　　$H_n=5000-700-(900-600)=4000\text{mm}$

所以　　$H_1=H_n+700-H_n/3=4000+700-1333=3367\text{mm}$

(2) 地下室板顶以上部分的长度 H_2

上一层楼的柱净高　　$H_n=4000-700=3300\text{mm}$

所以　$H_2=\max(H_n/6, h_c, 500)=\max(3300/6, 750, 500)=750\text{mm}$

(3) 地下室柱纵筋的长度

$$地下室柱纵筋的长度=H_1+H_2=3367+750=4117\text{mm}$$

2. 顶层柱纵筋的计算

【例 2-7】 某建筑物顶层的层高为 3.5m，抗震框架柱 KZ1 的截面尺寸为 550mm×500mm，柱纵筋为 22 ⌽ 20，混凝土强度等级 C30，二级抗震等级。顶层顶板的框架梁截面尺寸为 300mm×700mm。计算顶层的框架柱纵筋尺寸。

【解】

(1) 顶层框架柱纵筋伸到框架梁顶部弯 $12d$ 的直钩。

顶层的柱纵筋净长度 $H_n=3500-700=2800\text{mm}$

根据地下室的计算，$H_2=750\text{mm}$

因此，与“短筋”相接的柱纵筋垂直段长度 H_a 为：

$$H_a=3500-30-750=2720\text{mm}$$

加上 $12d$ 弯钩的每根钢筋长度$=H_a+12d=2720+12\times20=2960\text{mm}$

与“长筋”相接的柱纵筋垂直段长度 H_b 为：

$$H_b=3500-30-750-35\times20=2020\text{mm}$$

加上 $12d$ 弯钩的每根钢筋长度$=H_b+12d=2020+12\times20=2260\text{mm}$

(2)“柱插梁”的做法：框架柱外侧纵筋从顶层框架梁的底面算起，锚入顶层框架梁 $1.5l_{abE}$。

首先，计算框架柱外侧纵筋伸入框架梁之后弯钩的水平段长度 A：

$$柱纵筋伸入框架梁的垂直长度=700-30=670\text{mm}$$

所以　　$A=1.5l_{abE}-670=1.5\times40\times20-670=530\text{mm}$

利用前面的计算结果，则

与“短筋”相接的柱纵筋垂直段长度 H_a 为 2720mm：

加上弯钩水平段 A 的每根钢筋长度$=H_a+A=2720+530=3250\text{mm}$

与“长筋”相接的柱纵筋垂直段长度 H_b 为 2260mm：

加上弯钩水平段 A 的每根钢筋长度$=H_b+A=2260+530=2790\text{mm}$

3. “变截面”楼层柱纵筋的计算

【例 2-8】 某建筑物第五层的层高为3.5m，是一个“变截面”的关节楼层，抗震框架柱KZ1在第五层的截面尺寸为750mm×700mm，在第六层的截面尺寸为650mm×600mm，柱纵筋为22⏀25，第五层顶板的框架梁截面尺寸为300mm×700mm。混凝土强度等级C30，二级抗震等级。计算第五层的框架柱纵筋尺寸。

【解】

（1）计算“中柱”

单侧柱纵筋收缩的幅度　　$C=(750-650)/2=50\text{mm}$

框架梁截面高度　　$H_b=700\text{mm}$

$$\text{弯折段斜率}=C/H_b=50/700=1/14<1/6$$

所以，柱纵筋采用“一根筋弯曲上通”做法。

1）“短筋”的计算

① 框架梁以下部分的直段长度 H_1：

$$H_1=\text{层高}-\text{框架梁截面高}-\text{短筋伸出长度}=3500-700-750=2050\text{mm}$$

② 框架梁中部分（“斜坡段”）的长度 H_2：

$$H_2=\text{sqrt}(C\times C+H_b\times H_b)=\text{sqrt}(50\times50+700\times700)=702\text{mm}$$

注：sqrt即求平方根。

③ 框架梁以上伸出部分的直段长度 H_3：

$$H_3=750\text{mm}$$

④ 本楼层“短筋”的每根长度：

$$\text{钢筋每根长度}=H_1+H_2+H_3=2050+702+750=3502\text{mm}$$

2）“长筋”的计算

① 框架梁以下部分的直段长度 H_1：

$$H_1=\text{层高}-\text{框架梁截面高}-\text{长筋伸出长度}=3500-700-1625=1175\text{mm}$$

② 框架梁中部分（“斜坡段”）的长度 H_2：

$$H_2=\text{sqrt}(C\times C+H_b\times H_b)=\text{sqrt}(50\times50+700\times700)=702\text{mm}$$

③ 框架梁以上伸出部分的直段长度 H_3：

$$H_3=1625\text{mm}$$

④ 本楼层“长筋”的每根长度：

$$\text{钢筋每根长度}=H_1+H_2+H_3=1175+702+1625=3502\text{mm}$$

（2）计算“b边上的边柱”

1）b边上的外侧柱纵筋

$$\text{钢筋长度}=3500\text{mm}$$

2）h边上的柱纵筋

单侧柱纵筋收缩的幅度　　$C=(750-650)/2=50\text{mm}$

框架梁截面高度　　$H_b=700\text{mm}$

$$\text{弯折段斜率}=C/H_b=50/700=1/14<1/6$$

所以，柱纵筋采用“一根筋弯曲上通”做法。

长、短筋每根长度计算结果同“中柱”长、短筋计算。

3）b 边上的内侧柱纵筋

b 边上的内侧柱纵筋“单侧”向柱截面轴心进行收缩。

单侧柱纵筋收缩的幅度 $C=750-650=100\text{mm}$

框架梁截面高度 $H_b=700\text{mm}$

$$弯折段斜率=C/H_b=100/700=1/7<1/6$$

所以，柱纵筋仍采用“一根筋弯曲上通”做法。

①“短筋”的计算

a. 框架梁以下部分的直段长度 H_1：

$$H_1=层高-框架梁截面高-短筋伸出长度=3500-700-750=2050\text{mm}$$

b. 框架梁中部分（“斜坡段”）的长度 H_2：

$$H_2=\text{sqrt}(C\times C+H_b\times H_b)=\text{sqrt}(100\times 100+700\times 700)=707\text{mm}$$

c. 框架梁以上伸出部分的直段长度 H_3：

$$H_3=750\text{mm}$$

d. 本楼层“短筋”的每根长度：

$$钢筋每根长度=H_1+H_2+H_3=2050+707+750=3507\text{mm}$$

②“长筋”的计算

a. 框架梁以下部分的直段长度 H_1：

$$H_1=层高-框架梁截面高-长筋伸出长度=3500-700-1625=1175\text{mm}$$

b. 框架梁中部分（“斜坡段”）的长度 H_2：

$$H_2=\text{sqrt}(C\times C+H_b\times H_b)=\text{sqrt}(100\times 100+700\times 700)=707\text{mm}$$

c. 框架梁以上伸出部分的直段长度 H_3：

$$H_3=1625\text{mm}$$

d. 本楼层“长筋”的每根长度：

$$钢筋每根长度=H_1+H_2+H_3=1175+707+1625=3507\text{mm}$$

（3）计算“角柱”

1）“角柱”外侧的柱纵筋

“角柱”外侧的柱纵筋包括 b 边上的外侧柱纵筋、h 边上的外侧柱纵筋及 3 根处于外侧的角筋。

$$钢筋长度=3500\text{mm}$$

2）“角柱”内侧的柱纵筋

其情形类似于“b 边上的边柱”的 b 边上的内侧柱纵筋，即

单侧柱纵筋收缩的幅度 $C=750-650=100\text{mm}$

框架梁截面高度 $H_b=700\text{mm}$

$$弯折段斜率=C/H_b=100/700=1/7<1/6$$

所以，柱纵筋采用“一根筋弯曲上通”做法。

长、短筋计算结果同“b 边上的边柱”的 b 边上的内侧柱纵筋计算。

4. 梁上柱纵筋的计算

【例 2-9】 图 2-12 所示为某建筑梁上柱 LZ1 平面布置图，其中，梁上柱 LZ1 的截面尺寸及配筋信息为：

LZ1　250mm×300mm　6⌀16mm　⌀8@200mm　$b_1=b_2=150\text{mm}$　$h_1=h_2=200\text{mm}$

计算梁上柱的纵筋长度。

【解】

楼层层高＝4.0m，LZ1的梁顶相对标高高差＝－1.800m，则：

LZ1的梁顶距下一层楼板顶的距离为

4000－1800＝2200mm

柱根下部的KL3截面高度＝650mm

LZ1的总长度＝2200＋650＝2850mm

柱纵筋的垂直段长度

＝2850－(20＋8)－(22＋20＋10)＝2770mm

注：20＋8为柱的保护层厚度，20＋10为梁的保护层厚度，22为梁纵筋直径。

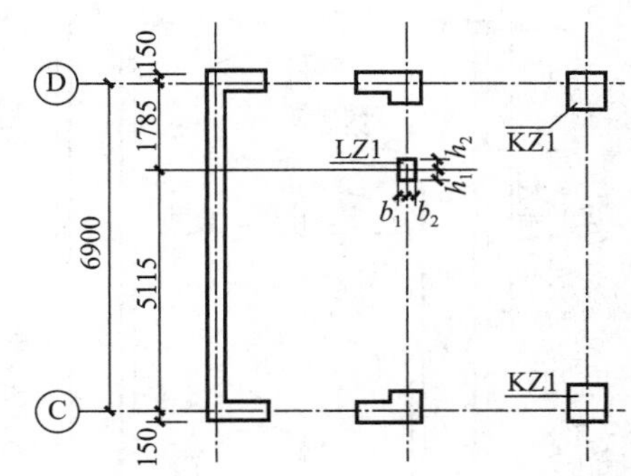

图2-12　某梁上柱LZ1平面布置

柱纵筋的弯钩长度＝12×16＝192mm

柱纵筋的每根长度＝192＋2770＋192＝3154mm

31　地下室抗震框架柱KZ的纵向钢筋连接构造与箍筋加密区范围有什么要求？

11G101-1图集第58页给出了地下室抗震框架柱KZ的纵向钢筋连接构造、地下室抗震框架柱KZ的箍筋加密区范围，如图2-13～图2-15所示。

其中，图2-13～图2-15中字母所代表的含义如下：

h_c——柱截面长边尺寸（圆柱为截面直径）；

H_n——所在楼层的柱净高；

d——框架柱纵向钢筋直径；

l_{lE}——纵向受拉钢筋抗震绑扎搭接长度；

l_{aE}——纵向受拉钢筋抗震锚固长度，如表2-7所示；

l_{abE}——纵向受拉钢筋抗震基本锚固长度，如表2-6所示。

由图2-13～图2-15我们能得知以下信息：

（1）图2-13与图2-9基本相同，不同之处：

底部为“基础顶面”，非连接区为“三选一”，即

$$\max(H_n/6, h_c, 500)$$

中间为“地下室楼面”（同图2-9）

最上层为“嵌固部位”，其上方的非连接区为“$H_n/3$”。

（2）图2-14：其中的箍筋加密区范围就是图2-13中柱纵筋非连接区的范围。

（3）图2-15：

伸至梁顶，且不小于$0.5l_{aE}$时：弯锚（弯钩向内）；

伸至梁顶，且不小于l_{aE}时：直锚。

图2-15仅用于按《建筑抗震设计规范》（GB 20011—2010）第6.1.14条在地下一层增加的10%钢筋。由设计指定，未指定时表示地下一层比上层柱多出的钢筋。

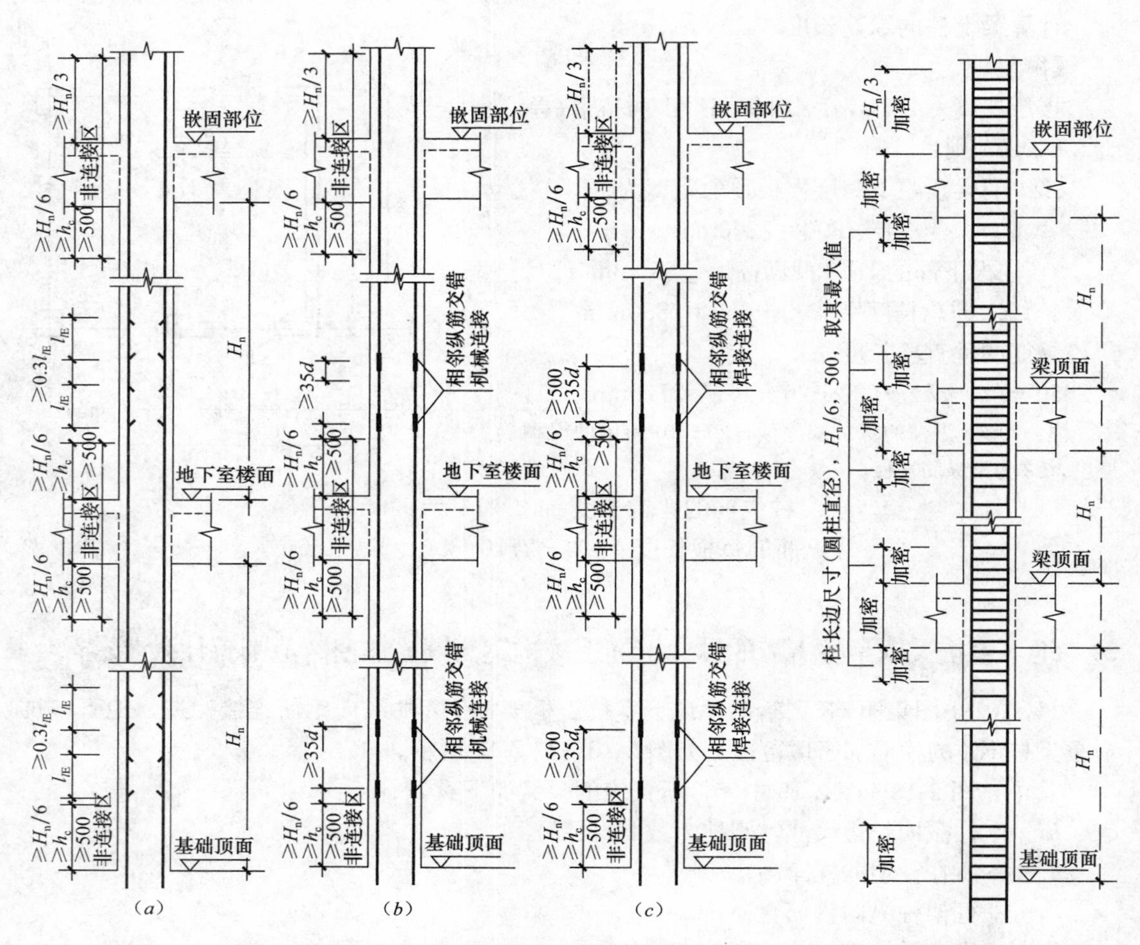

图 2-13　地下室抗震框架柱 KZ 的纵向钢筋连接结构

（*a*）绑扎搭接；（*b*）机械连接；（*c*）焊接连接

图 2-14　箍筋加密区范围

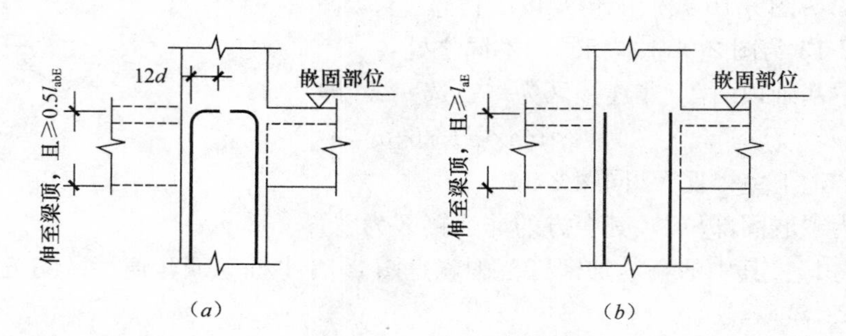

图 2-15　地下一层增加钢筋在嵌固部位的锚固构造

（*a*）弯锚；（*b*）直锚

受拉钢筋基本锚固长度 l_{ab}、l_{abE} 表 2-6

钢筋种类	抗震等级	混凝土强度等级								
		C20	C25	C30	C35	C40	C45	C50	C55	≥C60
HPB300	一、二级（l_{abE}）	45d	39d	35d	32d	29d	28d	26d	25d	24d
	三级（l_{abE}）	41d	36d	32d	29d	26d	25d	24d	23d	22d
	四级（l_{abE}） 非抗震（l_{ab}）	39d	34d	30d	28d	25d	24d	23d	22d	21d
HRB335 HRBF335	一、二级（l_{abE}）	44d	38d	33d	31d	29d	26d	25d	24d	24d
	三级（l_{abE}）	40d	35d	31d	28d	26d	24d	23d	22d	22d
	四级（l_{abE}） 非抗震（l_{ab}）	38d	33d	29d	27d	25d	23d	22d	21d	21d
HRB400 HRBF400 RRB400	一、二级（l_{abE}）	—	46d	40d	37d	33d	32d	31d	30d	29d
	三级（l_{abE}）	—	42d	37d	34d	30d	29d	28d	27d	26d
	四级（l_{abE}） 非抗震（l_{ab}）	—	40d	35d	32d	29d	28d	27d	26d	25d
HRB500 HRBF500	一、二级（l_{abE}）	—	55d	49d	45d	41d	39d	37d	36d	35d
	三级（l_{abE}）	—	50d	45d	41d	38d	36d	34d	33d	32d
	四级（l_{abE}） 非抗震（l_{ab}）	—	48d	43d	39d	36d	34d	32d	31d	30d

注：HPB300 级钢筋末端应做 180°弯钩，弯后平直段长度不应小于 $3d$，但作受压钢筋时可不做弯钩。

受拉钢筋锚固长度 l_a、抗震锚固长度 l_{aE} 表 2-7

非抗震	抗震
$l_a=\zeta_a l_{ab}$	$l_{aE}=\zeta_{aE} l_a$

注：1. l_a 不应小于 200mm。
2. 锚固长度修正系数 ζ_a 按表 2-8 取用，当多于一项时，可按连乘计算，但不应小于 0.6。
3. ζ_{aE}为抗震锚固长度修正系数，对一、二级抗震等级取 1.15，对三级抗震等级取 1.05，对四级抗震等级取 1.00。

受拉钢筋锚固长度修正系数 ζ_a 表 2-8

锚固条件		ζ_a
带肋钢筋的公称直径大于 25mm		1.10
环氧树脂涂层带肋钢筋		1.25
施工过程中易受扰动的钢筋		1.10
锚固区保护层厚度	3d	0.80
	5d	0.70

注：1. 锚固区保护层厚度为中间值时按内插取值。d 为锚固钢筋直径。
2. 当锚固钢筋的保护层厚度不大于 $5d$ 时，锚固钢筋长度范围内应设置横向构造钢筋，其直径不应小于 $d/4$（d 为锚固钢筋的最大直径）；对梁、柱等构件间距不应小于 $5d$，对板、墙等构件间距不应大于 $10d$，且均不应大于 100mm（d 为锚固钢筋的最小直径）。

32 地下室抗震框架柱 KZ 构造的“嵌固部位”有何特殊之处？

11G101-1 图集第 58 页注 1：“本页图中钢筋连接构造及柱箍筋加密区范围用于嵌固部

位不在基础底面情况下地下室部分（基础底面至嵌固部位）的柱。”从此，我们得知嵌固部位还存在两种可能性：

（1）嵌固部位在地下室顶面（图 2-16）

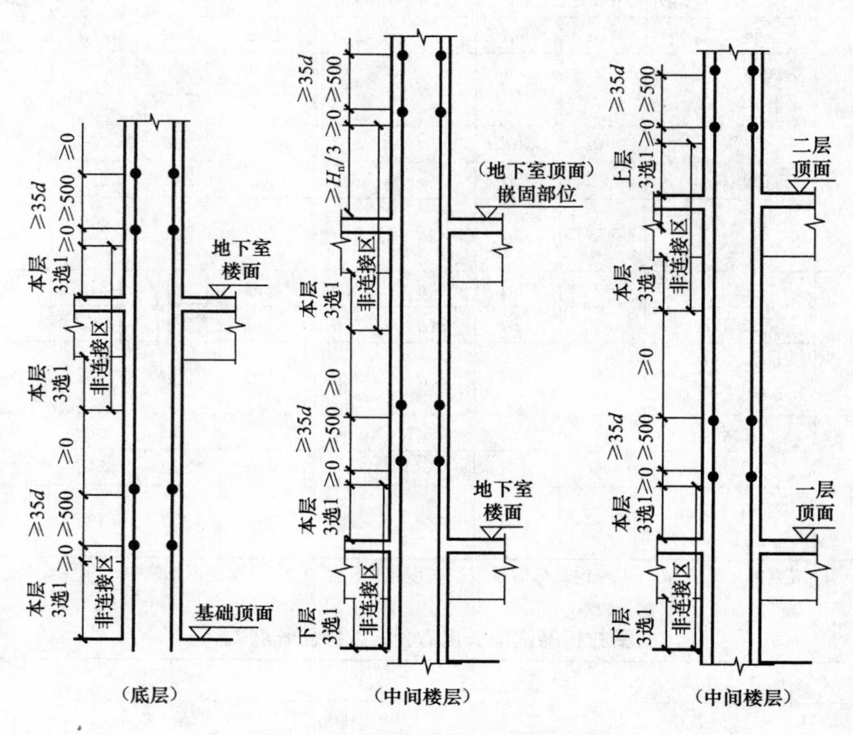

图 2-16　嵌固部位在地下室顶面

注：嵌固部位的非连接区高度不小于 $H_n/3$

3 选 1=max（$\geqslant H_n/6$，$\geqslant h_c$，$\geqslant 500$）

“本层 3 选 1”的 H_n 是本层的

“上层 3 选 1”的 H_n 是上层的

H_n 为框架柱净高

h_c 为框架柱截面的长边尺寸

在“嵌固部位”（地下室顶面），其上方的非连接区为“$H_n/3$”；而在基础顶面的非连接区是“三选一”，即 $\max(H_n/6，h_c，500)$。

（2）嵌固部位在地下室的中间楼层

11G101-1 图集第 58 页表示的内容是“从嵌固部位往下看”，展示了地下室中间各楼层直到基础顶面的柱钢筋构造。但是，第 58 页并未告诉我们“地下室顶面”的柱钢筋构造是什么，从嵌固部位往上看的构造是什么。

实际上，“从嵌固部位往上看”的构造就是第 57 页的构造。虽然，第 57 页最下方画出的是“嵌固部位”，但这并不单单是说“基础顶面嵌固部位”。实际上，第 57 页表示的嵌固部位有两种情况，而每一种情况都可以与“地下室顶面”建立联系，如图 2-17 所示。

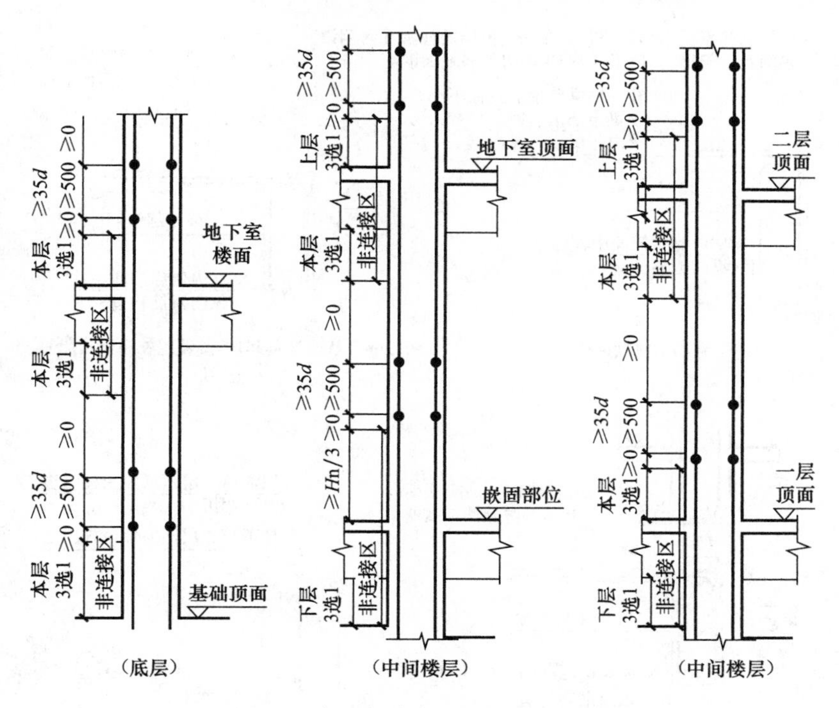

图 2-17　嵌固部位在地下室的中间楼层

嵌固部位以外的各层楼面（包括地下室顶面）的非连接区高度为“3 选 1”即 max（$H_n/6$，h_c，500）

3 选 1＝max（$H_n/6$，h_c，500）

“本层 3 选 1”的 H_n 是本层的

“上层 3 选 1”的 H_n 是上层的

H_n 为框架柱净高

h_c 为框架柱截面的长边尺寸

1）这个嵌固部位是“基础顶面嵌固部位”：

工程不存在地下室，这个“基础顶面嵌固部位”以上的各楼层就是上部结构的各个楼层，各层楼面的柱纵筋非连接区都是“三选一”，即 max($H_n/6$，h_c，500)。

如果该工程存在地下室，则“嵌固部位”以上的各楼层也就包括了“地下室顶面”，即地下室顶面的柱纵筋非连接区也是“三选一”，即 max($H_n/6$，h_c，500)。

2）这个嵌固部位是“地下室的中间楼层”：

从地下室中间楼层的这个嵌固部位“往上看”，我们不但看到上部结构的各个楼层，而且最先看到的就是“地下室顶面”。然而，11G101-1 图集第 57 页嵌固部位以上的各个“楼面”的柱纵筋非连接区都是“三选一”，即 max($H_n/6$，h_c，500)。这就说明，“地下室顶面”的柱纵筋非连接区是“三选一”，即 max($H_n/6$，h_c，500)。

33　抗震框架柱 KZ 边柱和角柱柱顶纵向钢筋构造做法有哪些？

11G101-1 图集第 59 页给出了抗震框架柱 KZ 边柱和角柱柱顶纵向钢筋构造，如图 2-18 所示。

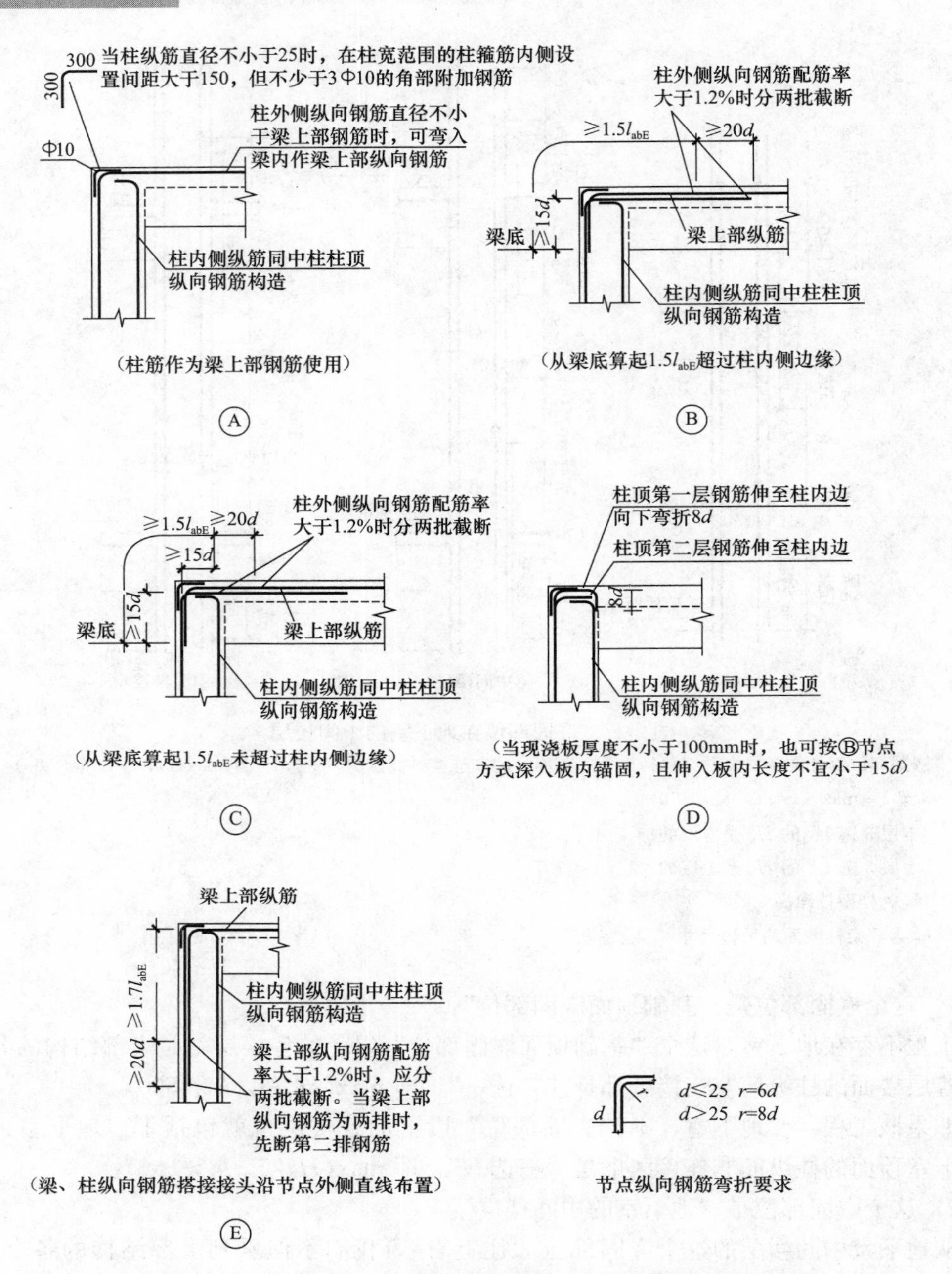

图 2-18 抗震框架柱 KZ 边柱和角柱柱顶纵向钢筋构造示意

d—框架柱纵向钢筋直径；r—纵向钢筋弯折半径；l_{abE}—纵向受拉钢筋的抗震基本锚固长度

34 柱筋作为梁上部钢筋使用有哪些注意事项？

图 2-18 节点Ⓐ的构造做法"柱筋作为梁上部钢筋使用"是新增加的构造做法。图中的引注这样说：柱外侧纵向钢筋直径不小于梁上部钢筋时，可弯入梁内作梁上部纵向钢筋。

在实际操作中，还要考虑钢筋定尺长度的限制：柱外侧纵筋在伸入梁内的时候，在梁柱交叉的核芯区内钢筋不能连接；在拐出柱内侧面以外以后，在梁的“$l_{n1}/3$”（三分之一净跨长度）的范围内也不能连接。

11G101-1图集的这个构造做法来自《混凝土结构设计规范》（GB 50010—2010）第9.3.7条。新规范中指出：“顶层端节点柱外侧纵向钢筋可弯入梁内作梁上部纵向钢筋”。同时，新规范也指出：“也可将梁上部纵向钢筋与柱外侧纵向钢筋在节点及附近部位搭接”，搭接可采用下列两种方式：

一种方式为：“搭接接头可沿顶层端节点外侧及梁端顶部布置，搭接长度不应小于$1.5l_{ab}$”，这就是我们所说的“柱插梁”的构造做法。

另一种方式为：“纵向钢筋搭接接头也可沿节点柱顶外侧直线布置，此时，搭接长度自柱顶算起不应小于$1.7l_{ab}$”，这就是我们所说的“梁插柱”的构造做法。

35　顶梁边柱节点的“柱插梁”构造做法有哪些？

“柱插梁”的做法如图2-18所示的Ⓑ、Ⓒ两个构造做法。

由于配筋率的不同，“柱插梁”的做法有两种：

（1）当边柱外侧纵筋配筋率不大于1.2%时的主要做法，如图2-19（a）所示。

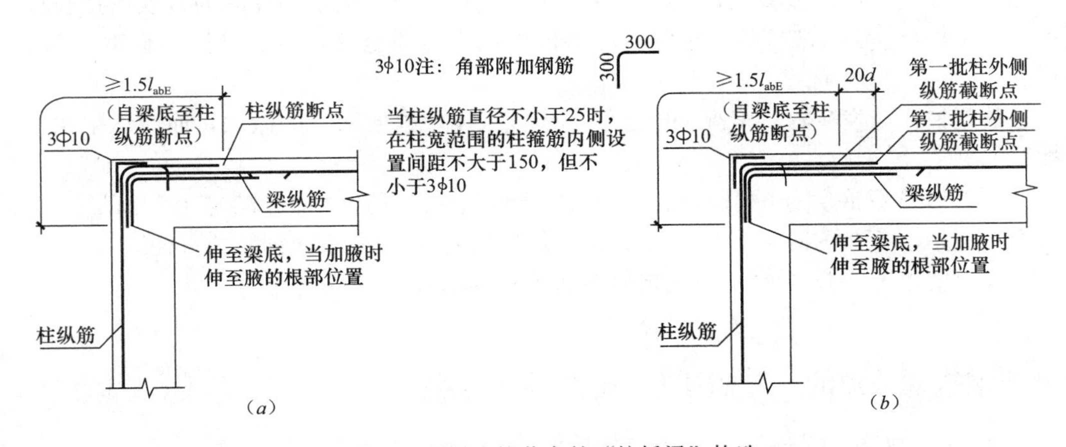

图2-19　顶梁边柱节点的“柱插梁”构造

（a）柱外侧纵筋配筋率不大于1.2%时顶梁边柱节点构造；

（b）柱外侧纵筋配筋率大于1.2%时顶梁边柱节点构造

边柱外侧纵筋伸入WKL顶部不小于$1.5l_{abE}$（注意：从梁底算起），WKL上部纵筋的直钩伸至梁底（而不是$15d$），当加腋时伸至腋根部位置。

（2）当边柱外侧纵筋配筋率大于1.2%时，柱外侧纵筋的两批截断点相距$20d$，即一半的柱外侧纵筋伸入屋面框架梁$1.5l_{abE}$；另一半的柱外侧纵筋伸入顶梁$1.5l_{abE}+20d$，如图2-19（b）所示。

WKL上部纵筋的直钩伸至梁底（而不是$15d$），当加腋时伸至腋根部位置。

（3）图2-19中，屋面框架梁与边柱相交的角部外侧设置一种附加钢筋（当柱纵筋直径不小于 25mm 时设置)：

“直角状钢筋”边长各为 300mm，间距不大于 150mm，但不少于 3Φ10。

“直角状钢筋”实际上是起固定柱顶箍筋作用的，因为柱纵筋伸到柱顶弯 90°直钩时有一个弧度，这会造成柱顶部分的加密箍筋无法与已经拐弯的外侧纵筋绑扎固定，所以设置了“直角状钢筋”。

36 梁上部纵筋弯折段有“伸至梁底”的要求吗?

从图 2-18 中的Ⓑ、Ⓒ节点构造可以看到：梁上部纵筋弯折段是“伸至梁底”的。所以，是存在这个要求的。

《混凝土结构设计规范》(GB 50010—2010) 的第 9.3.7 条中明文规定：“梁上部纵向钢筋应伸至节点外侧并向下弯至梁下边缘高度位置截断。”

37 当采用“柱插梁”时遇到梁截面高度较大的特殊情况，造成柱外侧纵筋与梁上部纵筋的搭接长度不足时，该怎么办?

《混凝土结构设计规范》(GB 50010—2010) 第 9.3.7 条第 4 款规定：

1)“当梁的截面高度较大，梁、柱纵向钢筋相对较小，从梁底算起的直线搭接长度未延伸至柱顶即已满足 $1.5l_{ab}$的要求时，应将搭接长度延伸至柱顶并满足搭接长度 $1.7l_{ab}$的要求。”

这就是说，当发生这种情况的时候，不应该采用“柱插梁”的做法，而应该采用“梁插柱”的做法。

2)“或者从梁底算起的弯折搭接长度未延伸至柱内侧边缘即已满足 $1.5l_{ab}$的要求时，其弯折后包括弯弧在内的水平段的长度不应小于 $15d$，d 为柱纵向钢筋的直径”。

实际上就是图 2-18 中Ⓒ节点构造做法所表示的内容。

38 顶梁边柱节点的“梁插柱”构造要求有哪些?

“梁插柱”做法见图 2-18 的Ⓔ节点构造做法。

由于配筋率的不同，“梁插柱”的做法有两种：

(1) 当屋面框架梁上部纵筋配筋率不大于 1.2%时的主要做法，如图 2-20 (*a*) 所示：

WKL 的上部纵筋伸入边柱外侧的直段长度不小于 $1.7l_{abE}$(从拐点算起)。

边柱外侧纵筋伸入 WKL 顶部后，弯直钩 $12d$(这里沿用旧做法，新图集没有指出“弯直钩 $12d$”)。

(2) 当屋面框架梁上部纵筋配筋率大于 1.2%时的主要做法，如图 2-20 (*b*) 所示：

当屋面框架梁上部纵筋配筋率大于 1.2%时，梁上部纵筋的两批截断点相距 $20d$。图 2-18 中Ⓔ节点构造的引注为：“当梁上部纵向钢筋为两排时，先断第二排钢筋”，这就是说：屋面框架梁的第一排上部纵筋伸入边柱外侧 $1.7l_{abE}+20d$，第二排上部纵筋伸入边柱外侧 $1.7l_{abE}$。

边柱外侧纵筋伸入WKL顶部后，弯直钩$12d$。

（3）图2-20中，在屋面框架梁与边柱相交的角部外侧设置一种附加钢筋（当柱纵筋直径不小于25mm时设置）：

"直角状钢筋"边长各为300mm，间距不大于150mm，但不少于3Φ10。

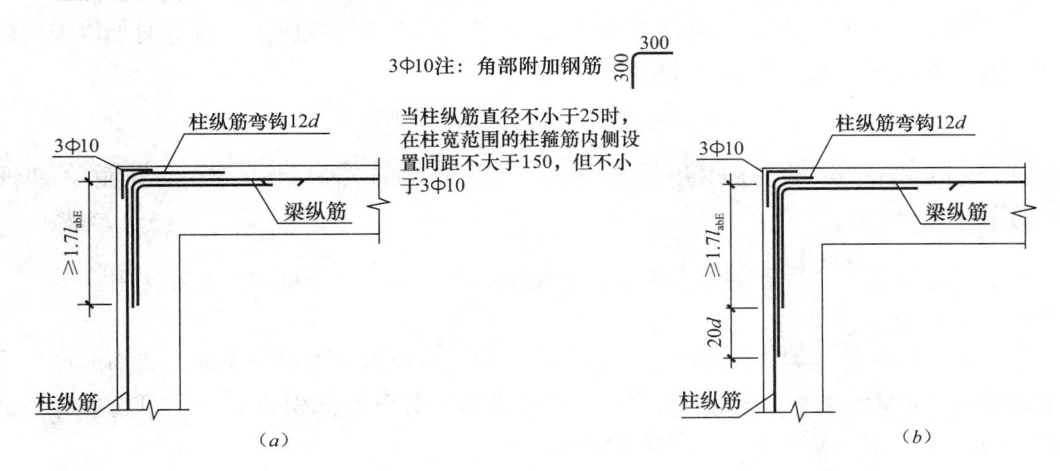

图2-20　顶梁边柱节点的"梁插柱"构造

（a）梁上部纵筋配筋率不大于1.2%时顶梁边柱节点构造；

（b）梁上部纵筋配筋率大于1.2%时顶梁边柱节点构造

39　"梁插柱"做法中，如何计算"顶梁的上部纵筋配筋率"?

梁上部纵筋配筋率的计算方法：

梁上部纵筋配筋率等于梁上部纵筋（如果有两排钢筋的话，两排都要算）的截面积除以梁的有效截面积。

梁有效截面积等于梁宽乘以梁的有效高度。

梁的有效高度的计算：当配一排筋时为梁高减35mm，两排筋时为梁高减60mm。

40　"柱插梁"和"梁插柱"两种做法，如何比较使用?

1."柱插梁"做法

主要做法：边柱外侧纵筋伸入顶梁，与梁上部纵筋搭接$1.5l_{abE}$。

优点：施工方便。

缺点：造成梁端上部水平钢筋密度增大，不利于混凝土的浇筑。我们大家都知道，梁柱交叉的节点区域是钢筋密度最大的地区，要保证梁的上部纵筋之间达到规定的"水平净距"（上部纵筋的净距为不小于30mm和1.5倍的钢筋直径）已经相当困难，现在又加上从柱外侧拐过来的柱纵筋，显得更加拥挤。

2."梁插柱"做法

主要做法：顶梁的上部纵筋下伸与边柱外侧纵筋搭接$1.7l_{abE}$。

优点：梁端上部能保证钢筋的水平净距，有利于混凝土的浇筑。

缺点：由于梁上部纵筋插入柱内较长，所以施工缝不能留在梁底。另外，使用“梁插柱”方法所用的钢筋略多于“柱插梁”方法。

3. 何时使用的问题

至于何时选用“柱插梁”，何时选用“梁插柱”，这应该是在施工图设计时加以说明的问题，或者在施工组织设计中加以说明。

41 抗震框架柱KZ边柱和角柱柱顶纵向钢筋构造中，Ⓓ节点构造能单独使用吗？

不能，它不是一个独立的节点构造，它应该和Ⓐ、Ⓑ、Ⓒ节点构造配合使用。

11G101-1图集第59页注中是这样说的：

节点Ⓐ、Ⓑ、Ⓒ、Ⓓ应配合使用，节点Ⓓ不应单独使用（仅用于未伸入梁内的柱外侧纵筋锚固），伸入梁内的柱外侧纵筋不宜少于柱外侧全部纵筋面积的65%。可选择Ⓑ+Ⓓ或Ⓒ+Ⓓ或Ⓐ+Ⓑ+Ⓓ或Ⓐ+Ⓒ+Ⓓ的做法。

实际组合可参考如下：

Ⓑ+Ⓓ （“柱插梁”）

Ⓒ+Ⓓ （“柱插梁”）

Ⓐ+Ⓑ+Ⓓ （“柱梁纵筋贯通”和“柱插梁”配合使用）

Ⓐ+Ⓒ+Ⓓ （“柱梁纵筋贯通”和“柱插梁”配合使用）

Ⓔ （“梁插柱”）

Ⓐ+Ⓔ （“柱梁纵筋贯通”和“梁插柱”配合使用）

42 如何理解“伸入梁内的柱外侧纵筋不宜少于柱外侧全部纵筋面积的65%”？

节点Ⓓ“不小于柱外侧纵筋面积的65%伸入梁内”的要求，在很多情况下并不能满足。

以11G101-1图集第34页的例子工程为例，KL3的截面宽度是250mm，而作为梁的支座的KZl的宽度是750mm，也就是说，充其量只能有1/3的柱纵筋有可能伸入梁内，如何能够做到“不小于柱外侧纵筋面积的65%伸入梁内”呢？

如果在实际工程中不能做到“不小于柱外侧纵筋面积的65%伸入梁内”，又该怎么办呢？

图2-18中Ⓑ节点的做法可以解决这个问题，其做法就是全部柱外侧纵筋伸入现浇梁及板内。这样就能保证：能够伸入现浇梁的柱外侧纵筋伸入梁内，不能伸入现浇梁的柱外侧纵筋就伸入现浇板内。

但是，当框架梁两侧不存在现浇板时，就只能采用节点Ⓓ的做法；只有当框架梁侧存在现浇板时，才能考虑采用节点Ⓑ的做法。

43　抗震框架柱 KZ 中柱柱顶纵向钢筋构造做法有哪些？

11G101-1 图集第 60 页给出了抗震框架柱 KZ 中柱柱顶纵向钢筋构造，如图 2-21 所示。

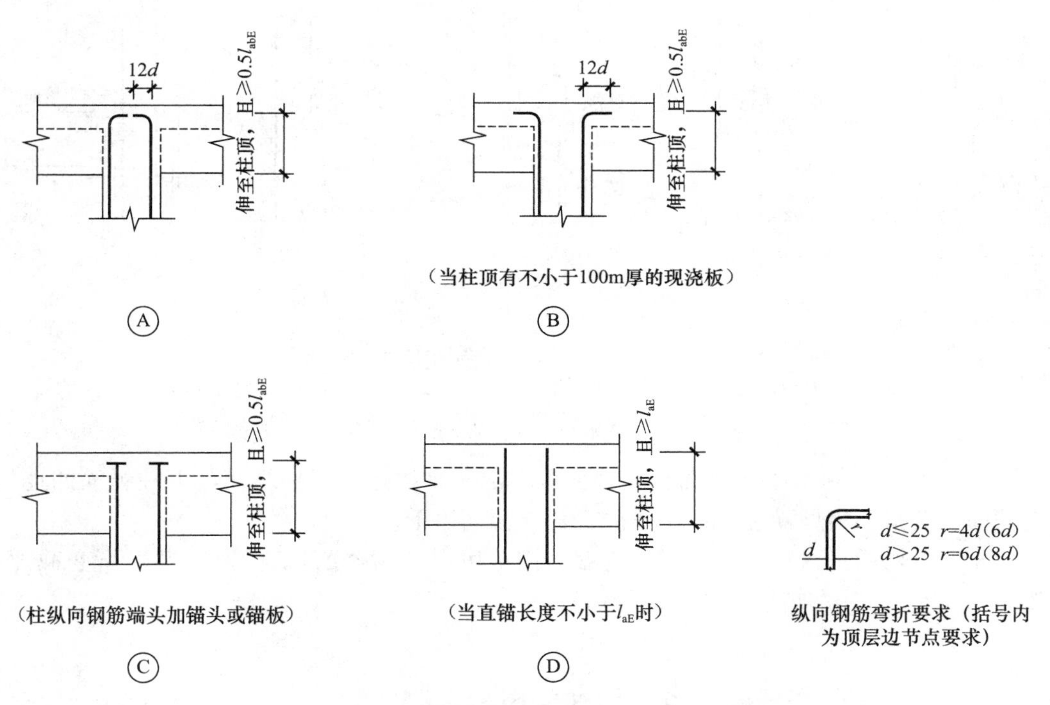

图 2-21　抗震 KZ 中柱柱顶纵向钢筋构造

d—框架柱纵向钢筋直径；r—纵向钢筋弯折半径；

l_{aE}—纵向受拉钢筋抗震锚固长度；l_{abE}—纵向受拉钢筋抗震基本锚固长度

节点Ⓐ：当柱纵筋直锚长度小于 l_{aE}时，柱纵筋伸至柱顶后向内弯折 12d，但必须保证柱纵筋伸入梁内的长度不小于 0.5l_{abE}。

节点Ⓑ：当柱纵筋直锚长度小于 l_{aE}，且顶层为现浇混凝土板、其强度等级不小于 C20、板厚不小于 100mm 时，柱纵筋伸至柱顶后向外弯折 12d，但必须保证柱纵筋伸入梁内的长度不小于 0.5l_{abE}。

节点Ⓒ：（11G101-1 新增的节点构造）柱纵筋端头加锚头（锚板），技术要求同前，也是伸至柱顶，且不小于 0.5l_{abE}。

节点Ⓓ：当柱纵筋直锚长度不小于 l_{aE}时，可以直锚伸至柱顶。

说明，节点Ⓐ和节点Ⓑ的做法类似，只是一个是柱纵筋的弯钩朝内，一个是柱纵筋的弯钩朝外，显然，“弯钩朝外”的做法更有利些。这里，节点Ⓑ的使用条件为：当柱顶有不小于 100mm 厚的现浇板，一般工程都能够适合。

44 抗震KZ柱变截面位置纵向钢筋构造做法有哪些?

在11G101-1图集60页中，关于抗震框架柱KZ变截面位置纵向钢筋构造画出了五个节点构造图，如图2-22所示。

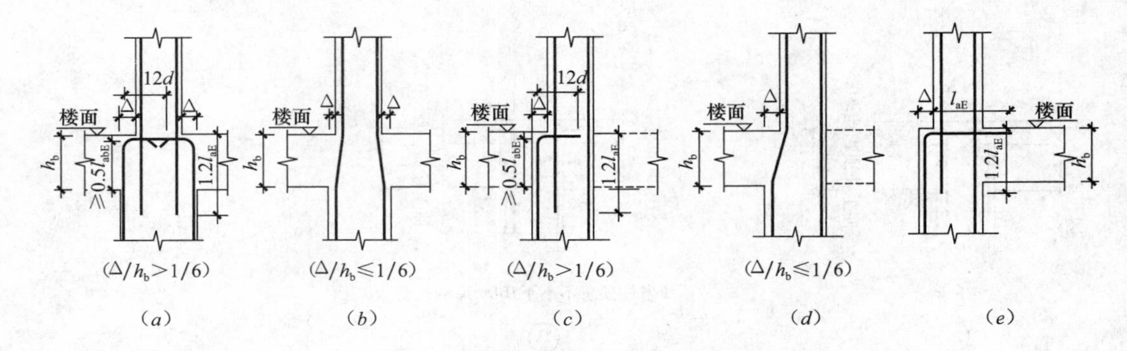

图2-22 柱变截面位置纵向钢筋构造

d—框架柱纵向钢筋直径；h_b—框架梁截面高度；Δ—上下柱同向侧面错开宽度；

l_{aE}—纵向受拉钢筋抗震锚固长度；l_{abE}—纵向受拉钢筋抗震基本锚固长度

(1) 从图2-22中我们可以看出，楼面以上部分是描述上层柱纵筋与下柱纵筋的连接，与变截面的关系不大，而变截面主要的变化在楼面以下。

(2) 通过对图形进行简化，描述变截面构造可以分为"$\Delta/h_b>1/6$"情形下变截面的做法和"$\Delta/h_b\leqslant1/6$"情形下变截面的做法。

45 影响框架柱在变截面处纵筋做法的因素有哪些?

影响框架柱在变截面处纵筋做法的因素有很多，下面分别介绍。

(1) 与变截面的幅度有关

变截面通常是上柱的截面尺寸比下柱小。以本书中图2-3为例，在第五层的结构楼层时，KZ1下柱的截面尺寸为750mm×700mm，上柱截面尺寸为650mm×600mm；而在第十层的结构楼层时，KZ1下柱的截面尺寸为650mm×600mm，上柱截面尺寸为550mm×500mm。

如果上柱截面尺寸缩小的幅度越大，那Δ值也就大，对于一定的h_b值来说，此时的Δ/h_b的比值也就越大，就有可能使$\Delta/h_b>1/6$，从而柱纵筋在变截面处就可能采用第二种做法。

(2) 与框架柱平面布置的位置有关

从图2-22 (*b*)、(*c*) 可以看出，虽然上柱和下柱截面尺寸的相对比值没有改变，但是上柱与下柱的相对位置改变了：图2-22 (*b*)，上柱轴心与下柱轴心是重合的，这时的Δ值就较小，以图2-3为例来说，Δ值也就只有50mm；图2-22 (*c*)，上柱轴心与下柱轴心是错位的，而上柱和下柱的外侧边线是重合的，这时的Δ值就较大，以前面说到的例子工程来说，Δ值就达到100mm。

从以上内容，我们得知在一个结构平面图中，中柱和边柱在变截面处的纵筋做法是不同的：在变截面的结构楼层上，中柱采用图 2-22（*b*）的做法，而边柱采用图 2-22（*c*）的做法。于是，这就造成“同一编号的框架柱在同一楼层上出现两种不同的变截面做法”。

当我们对边柱采取不同于中柱的变截面做法时，我们还要注意到有两种“不同方向的边柱”，一种是“*b* 边靠边”的边柱，另一种是“*h* 边靠边”的边柱，这两种边柱对于变截面的做法是不同的：前者要对框架柱“*b* 边上的中部筋”进行弯折截断，后者要对框架柱“*h* 边上的中部筋”进行弯折截断。

最后，在处理框架柱变截面的时候，我们要特别关注角柱，因为角柱在两个不同的方向上都是边柱。

46　图 2-22 中，（*e*）为新增加的柱变截面构造做法，有何特别之处？

图 2-22 中，（*e*）为新增加的柱变截面构造做法，讲述的是端柱变截面，而且变截面的错台在外侧。

因为它的内侧有框架梁，所以称之为端柱。这个节点构造的特点是：

（1）下层的柱纵筋伸至梁顶后弯锚进框架梁内，其弯折长度较长：

$$下层柱纵筋弯折长度=\Delta+l_{aE}-纵筋保护层厚度$$

（2）上层柱纵筋锚入下柱 $1.2l_{aE}$。

如果端柱变截面，但变截面的错台在内侧时，可参照图 2-22（*c*）的节点构造做法。

47　抗震剪力墙上柱 QZ 纵筋构造做法有哪些？

11G101-1 图集第 61 页，抗震剪力墙上柱 QZ 与下层剪力墙有两种锚固构造。

（1）剪力墙上柱 QZ 与下层剪力墙重叠一层

剪力墙顶面以上的“墙上柱”，其纵筋连接构造同框架柱一样（包括绑扎搭接连接、机械连接和焊接连接）。看此构造图时需要注意框架柱（即“墙上柱”）的柱根是如何在剪力墙上进行锚固的。

“柱与墙重叠一层”，把上层框架柱的全部柱纵筋向下伸至下层剪力墙的楼面上，即与下层剪力墙重叠整整一个楼层。从外形上看起来好像“附墙柱”一样。在墙顶面标高以下锚固范围内的柱

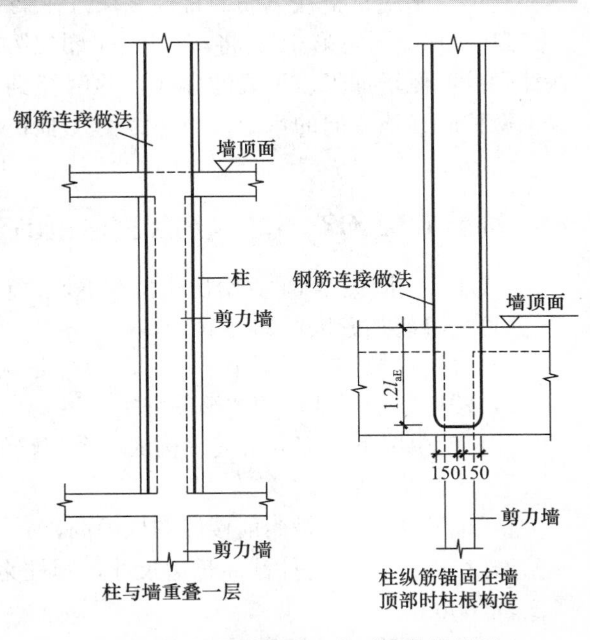

图 2-23　抗震剪力墙上柱 QZ 纵筋锚固

箍筋按上柱非加密区箍筋要求设置。

（2）柱纵筋锚固在墙顶部

11G101-1 图集第 61 页给出的新做法，改变了旧图集“上柱纵筋下端的弯折段握手双面焊”的做法，而改为：上柱纵筋锚入下一层的框架梁内，直锚长度 $1.2l_{aE}$，弯折段长度 150mm。

显然，新图集的新做法使施工更加方便了。但是新图集的新做法是有条件的，即墙上起柱（柱纵筋锚固在墙顶部时），墙体的平面外方向应设梁，以平衡柱脚在该方向的弯矩；当柱宽度大于梁宽时，梁应设水平加腋。

48 抗震梁上柱 LZ 纵筋构造要点是什么?

11G101-1 图集第 61 页给出了抗震梁上柱 LZ 纵筋构造，如图 2-24 所示。

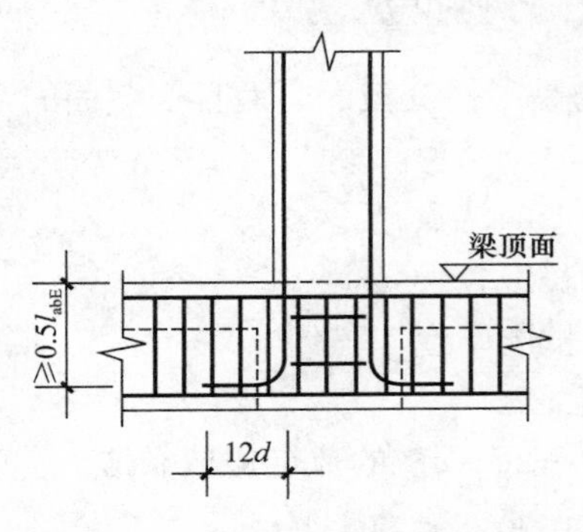

图 2-24 抗震梁上柱 LZ 纵筋构造

为什么叫梁上柱呢？由于某些原因，建筑物的底部没有柱子，到了某一层后又需要设置柱子，那么柱子只能从下一层的梁上生根柱了，11G101-1 图集中，把这种柱子称为“梁上柱”，代号为 LZ。

梁上柱是以梁作为它的“基础”，这就决定了“梁上柱在梁上的锚固”同“框架柱在基础上的锚固”相类似。

梁上柱在梁上锚固构造的要点是：

梁上柱 LZ 纵筋“坐底”并弯直钩 $12d$，要求锚固垂直段长度不小于 $0.5l_{abE}$。

柱插筋在梁内的部分只需设置两道柱箍筋。

其中，坐底是指柱纵筋的直钩“踩”在梁下部纵筋之上。

11G101-1 图集第 61 页将 03G101-1 图集第 39 页的“梁上柱”的两个图合并为一个图，在柱脚的两侧增加了表示梁的虚线，并解释到：“梁上起柱时，梁的平面外方向应设梁，以平衡柱脚在该方向的弯矩；当柱宽度大于梁宽时，梁应设水平加腋”。

49 抗震 KZ、QZ、LZ 箍筋加密区范围有何规定?

11G101-1 图集第 61 页给出了抗震 KZ、QZ、LZ 箍筋加密区范围，如图 2-25 所示。

（1）“箍筋加密区”的理解

1）底层柱根加密区不小于 $H_n/3$（H_n 是从基础顶面到顶板梁底的柱净高）。

2）楼板梁上下部位的“箍筋加密区”：

其长度由以下三部分组成（构成一个完整的“箍筋加密区”）：

① 梁底以下部分“三选一”：

$\geqslant H_n/6$ （H_n 是当前楼层的柱净高）

$\geqslant h_c$ （h_c 为柱截面长边尺寸，圆柱为截面直径）

≥500mm

② 楼板顶面以上部分“三选一”：

$\geqslant H_n/6$ （H_n 是上一层的柱净高）

$\geqslant h_c$ （h_c 为柱截面长边尺寸，圆柱为截面直径）

$\geqslant$500mm

③ 梁截面高度。

3）箍筋加密区直到柱顶。

11G101-1图集第61页关于箍筋加密构造的注释：

① 当柱纵筋采用搭接连接时，搭接区范围内箍筋构造应满足下列要求：

a. 搭接区内箍筋直径不小于 $d/4$（d 为搭接钢筋最大直径），间距不应大于100mm及 $5d$（d 为搭接钢筋最小直径）。

b. 当受压钢筋直径大于25mm时，尚应在搭接接头两个端面外100mm的范围内各设置两道箍筋。

② 当柱在某楼层各向均无梁连接时，计算箍筋加密范围采用的 H_n 按该跃层柱的总净高取用，其余情况同普通柱。

（2）“底层刚性地面上下各加密500”的理解

1）刚性地面是指横向压缩变形小、竖向比较坚硬的地面，例如岩板地面。

2）“抗震KZ在底层刚性地面上下各加密500”只适用于没有地下室或架空层的建筑，因为若有地下室的话，底层就成了“楼面”，而不是“地面”了。

3）要是“地面”的标高（±0.000）落在基础顶面 $H_n/3$ 的范围内，则这个上下500的加密区就与 $H_n/3$ 的加密区重合了，这两种箍筋加密区不必重复设置。

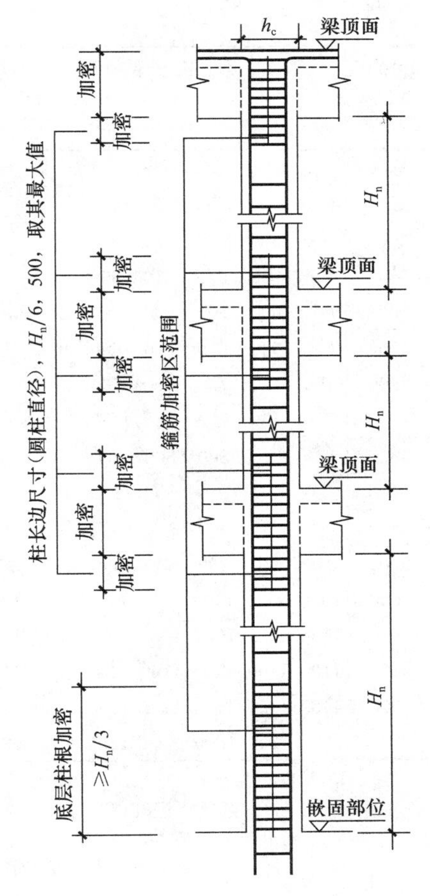

图2-25 抗震KZ、QZ、LZ箍筋加密区范围

h_c—柱截面长边尺寸（圆柱为直径）；

H_n—所在楼层的柱净高

50 抗震框架柱和小墙肢箍筋加密区高度选用表有何规定？

为便于施工时确定柱箍筋加密区的高度，可按表2-9查用。

抗震框架柱和小墙肢箍筋加密区高度选用 表2-9

柱净高 H_n/mm	柱截面长边尺寸 h_c 或圆柱直径 D/mm																		
	400	450	500	550	600	650	700	750	800	850	900	950	1000	1050	1100	1150	1200	1250	1300
1500																			
1800	500																		
2100	500	500	500																

续表

柱净高 H_n/mm	柱截面长边尺寸 h_c 或圆柱直径 D/mm																		
	400	450	500	550	600	650	700	750	800	850	900	950	1000	1050	1100	1150	1200	1250	1300
2400	500	500	500	550															
2700	500	500	500	550	600	650													
3000	500	500	500	550	600	650	700												
3300	550	550	550	550	600	650	700	750	800										
3600	600	600	600	600	600	650	700	750	800	850				箍筋全高加密					
3900	650	650	650	650	650	650	700	750	800	850	900	950							
4200	700	700	700	700	700	700	700	750	800	850	900	950	1000						
4500	750	750	750	750	750	750	750	750	800	850	900	950	1000	1050	1100				
4800	800	800	800	800	800	800	800	800	800	850	900	950	1000	1050	1100	1150			
5100	850	850	850	850	850	850	850	850	850	850	900	950	1000	1050	1100	1150	1200	1250	
5400	900	900	900	900	900	900	900	900	900	900	900	950	1000	1050	1100	1150	1200	1250	1300
5700	950	950	950	950	950	950	950	950	950	950	950	950	1000	1050	1100	1150	1200	1250	1300
6000	1000	1000	1000	1000	1000	1000	1000	1000	1000	1000	1000	1000	1000	1050	1100	1150	1200	1250	1300
6300	1050	1050	1050	1050	1050	1050	1050	1050	1050	1050	1050	1050	1050	1050	1100	1150	1200	1250	1300
6600	1100	1100	1100	1100	1100	1100	1100	1100	1100	1100	1100	1100	1100	1100	1100	1150	1200	1250	1300
6900	1150	1150	1150	1150	1150	1150	1150	1150	1150	1150	1150	1150	1150	1150	1150	1150	1200	1250	1300
7200	1200	1200	1200	1200	1200	1200	1200	1200	1200	1200	1200	1200	1200	1200	1200	1200	1200	1250	1300

注：1. 表内数值未包括框架嵌固部位柱根部箍筋加密区范围。

2. 柱净高（包括因嵌砌填充墙等形成的柱净高）与柱截面长边尺寸（圆柱为截面直径）的比值 $H_n/h_c \leqslant 4$ 时，箍筋沿柱全高加密。

3. 小墙肢即墙肢长度不大于墙厚 4 倍的剪力墙。矩形小墙肢的厚度不大于 300mm 时，箍筋全高加密。

表 2-9 的深入理解如下：

（1）“柱净高（包括因嵌砌填充墙等形成的柱净高）与柱截面长边尺寸（圆柱为截面直径）的比值 $H_n/h_c \leqslant 4$ 时，箍筋沿柱全高加密。”可理解为“短柱”的箍筋沿柱全高加密，条件为 $H_n/h_c \leqslant 4$，在实际工程中，“短柱”出现较多的部位在地下室。当地下室的层高较小时，容易形成“$H_n/h_c \leqslant 4$”的情况。

（2）表 2-9 使用方法举例：已知 $H_n = 3600$mm，$h_c = 750$mm，从表格的左列表头 H_n 中找到“3600”，从而找到“3600”这一行；从表格的上表头 h_c 中找到“750”这一列，则这一行和这一列的交叉点上的数值“750”就是所求的“箍筋加密区的高度”。

（3）这个表格中，采用阶梯状的粗黑线把表格划分成四个区域，分别是：

1）右上角的“空白区域”：箍筋沿柱全高加密——因为这是“短柱”（$H_n/h_c \leqslant 4$）。

2）对角线的上半截：箍筋加密区的高度为 500mm——因为“三选一”的三个数当中，其他的两个数都比“500”小。

3）对角线的下半截：箍筋加密区的高度就是 h_c——因为“三选一”的三个数当中，其他的两个数都比“h_c”小。

4）左下角的区域：箍筋加密区的高度就是 $H_n/6$——因为“三选一”的三个数当中，其他的两个数都比“$H_n/6$”小。

51 举例说明抗震框架柱箍筋根数的计算

【例 2-10】 某住宅楼层高为 5.0m，抗震框架柱 KZ1 的截面尺寸为 750mm×700mm，箍筋标注为Φ 10@150/200，该层顶板的框架梁截面尺寸为 300mm×700mm。计算该楼层的框架柱箍筋根数。

【解】

（1）基本数据计算

本楼层的柱净高 H_n＝5000－700＝4300mm

框架柱截面长边尺寸 h_c＝750mm

H_n/h_c＝4300/750＝5.73＞4，所以该框架柱不是“短柱”。

max(H_n/6，h_c，500)＝max(4300/6,750,500)＝750mm

（2）上部加密区箍筋根数

加密区的长度＝max(H_n/6，h_c，500)＋框架梁高度＝750＋700＝1450mm

上部加密区的箍筋根数＝加密区的长度/间距＝1450/150＝10 根

上部加密区的实际长度＝150×10＝1500mm

（3）下部加密区箍筋根数

加密区的长度＝max(H_n/6，h_c，500)＝750mm

下部加密区的箍筋根数＝加密区的长度/间距＝750/150＝5 根

下部加密区的实际长度＝150×5＝750mm

（4）中间非加密区箍筋根数

非加密区的长度＝5000－1500－750＝2750mm

中间非加密区的箍筋根数＝非加密区的长度/间距＝2750/200＝14 根

（5）本楼层 KZ1 箍筋根数

根数＝10＋5＋14＝29 根

【例 2-11】 某筏型基础的基础梁高 900mm，基础板厚 600mm。筏型基础以上的地下室层高 5.0m，抗震框架柱 KZ1 的截面尺寸为 750mm×700mm，箍筋标注为Φ 10@150/200，地下室顶板的框架梁截面尺寸为 300mm×700mm。计算该地下室的框架柱箍筋根数。

【解】

（1）基本数据计算

框架柱的柱根就是基础主梁的顶面。

因此，计算柱净高还要减去基础梁顶面与筏板顶面的高差。

本楼层的柱净高 H_n＝5000－700－(900－600)＝4000mm

框架柱截面长边尺寸 h_c＝750mm

H_n/h_c＝4000/750＝5.33＞4，所以该框架柱不是“短柱”。

max(H_n/6，h_c，500)＝max(4000/6，750，500)＝750mm

（2）上部加密区箍筋根数

加密区的长度＝max(H_n/6，h_c，500)＋框架梁高度＝750＋700＝1450mm

上部加密区的箍筋根数＝1450/150＝10 根

上部加密区的实际长度＝150×10＝1500mm

（3）下部加密区箍筋根数

加密区的长度＝H_n/3＝4000/3＝1333mm

下部加密区的箍筋根数＝1333/150＝9 根

下部加密区的实际长度＝150×9＝1350mm

（4）中间非加密区箍筋根数

非加密区的长度＝5000－1500－1350－（900－600）＝1850mm

中间非加密区的箍筋根数＝1850/200＝10 根

（5）本楼层 KZ1 箍筋根数

本楼层 KZ1 箍筋根数＝10＋9＋10＝29 根

52　非抗震 KZ 纵向钢筋连接构造做法有哪些？

非抗震 KZ 纵向钢筋连接构造如图 2-26、图 2-27 所示。

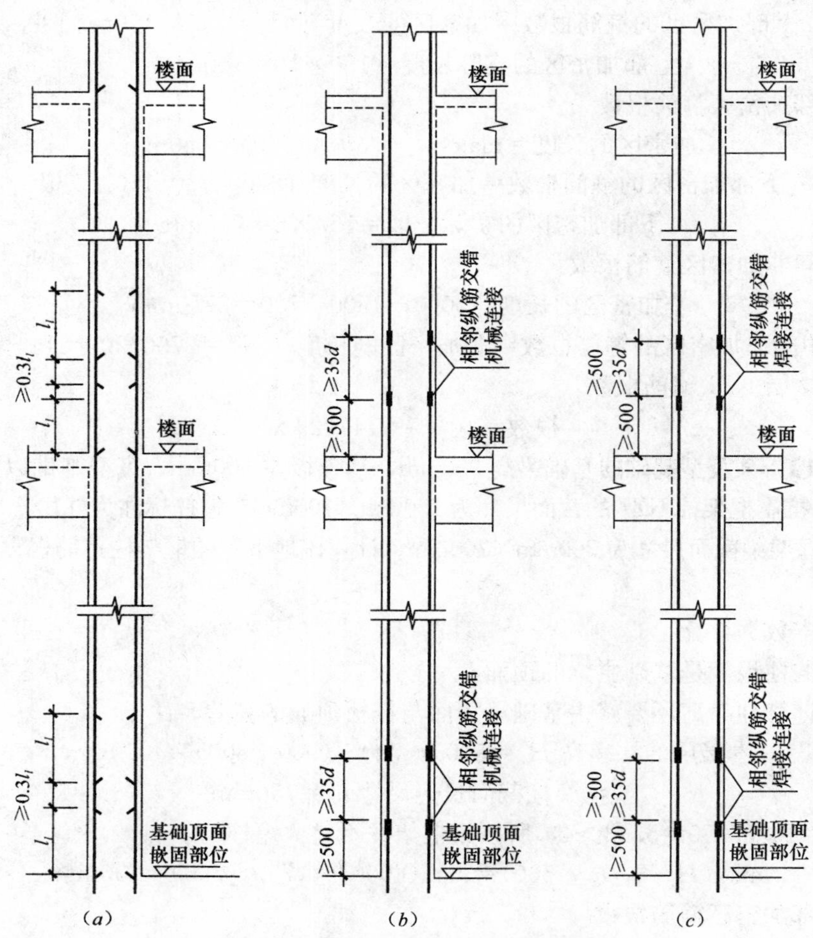

图 2-26　非抗震 KZ 纵向钢筋一般连接构造

（a）绑扎搭接；（b）机械连接；（c）焊接连接

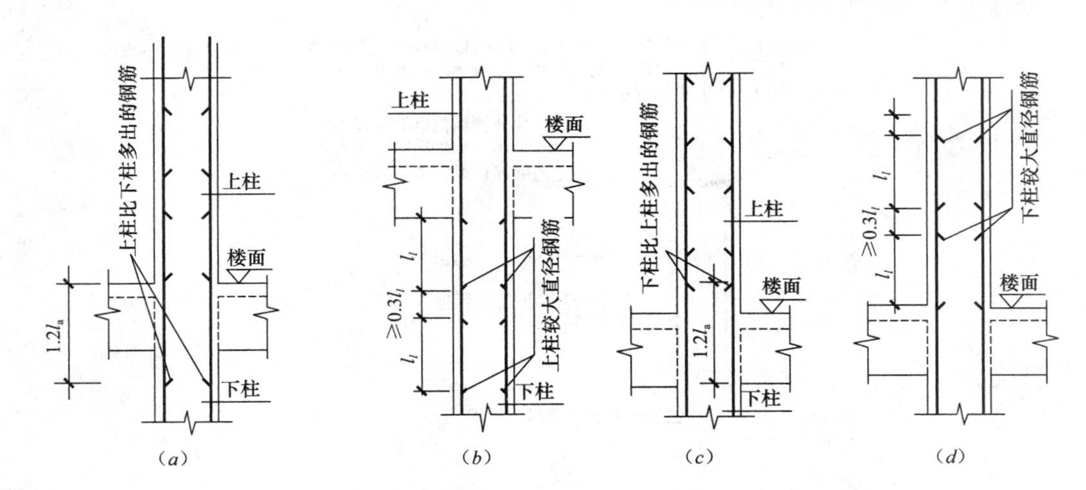

图 2-27　非抗震 KZ 纵向钢筋特殊连接构造

(*a*) 上柱钢筋比下柱多时；(*b*) 上柱钢筋直径比下柱钢筋直径大时；
(*c*) 下柱钢筋比上柱多时；(*d*) 下柱钢筋直径比上柱钢筋直径大时

其中，图 2-26、图 2-27 中字母所代表的含义如下：

d——框架柱纵向钢筋直径；

l_l——纵向受拉钢筋非抗震绑扎搭接长度；

l_a——纵向受拉钢筋非抗震锚固长度。

11G101-1 图集第 63 页注释如下：

(1) 柱相邻纵向钢筋连接接头相互错开。在同一截面内钢筋接头面积百分率不宜大于 50%。

(2) 柱纵筋绑扎搭接长度要求符合表 2-5 的规定。

(3) 轴心受拉及小偏心受拉柱内的纵向钢筋不得采用绑扎搭接接头，设计者应在柱平法结构施工图中注明其平面位置及层数。

(4) 上柱钢筋比下柱多时如图 2-27 (*a*) 所示，上柱钢筋直径比下柱钢筋直径大时如图 2-27 (*b*) 所示，下柱钢筋比上柱多时如图 2-27 (*c*) 所示，下柱钢筋直径比上柱钢筋直径大时如图 2-27 (*d*) 所示。图中为绑扎搭接，也可采用机械连接和焊接连接。

这里，我们将非抗震 KZ 纵向钢筋连接构造与抗震 KZ 纵向钢筋连接构造相比较，可以发现：

(1) 没有“非连接区”。

(2) 绑扎搭接：在每层柱下端就可以搭接 l_l。

(3) 机械连接：在每层柱下端不小于 500mm 处进行第一处机械连接。

(4) 焊接连接：在每层柱下端不小于 500mm 处进行第一处焊接连接。

53　非抗震 KZ 边柱和角柱柱顶纵向钢筋构造做法有哪些？

11G101-1 图集第 64 页给出了非抗震 KZ 边柱和角柱柱顶纵向钢筋构造，如图 2-28 所示。

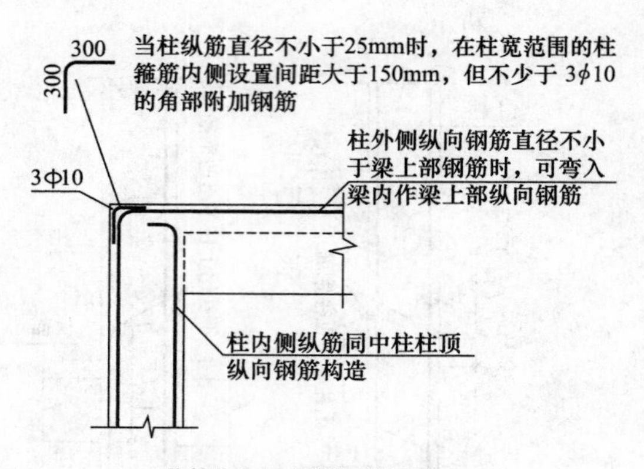

（柱筋作为梁上部钢筋使用）

Ⓐ

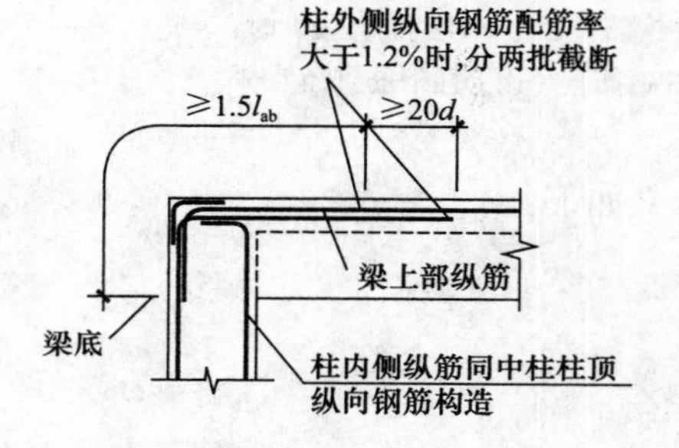

（从梁底算起1.5l_{ab}超过柱内侧边缘）

Ⓑ

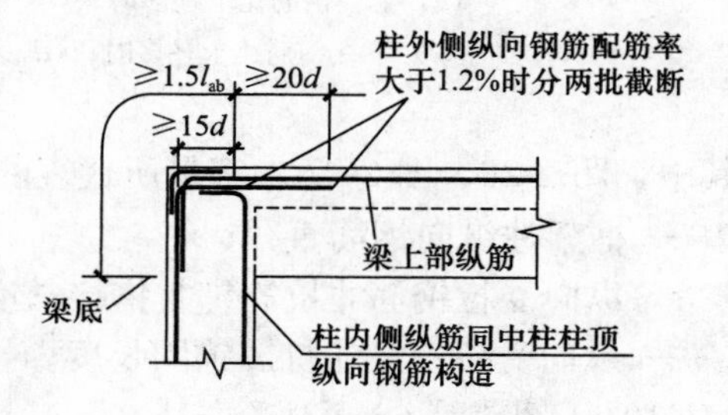

（从梁底算起1.5l_{ab}未超过柱内侧边缘）

Ⓒ

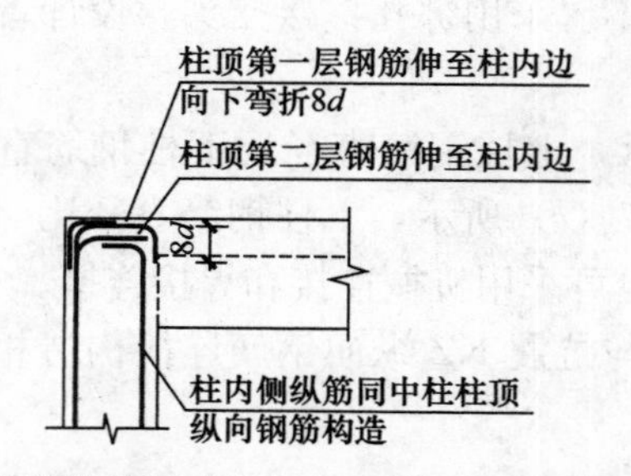

（当现浇板厚度不小于100mm时，也可按Ⓑ节点方式深入板内锚固，且伸入板内长度不宜小于15d）

Ⓓ

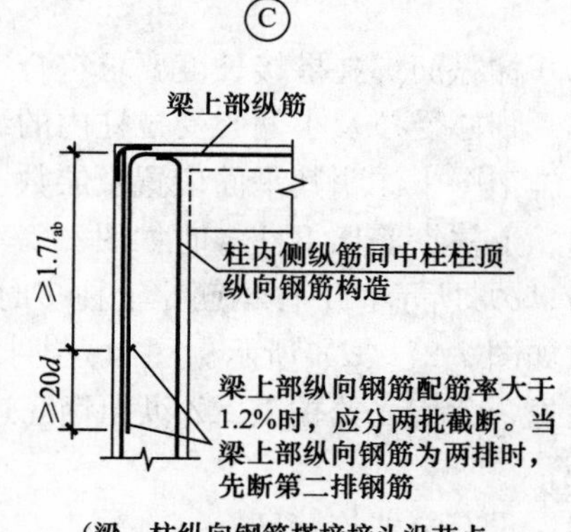

（梁、柱纵向钢筋搭接接头沿节点外侧直线布置）

Ⓔ

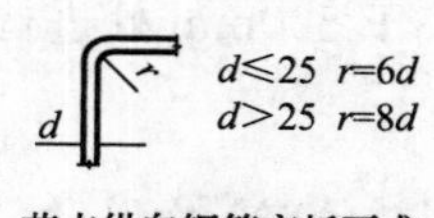

节点纵向钢筋弯折要求

图 2-28　非抗震 KZ 边柱和角柱柱顶纵向钢筋构造

d—框架柱纵向钢筋直径；r—纵向钢筋弯折半径；l_{ab}—纵向受拉钢筋非抗震基本锚固长度

（1）节点Ⓐ、Ⓑ、Ⓒ、Ⓓ应配合使用，节点Ⓓ不应单独使用（仅用于未伸入梁内的柱外侧纵筋锚固），伸入梁内的柱外侧纵筋不宜少于柱外侧全部纵筋面积的 65%。可选择Ⓑ+Ⓓ或Ⓒ+Ⓓ或Ⓐ+Ⓑ+Ⓓ或Ⓐ+Ⓒ+Ⓓ的做法。

（2）节点Ⓔ用于梁、柱纵向钢筋接头沿节点柱顶外侧直线布置的情况，可与节点Ⓐ组合使用。

（3）与抗震 KZ 边柱和角柱柱顶纵向钢筋构造比较相似，只是 l_{abE} 换成 l_{ab}。

54　非抗震 KZ 中柱柱顶纵向钢筋构造做法有哪些？

11G101-1 图集第 65 页给出了非抗震 KZ 中柱柱顶纵向钢筋构造，如图 2-29 所示。

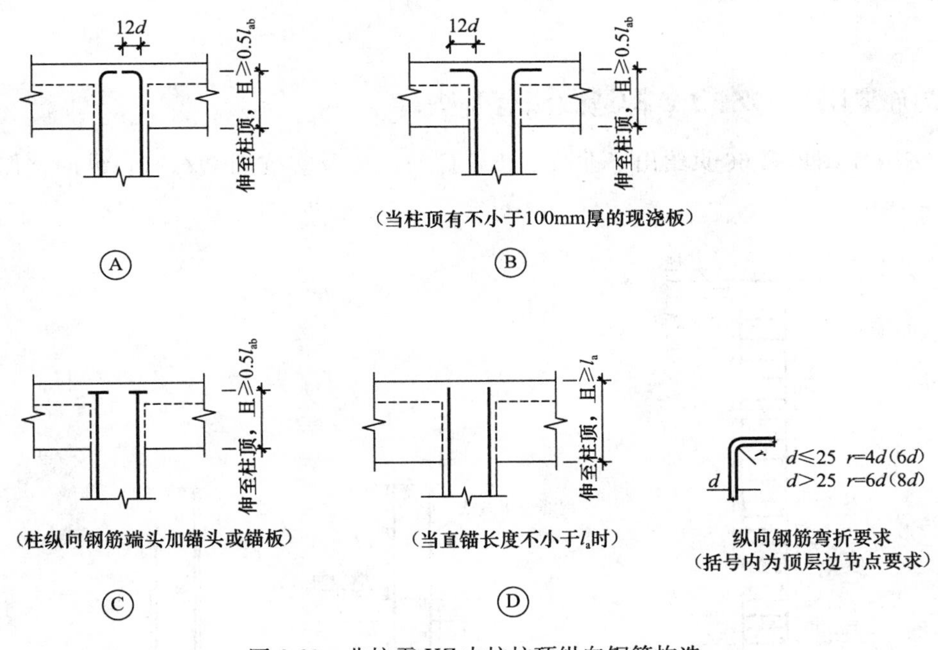

图 2-29　非抗震 KZ 中柱柱顶纵向钢筋构造

d—框架柱纵向钢筋直径；r—纵向钢筋弯折半径；

l_a—纵向受拉钢筋非抗震锚固长度；l_{ab}—纵向受拉钢筋非抗震基本锚固长度

（1）中柱柱头纵向钢筋构造分四种构造做法，施工人员应根据各种做法所要求的条件正确选用。

（2）与抗震 KZ 中柱柱顶纵向钢筋构造比较相似，l_{aE} 换成 l_a，l_{abE} 换成 l_{ab}。

55　非抗震 KZ 柱变截面位置纵向钢筋构造做法有哪些？

11G101-1 图集第 65 页给出了非抗震 KZ 柱变截面位置纵向钢筋构造，如图 2-30 所示。与抗震 KZ 柱变截面位置纵向钢筋构造比较相似，l_{aE} 换成 l_a，l_{abE} 换成 l_{ab}。

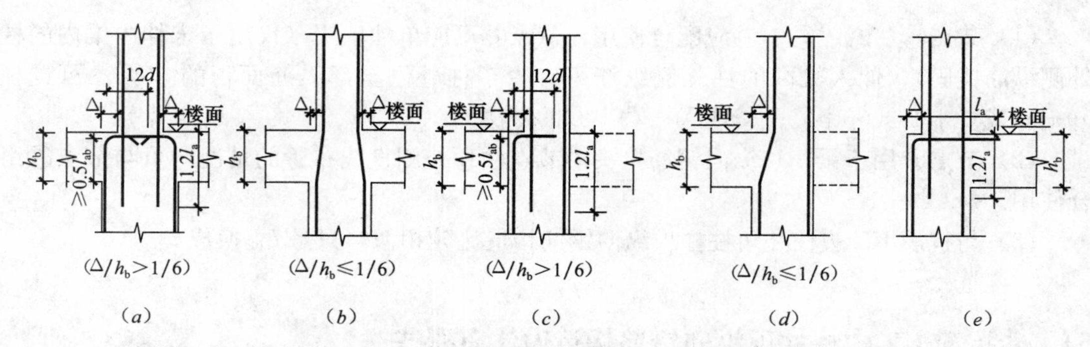

图 2-30　非抗震 KZ 柱变截面位置纵向钢筋构造

d—框架柱纵向钢筋直径；h_b—框架梁的截面高度；Δ—上下柱同向侧面错开的宽度；l_a—纵向受拉钢筋非抗震锚固长度；l_{ab}—纵向受拉钢筋非抗震基本锚固长度

56　非抗震 KZ、QZ、LZ 构造做法有哪些?

11G101-1 图集第 66 页给出了非抗震 KZ 箍筋构造及非抗震 QZ、LZ 纵向钢筋构造，如图 2-31 所示。

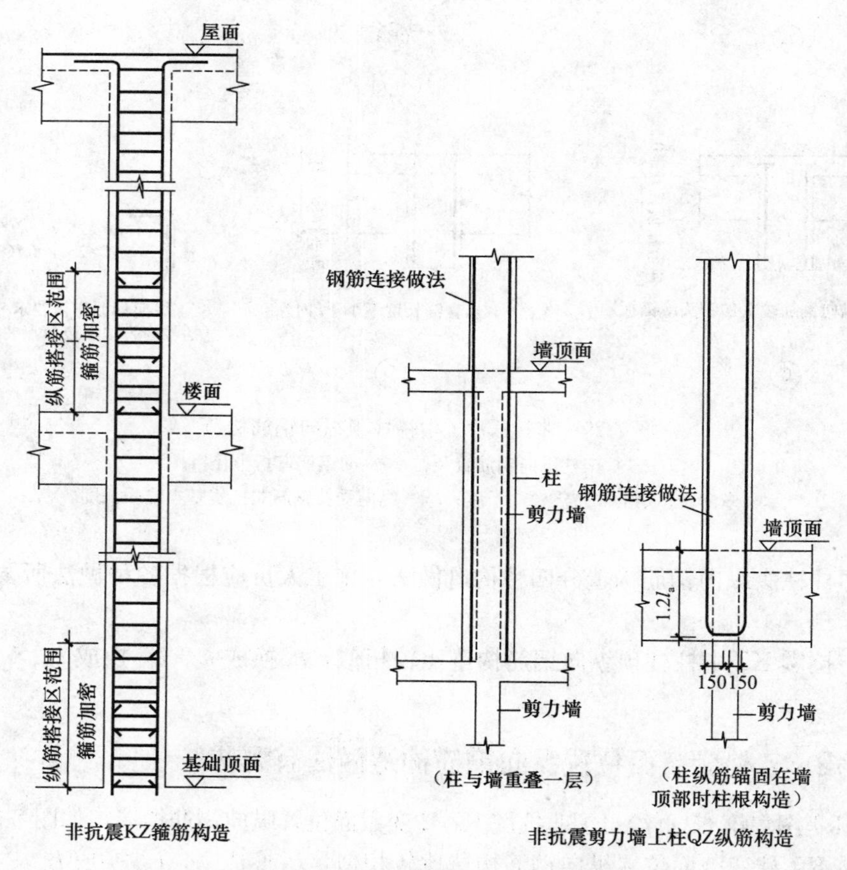

图 2-31　非抗震 KZ 箍筋构造及非抗震 QZ、LZ 纵向钢筋构造（一）

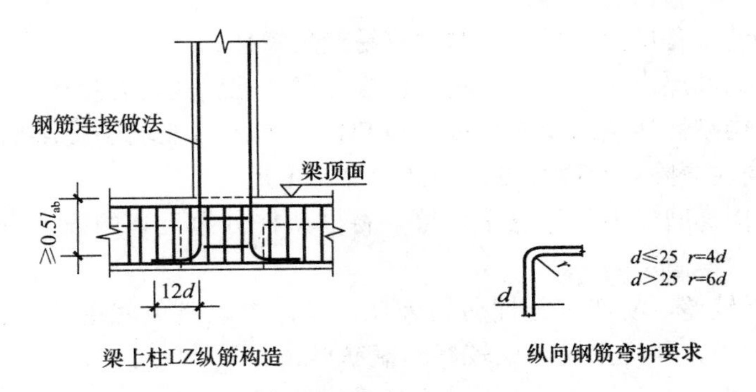

图 2-31　非抗震 KZ 箍筋构造及非抗震 QZ、LZ 纵向钢筋构造（二）

其中，图 2-31 中字母所代表的含义如下：

d——框架柱纵向钢筋直径；

r——纵向钢筋弯折半径；

l_{ab}——纵向受拉钢筋非抗震基本锚固长度。

（1）墙上起柱，在墙顶面标高以下锚固范围内的柱箍筋按上柱箍筋要求配置。梁上起柱，在梁内设两道柱箍筋。

（2）在柱平法施工图中所注写的非抗震柱的箍筋间距，是指非搭接区的箍筋间距，在柱纵筋搭接区（含顶层边角柱梁柱纵筋搭接区）的箍筋直径及间距要求如图 2-31 所示。

（3）当为复合箍筋时，对于四边均有梁的中间节点，在四根梁端的最高梁底至楼板范围内可只设置沿周边的矩形封闭箍筋。

（4）墙上起柱（柱纵筋锚固在墙顶部时）和梁上起柱时，墙体和梁的平面外方向应设梁，以平衡柱脚在该方向的弯矩；当柱宽度大于梁宽时，梁应设水平加腋。

（5）与抗震 KZ 箍筋构造及抗震 QZ、LZ 纵向钢筋构造的比较：

1）非抗震 KZ 箍筋构造：

① 在纵筋绑扎搭接区范围进行箍筋加密。

② 非绑扎搭接时图集没有规定，但不等于实际上没有箍筋加密。

2）非抗震 QZ 纵向钢筋构造：与“抗震 QZ 纵向钢筋构造”相似，只是 l_{aE} 换成 l_a。

3）非抗震 LZ 纵向钢筋构造：与“抗震 LZ 纵向钢筋构造”相似，只是 l_{abE} 换成 l_{ab}。

57　短柱是指什么？为什么要求箍筋全高加密？

（1）短柱是指剪跨比不大于 2 的柱子。剪跨比按下式计算：

$$\lambda = M/(Vh_0)$$

式中　M——柱上、下端考虑地震组合的弯矩设计值的较大值；

V——与 M 对应的剪力设计值；

h_0——柱截面的有效高度。

当框架结构中的框架柱的反弯点在柱层高范围之内时，可认为：柱净高 H_n 与柱截面长边尺寸 h（圆柱为截面直径）的比值 $H_n/h \leqslant 4$ 时为短柱。容易产生短柱的情况包括：

1）结构错层部位由于错层标高差较小，容易产生短柱。

2）层高较小的设备层由于层高限制，容易产生短柱。

3）高层建筑的底层由于轴压比限制，柱截面尺寸比较大，容易产生短柱。

4）与框架结构刚性连接的填充墙设有洞口时，如果填充墙刚度影响到框架柱的受力状态，框架柱净高应去除填充墙高度，因此容易产生短柱。

5）框架结构楼梯间的中间休息平台梁，将框架柱分为上下两段，应分别考虑，也容易产生短柱。

（2）短柱延性较差，易产生脆性剪切破坏，设计中应避免使用短柱。当必须采用时，柱全高度箍筋应加密，并宜采用约束较好的箍筋形式。

58 设置芯柱有何意义？

抗震设计的框架柱，为了提高柱的受压承载力，增强柱的变形能力，可在框架柱内设置芯柱；试验研究和工程实践都证明在框架柱内设置芯柱，可以有效地减小柱的压缩，具有良好的延性和耗能能力。芯柱在大地震的情况下，能有效地改善在高轴压比情况下的抗震性能，特别是对高轴压比下的短柱，更有利于提高变形能力，延缓倒塌。非抗震设计时，一般不设计芯柱。

11G101-1 图集第 67 页给出了芯柱 XZ 配筋构造，如图 2-32（b）所示。芯柱截面尺寸长和宽一般为 max(b/3，250mm）和 max(D/3，250mm）。芯柱配置的纵筋和箍筋按设计标注，芯柱纵筋的连接与根部锚固同框架柱，向上直通至芯柱顶标高。

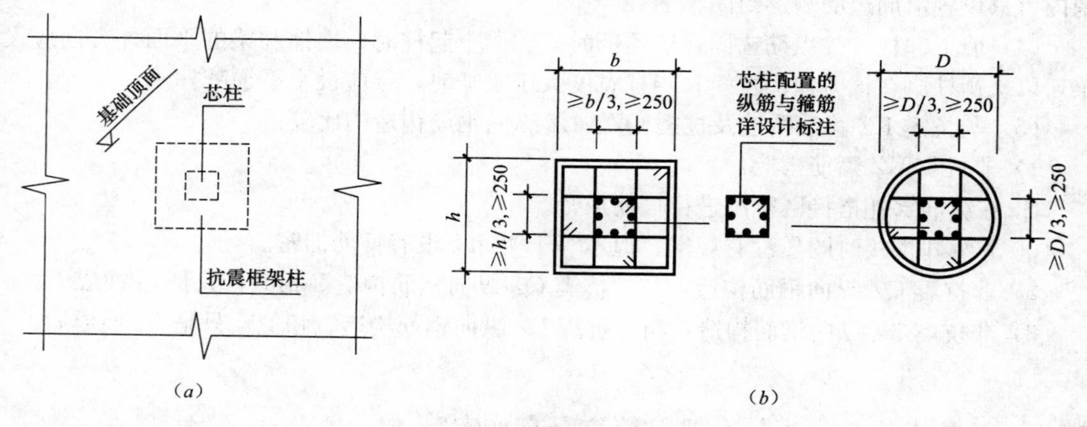

图 2-32 芯柱截面尺寸及配筋构造

（a）芯柱的设置位置；（b）芯柱的截面尺寸与配筋

b—框架柱截面宽度；h—框架柱截面高度；D—圆柱直径

59 矩形箍筋的复合方式有哪些？

11G101-1 图集第 67 页给出了矩形箍筋复合方式，如图 2-33 所示。

根据构造要求：当柱截面短边尺寸大于 400mm 且各边纵向钢筋多于 3 根时，或当截面短边尺寸不大于 400mm 但各边纵向钢筋多于 4 根时，应设置复合箍筋。

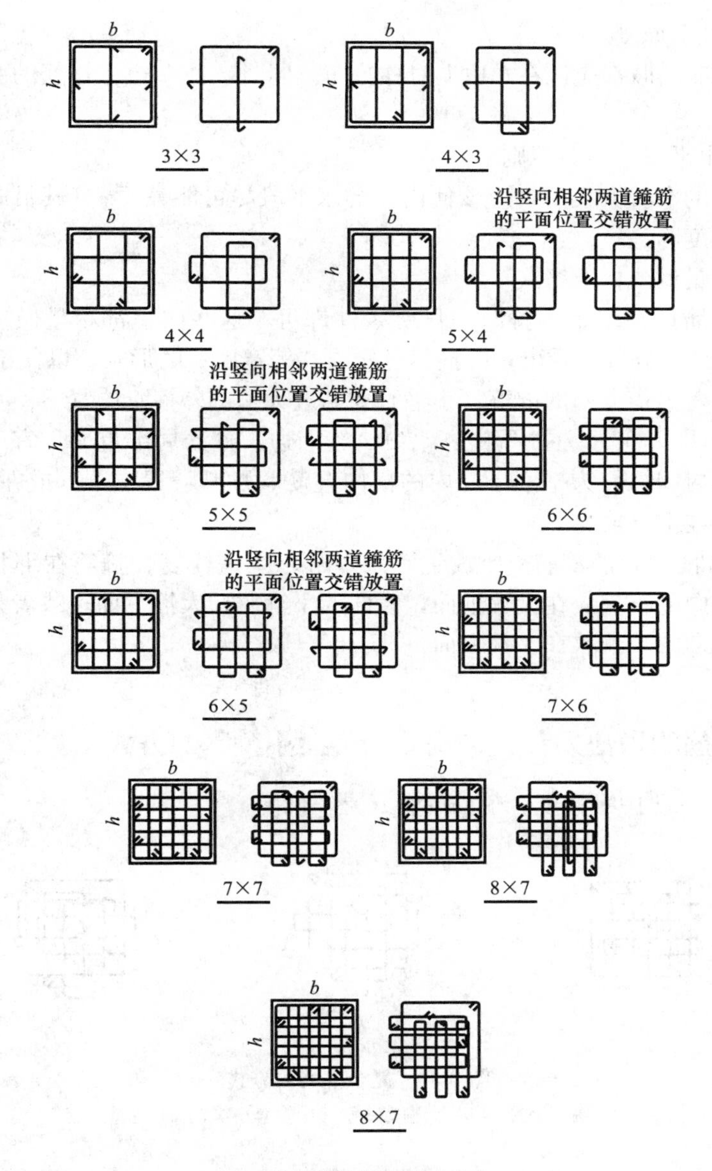

图 2-33　复合箍筋的构成及安装方法示例

设置复合箍筋要遵循下列原则：

（1）大箍套小箍

矩形柱的箍筋，都是采用“大箍”里面套若干“小箍”的方式。如果是偶数肢数，则用几个两肢“小箍”来组合；如果是奇数肢数，则用几个两肢“小箍”再加上一个“单肢”来组合。

（2）内箍或拉筋的设置要满足“隔一拉一”

设置内箍的肢或拉筋时，要满足对柱纵筋至少“隔一拉一”的要求。这就是说，不允许存在两根相邻的柱纵筋没有同时钩住箍筋肢的现象。

（3）“对称性”原则

柱 b 边上箍筋的肢都应该在 b 边上对称分布。同时，柱 h 边上箍筋的肢都应该在 h 边上对称分布。

（4）“内箍水平段最短”原则

在考虑内箍的布置方案时，应该使内箍的水平段尽可能最短。（其目的是为了使内箍与外箍重合的长度为最短）

（5）内箍尽量做成标准格式

当柱复合箍筋存在多个内箍时，只要条件许可，这些内箍都尽量做成标准格式。从11G101-1图集第67页可以看出，内箍尽量做成“等宽度”的形式，以便于施工。

（6）施工时，纵横方向的内箍（小箍）要贴近大箍（外箍）放置

11G101-1图集第67页注1写道：沿复合箍周边，箍筋局部重叠不宜多于两层。以复合箍筋最外围的封闭箍筋为基准，柱内的横向箍筋紧贴其设置在下（或在上），柱内纵向箍筋紧贴其设置在上（或在下）。

结合图2-33的“各层箍筋交错放置”来理解，就是柱复合箍筋在绑扎时，以大箍为基准：或者是纵向的小箍放在大箍上面，横向的小箍放在大箍下面；或者是纵向的小箍放在大箍下面，横向的小箍放在大箍上面。

60 柱复合箍筋的做法为什么采用“大箍套小箍”的方式？

先来看看图2-34中哪种复合箍筋的方式是正确的。

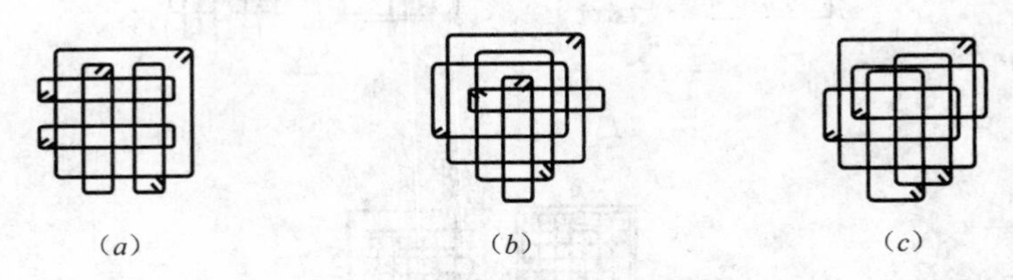

图2-34 复合箍筋的方式

（a）大箍套小箍；（b）大箍套中箍，中箍套小箍；（c）等箍互套

从图2-34可以看出，只有（a）的做法是正确的。按照11G101-1图集第67页柱复合箍筋的做法，在柱子的四个侧面上，任何一个侧面上只有两根并排重合的一小段箍筋，这样可以基本保证混凝土对每根箍筋不小于270°的包裹，这对保证混凝土对钢筋的有效粘结至关重要。

如果采用图2-34（b）“大箍套中箍、中箍套小箍”的做法，柱侧面并排的箍筋重叠就会达到三根、四根甚至更多，这更影响了混凝土对每段钢筋的包裹，而且还浪费更多的钢筋。所以，“大箍套中箍、中箍套小箍”的做法是最不可取的做法。

如果把图2-34（c）“等箍互套”用于外箍上，就破坏了外箍的封闭性，这是很危险的；如果把“等箍互套”用于内箍上，就会造成外箍与互套的两段内箍有三段钢筋并排重叠在一起，影响了混凝土对每段钢筋的包裹，这是不允许的，而且还多用了钢筋。

61　11G101-1 图集在柱箍筋复合方式的单肢箍规定上与 03G101-1 图集有何不同？

03G101-1 图集第 46 页指出："柱内复合箍可全部采用拉筋，拉筋须同时钩住纵向钢筋和外部封闭箍筋。"然而，11G101-1 取消了"柱的复合箍可全部采用拉筋"的规定。

11G101-1 图集第 67 页复合箍筋的例图中可以看到许多单肢箍，这些柱的单肢箍必须同时钩住纵向钢筋和外部封闭箍筋。

62　举例说明框架柱复合箍筋的计算

【例 2-12】 计算 11G101-1 图集第 11 页所标注的框架柱 KZ1 复合箍筋的尺寸。

KZ1 的截面尺寸为 750mm×700mm，在柱表所标注的箍筋类型号为 1（5×4），箍筋规格为 Φ10@100/200。

KZ1 的角筋为 4⌀25，b 边一侧中部筋为 5⌀25，h 边一侧中部筋为 4⌀25。混凝土强度等级为 C30。

【解】

（1）计算 KZ1 外箍的尺寸

KZ1 的截面尺寸为 750mm×700mm，查表得箍筋保护层厚度为 20mm，箍筋为Φ10，柱纵筋保护层厚度为 30mm。

所以，KZ1 外箍的尺寸为：

$$B = 750 - 30 \times 2 = 690\text{mm}$$
$$H = 700 - 30 \times 2 = 640\text{mm}$$

（和梁箍筋一样，柱箍筋所标注的尺寸都是"净内尺寸"）

（2）计算 b 边上的内箍尺寸

1）计算二肢箍内箍的尺寸

根据分析，内箍钩住第 3 根和第 4 根纵筋，

设内箍宽度为 b，纵筋直径为 d，纵筋的间距为 a，则 $b=a+2d$

列方程　　$6a+7d=B$　即 $6a+7d=690\text{mm}$

解得　　$a=85\text{mm}$

所以，b 边上的内箍宽度＝85＋2×25＝135mm

　　b 边上的内箍高度＝H＝640mm

由于箍筋弯钩的平直段长度为 $10d$（d 为箍筋直径），

我们计取箍筋的弯钩长度为 $26d$，

所以，箍筋的每根长度为（135＋640）×2＋26×10＝1810mm

2）计算单肢箍的尺寸

根据分析，单肢箍钩住第 5 根纵筋，同时钩住外箍，

所以，单肢箍的垂直肢长度＝H＋2×箍筋直径＋2×单肢箍直径

＝640＋2×10＋2×10＝680mm

由于单肢箍弯钩的平直段长度为 $10d$（d 为箍筋直径），

我们计取单肢箍的弯钩长度为 $26d$，

所以，单肢箍的每根长度为 680＋26×10＝940mm

（3）计算 h 边上的内箍尺寸

根据分析，内箍钩住第 3 根和第 4 根纵筋，

设内箍宽度为 b，纵筋直径为 d，纵筋的间距为 a，则 $b=a+2d$

列方程　　　　　　$5a+6d=H$　即 $5a+6d=640\text{mm}$

解得　　　　　　　　　　$a=98\text{mm}$

所以，h 边上的内箍宽度＝98＋2×25＝148mm

　　　h 边上的内箍高度＝B＝690mm

由于箍筋弯钩的平直段长度为 $10d$（d 为箍筋直径），

我们计取箍筋的弯钩长度为 $26d$，

所以，箍筋的每根长度为（148＋690）×2＋26×10＝1936mm

第3章　剪力墙构件

1　剪力墙由哪些部分组成?

剪力墙主要由墙身、墙柱、墙梁等构成。其中墙柱包括暗柱和端柱两种，墙梁包括暗梁和连梁两种。

1. 墙身

剪力墙的墙身（Q）就是一道混凝土墙，常见的墙厚度在200mm以上，通常配置两排钢筋网。当然，更厚的墙也可能配置三排以上的钢筋网。

剪力墙身的钢筋网设置水平分布筋和垂直分布筋（即竖向分布筋）。布置钢筋时，把水平分布筋放在外侧，垂直分布筋放在水平分布筋的内侧。因此，剪力墙的保护层是针对水平分布筋来说的。

剪力墙身采用拉筋把外侧钢筋网和内侧钢筋网连接起来。如果剪力墙身想要设置三排或更多排的钢筋网，拉筋还要把中间排的钢筋网固定起来。剪力墙的各排钢筋网的钢筋直径和间距是相同的，这也为拉筋的连接创造了条件。

2. 墙柱

传统意义上的剪力墙柱分成两大类：暗柱和端柱。暗柱的宽度等于墙的厚度，暗柱是隐藏在墙内看不见的，所以就称为“暗柱”了。端柱的宽度比墙厚度要大，约束边缘端柱的长宽尺寸要大于等于两倍墙厚。

11G101-1图集中把暗柱和端柱统称为“边缘构件”，这是因为这些构件被设置在墙肢（即直墙段）的边缘部位。

这些边缘构件划分为“构造边缘构件”和“约束边缘构件”两大类。构造边缘构件在编号时以字母G打头（GBZ），约束边缘构件在编号时以字母Y打头（YBZ）。这两类构件的区别在11G101-1图集第13、14页上可以看到，配筋的区别见11G101-1图集第73页和第71页。

3. 墙梁

11G101-1图集里的三种剪力墙梁是连梁（LL）、暗梁（AL）和边框梁（BKL），图集第74页给出了连梁的钢筋构造详图，但对于暗梁和边框梁只给出一个断面图。

（1）连梁（LL）

连梁（LL）是一种特殊的墙身，它是上下楼层窗（门）洞口之间的那部分水平窗间墙。（至于同一楼层相邻两个窗口之间的垂直窗间墙，一般是暗柱。）

图3-13中的连梁表，里面的连梁截面高度一般都在2000mm以上（例如LL2的截面尺寸为300mm×2520mm），这表明这些连梁是从本楼层窗洞口的上边沿直到上一楼层的窗台处。

但是，实际工程设计中也有连梁截面高度只有几百毫米的，这是指从本楼层窗洞口的上边沿直到上一楼层的楼面标高为止，至于从楼面标高到窗台这个高度范围之内，是用砌砖来补齐。然而，这种设计形式对于高层建筑来说是非常危险的，尽管它对于施工来说提供了某些方便——因为施工到上一楼面时，不必留下“半个连梁”的槎口。

（2）暗梁（AL）

暗梁（AL）与暗柱有些相似，因为它们都是隐藏在墙身内部，成为墙身的一个组成构件。11G101-1 图集里没有对暗梁的构造作出详细的介绍，只在图集第 74 页给出一个暗梁的断面图。因此，可以这样来理解：暗梁的配筋就是按照这个断面图所标注的钢筋截面全长贯通布置的——这与框架梁有上部非贯通纵筋和箍筋加密区，差别很大。

大量的暗梁存在于剪力墙中。剪力墙的暗梁和砖混结构的圈梁有些共同之处：圈梁一般设置在楼板之下，现浇圈梁的梁顶标高一般与板顶标高相齐；而暗梁也一般是设置在楼板之下，暗梁的梁顶标高一般与板顶标高相齐。此外，墙身洞口上方的暗梁是“洞口补强暗梁”，我们在后面会陆续讲到。

（3）边框梁（BKL）

边框梁（BKL）与暗梁有很多相同的地方：边框梁也一般是设置在楼板以下的部位；边框梁也不是一个受弯构件，所以边框梁也不是梁；11G101-1 图集第 74 页给出一个边框梁的断面图。因此，边框梁的配筋就是按照这个断面图所标注的钢筋截面全长贯通布置的——这与框架梁有上部非贯通纵筋和箍筋加密区，差别很大。

边框梁和暗梁并不一样，它的截面宽度比暗梁宽，也就是说，边框梁的截面宽度大于墙身厚度，因而形成了凸出剪力墙墙面的一个“边框”。由于边框梁与暗梁都设置在楼板以下的部位，所以，有了边框梁就可以不设暗梁。

2 剪力墙有哪些分类?

剪力墙可分为纯剪力墙、加门剪力墙、加门窗剪力墙、加暗柱剪力墙等，如图 3-1～图 3-9 所示。

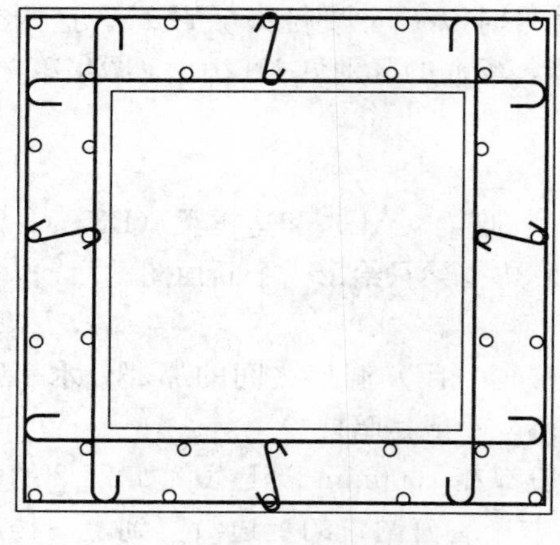

图 3-1　纯剪力墙配筋平面

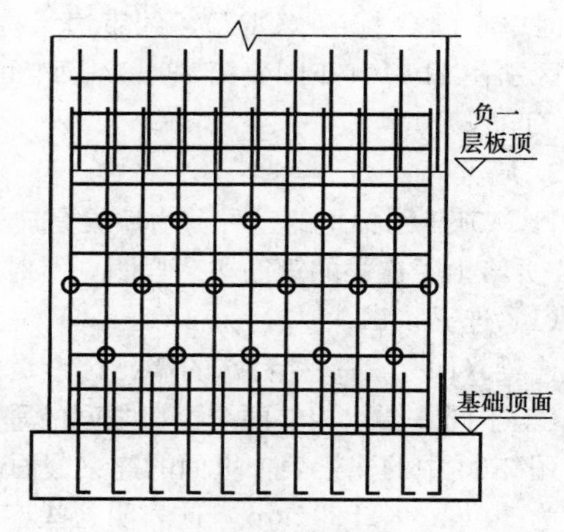

图 3-2　纯剪力墙配筋立面

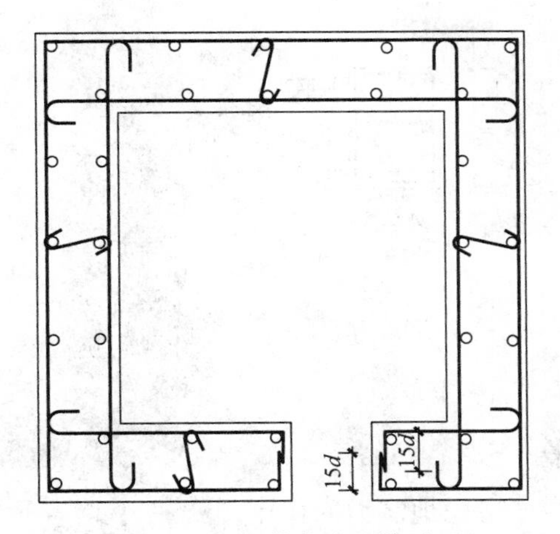

图 3-3　加门剪力墙配筋平面

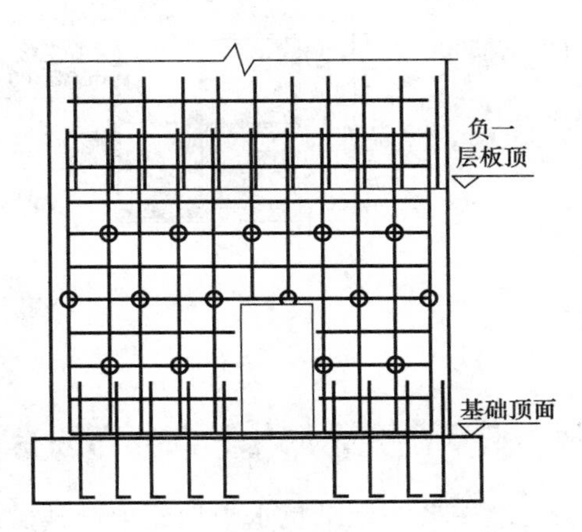

图 3-4　加门剪力墙配筋立面

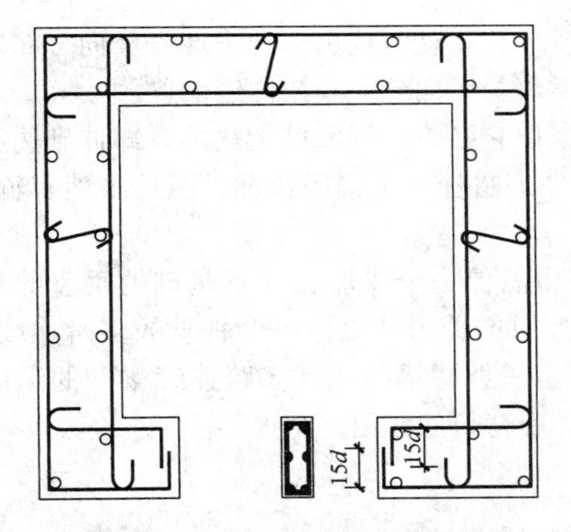

图 3-5　加门窗剪力墙配筋平面

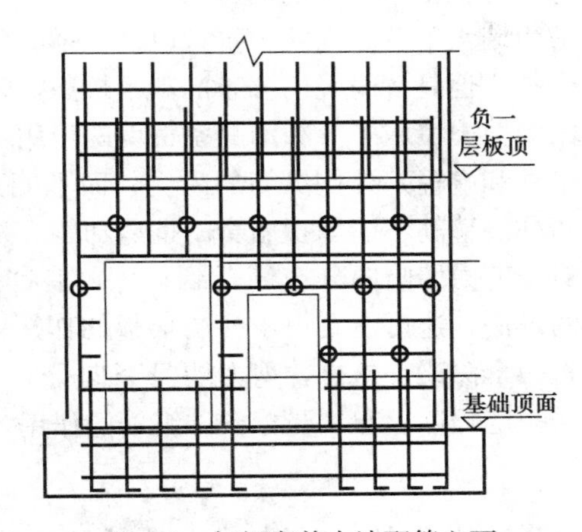

图 3-6　加门窗剪力墙配筋立面

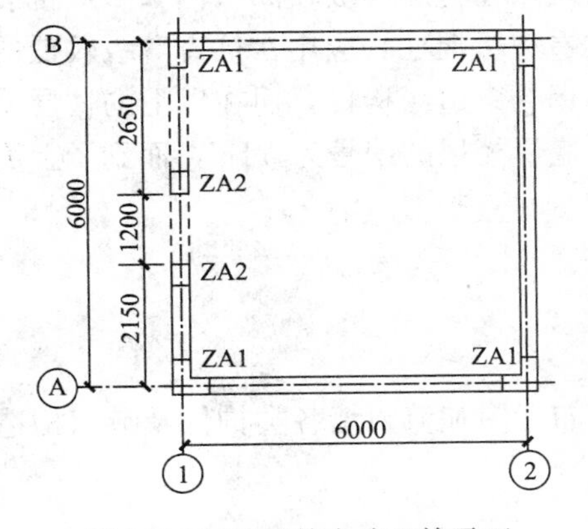

图 3-7　加暗柱剪力墙配筋平面

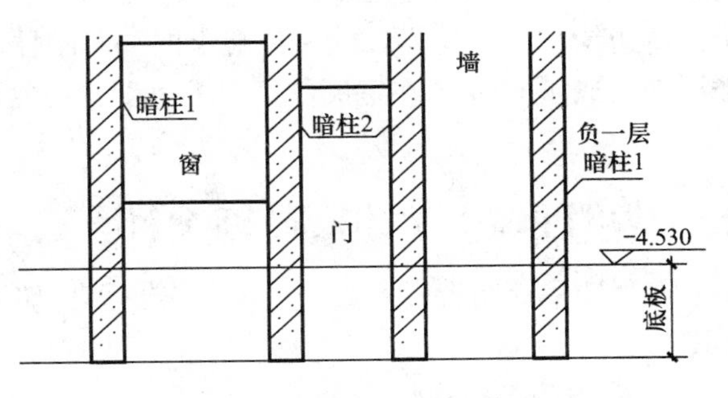

图 3-8　加暗柱剪力墙配筋平面

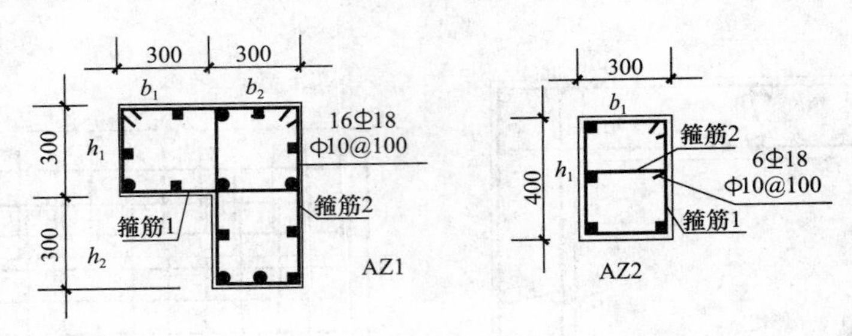

图 3-9 暗柱剖面

3 剪力墙水平分布筋与竖向分布筋有什么区别?

剪力墙主要用于抵抗水平地震力，其设计主要考虑地震力的作用。

剪力墙水平分布筋作为剪力墙身的主筋，通常放在竖向分布筋的外侧，剪力墙的保护层是针对墙身水平分布筋而言的。

剪力墙水平分布筋除了抗拉以外，最大的一个作用就是抗剪。剪力墙身竖向分布筋也可以受拉，但是墙身竖向分布筋却不抗剪。通常墙身竖向分布筋按构造设置。

因为剪力墙水平分布筋具备抗剪的作用，所以它必须伸到墙肢的尽端，即伸到边缘构件（暗柱和端柱）外侧纵筋的内侧；而不能只伸入暗柱一个锚固长度，暗柱虽然有箍筋，但是暗柱的箍筋不能承担墙身的抗剪功能。

对于剪力墙竖向分布筋受到拉弯，有“剪力墙像一个支座在地下基础的垂直的悬臂梁”的说法，这可能是由于各层楼板的作用，此时的剪力墙更像一个垂直的多跨连续梁，而且是一个深梁。这样，剪力墙身竖向分布筋是“悬臂梁”或“多跨连续梁”的纵向钢筋，在一定程度上起到受弯构件纵筋的作用，即受弯拉的作用。

4 构造边缘构件与约束边缘构件应用在什么地方?

约束边缘构件（约束边缘暗柱和约束边缘端柱）应用在抗震等级较高（例如一级抗震等级）的建筑；而构造边缘构件（构造边缘暗柱和构造边缘端柱）应用在抗震等级较低的建筑。有时候，底部楼层（例如第一层和第二层）采用约束边缘构件，而在以上的楼层采用构造边缘构件。这样，同一位置上的一个暗柱，在底层楼层的编号为 YBZ，而到了上面楼层却变成了 GBZ，在审阅图纸时尤其要注意这一点。

5 剪力墙平面布置图由哪些部分组成?

剪力墙平面布置图主要包含两部分：剪力墙平面布置图和剪力墙各类构件及节点构造详图。

1. 剪力墙各类构件

在平法施工图中，将剪力墙分为剪力墙柱、剪力墙身和剪力墙梁。

剪力墙柱（简称墙柱）包含纵向钢筋和横向箍筋，其连接方式与柱相同。

剪力墙梁（简称墙梁）可分为剪力墙连梁、剪力墙暗梁和剪力墙边框梁三类，其由纵向钢筋和横向箍筋组成，绑扎方式与梁基本相同。

剪力墙身（简称墙身）包含竖向钢筋、横向钢筋和拉筋。

2. 边缘构件

根据《建筑抗震设计规范》（GB 50011—2010）要求，剪力墙两端和洞口两侧应设置边缘构件。边缘构件包括暗柱、端柱和翼墙。

对于剪力墙结构，底层墙肢底截面的轴压比不大于抗震规范要求的最大轴压比的一、二、三级剪力墙和四级剪力墙，墙肢两端可设置构造边缘构件。

对于剪力墙结构，底层墙肢底截面的轴压比大于抗震规范要求的最大轴压比的一、二、三级剪力墙，以及部分框支剪力墙结构的剪力墙，应在底部加强部位及相邻的上一层设置约束边缘构件，在以上的其他部位可设置构造边缘构件。

3. 剪力墙的定位

通常，轴线位于剪力墙中央，当轴线未居中布置时，应在剪力墙平面布置图上直接标注偏心尺寸。由于剪力墙暗柱和短肢剪力墙的宽度与剪力墙身同厚，因此，剪力墙偏心情况定位时，暗柱及小墙肢位置也随之确定。

6 剪力墙编号有哪些规定?

剪力墙按墙柱、墙身、墙梁三类构件分别编号。

（1）墙柱编号，由墙柱类型代号和序号组成，表达形式应符合表 3-1 的规定。

墙柱编号 **表 3-1**

墙柱类型	代 号	序 号
约束边缘构件	YBZ	××
构造边缘构件	GBZ	××
非边缘暗柱	AZ	××
扶壁柱	FBZ	××

注：约束边缘构件包括约束边缘暗柱、约束边缘端柱、约束边缘翼墙、约束边缘转角墙四种，如图 3-10 所示。构造边缘构件包括构造边缘暗柱、构造边缘端柱、构造边缘翼墙、构造边缘转角墙四种，如图 3-11 所示。

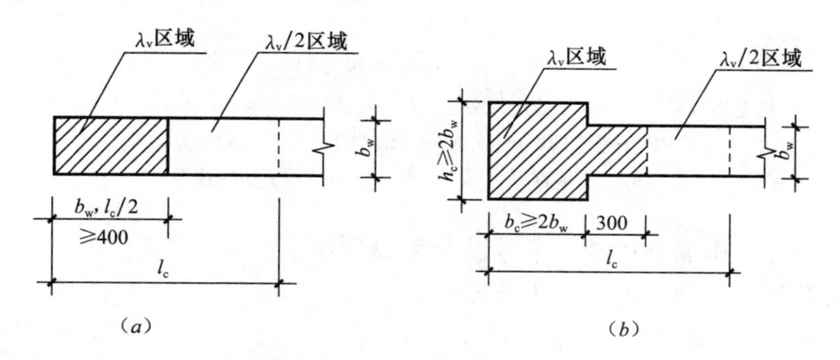

图 3-10 约束边缘构件（一）

（*a*）约束边缘暗柱；（*b*）约束边缘端柱

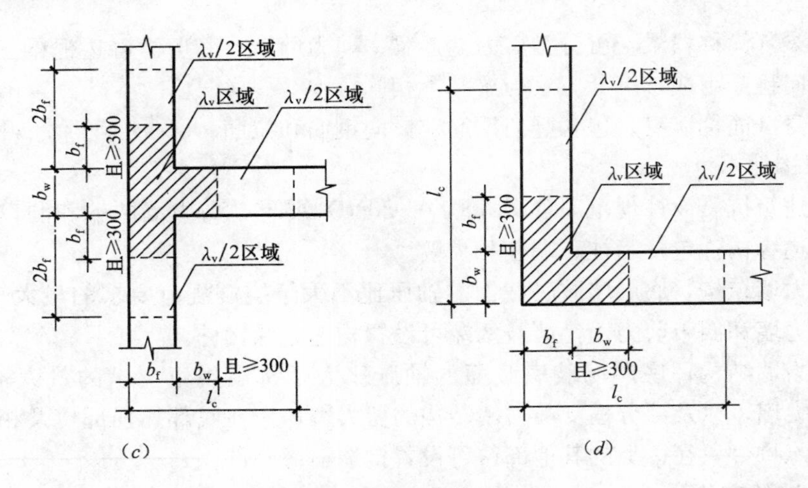

图 3-10　约束边缘构件（二）

（c）约束边缘翼墙；（d）约束边缘转角墙

λ_v—剪力墙约束边缘构件配箍特征值；l_c—剪力墙约束边缘构件沿墙肢长度；

b_f—剪力墙水平方向厚度；b_c—剪力墙约束边缘端柱垂直方向长度；b_w—剪力墙垂直方向厚度

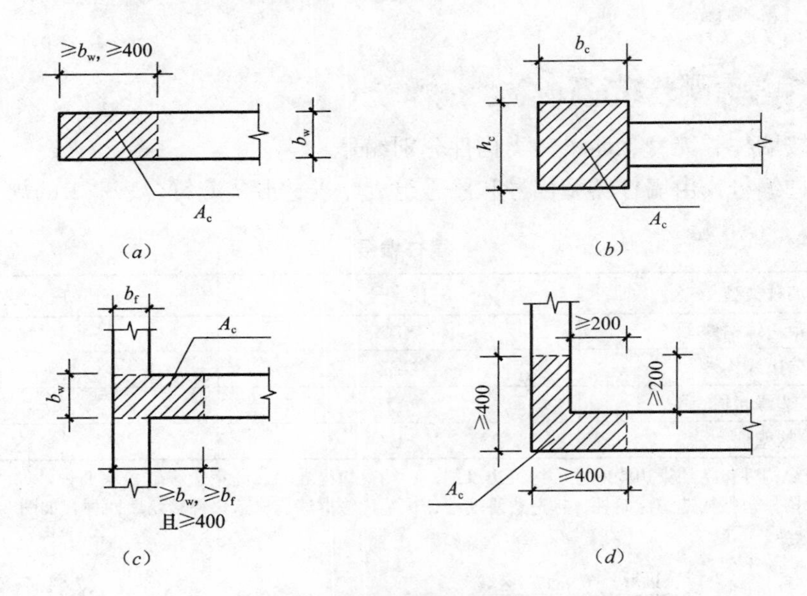

图 3-11　构造边缘构件

（a）构造边缘暗柱；（b）构造边缘端柱；（c）构造边缘翼墙；（d）构造边缘转角墙

b_f—剪力墙水平方向厚度；b_c—剪力墙构造边缘端柱垂直方向长度；

b_w—剪力墙垂直方向厚度；A_c—剪力墙构造边缘构件区

（2）墙身编号，由墙身代号、序号以及墙身所配置的水平与竖向分布钢筋的排数组成，其中，排数注写在括号内。表达形式为：

Q××（×排）

注：1. 在编号中：如若干墙柱的截面尺寸与配筋均相同，仅截面与轴线的关系不同时，可将其编为同一墙柱号；又如若干墙身的厚度尺寸和配筋均相同，仅墙厚与轴线的关系不同或墙身长度不同时，也

可将其编为同一墙身号，但应在图中注明与轴线的几何关系。

2. 当墙身所设置的水平与竖向分布钢筋的排数为2时可不注。

3. 对于分布钢筋网的排数规定：非抗震：当剪力墙厚度大于160mm时，应配置双排；当其厚度不大于160mm时，宜配置双排。抗震：当剪力墙厚度不大于400mm时，应配置双排；当剪力墙厚度大于400mm，但不大于700mm时，宜配置三排；当剪力墙厚度大于700mm时，宜配置四排。

各排水平分布钢筋和竖向分布钢筋的直径与间距宜保持一致。

当剪力墙配置的分布钢筋多于两排时，剪力墙拉筋两端应同时勾住外排水平纵筋和竖向纵筋，还应与剪力墙内排水平纵筋和竖向纵筋绑扎在一起。

（3）墙梁编号，由墙梁类型代号和序号组成，表达形式应符合表3-2的规定。

墙梁编号 **表3-2**

墙梁类型	代　号	序　号
连梁	LL	××
连梁（对角暗撑配筋）	LL（JC）	××
连梁（交叉斜筋配筋）	LL（JX）	××
连梁（集中对角斜筋配筋）	LL（DX）	××
暗梁	AL	××
边框梁	BKL	××

注：在具体工程中，当某些墙身需设置暗梁或边框梁时，宜在剪力墙平法施工图中绘制暗梁或边框梁的平面布置图并编号，以明确其具体位置。

7 什么是剪力墙构件的列表注写方式？

列表注写方式是分别在剪力墙柱表、剪力墙身表和剪力墙梁表中，对应剪力墙平面布置图上的编号，用绘制截面配筋图并注写几何尺寸与配筋具体数值的方式，来表达剪力墙平法施工图。

1. 剪力墙柱表

剪力墙柱表主要包括以下内容：

（1）注写墙柱编号（表3-1），绘制该墙柱的截面配筋图，标注墙柱几何尺寸。

1）约束边缘构件（图3-10）需注明阴影部分尺寸。

注：剪力墙平面布置图中应注明约束边缘构件沿墙肢长度 l_c（约束边缘翼墙中沿墙肢长度尺寸为 $2b_f$ 时可不注）。

2）构造边缘构件（图3-11）需注明阴影部分尺寸。

3）扶壁柱及非边缘暗柱需标注几何尺寸。

（2）注写各段墙柱的起止标高，自墙柱根部往上以变截面位置或截面未变但配筋改变处为界分段注写。墙柱根部标高一般指基础顶面标高（部分框支剪力墙结构则为框支梁顶面标高）。

（3）注写各段墙柱的纵向钢筋和箍筋，注写值应与在表中绘制的截面配筋图对应一致。纵向钢筋注总配筋值；墙柱箍筋的注写方式与柱箍筋相同。

约束边缘构件除注写阴影部位的箍筋外，尚需在剪力墙平面布置图中注写非阴影区内布置的拉筋（或箍筋）。

设计施工时应注意：

1）当约束边缘构件体积配箍率计算中计入墙身水平分布钢筋时，设计者应注明。此时还应注明墙身水平分布钢筋在阴影区域内设置的拉筋。施工时，墙身水平分布钢筋应注意采用相应的构造做法。

2）当非阴影区外圈设置箍筋时，设计者应注明箍筋的具体数值及其余拉筋。施工时，箍筋应包住阴影区内第二列竖向纵筋。当设计采用与构造详图不同的做法时，应另行注明。

2. 剪力墙身表

剪力墙身表主要包括以下内容：

(1) 注写墙身编号（含水平与竖向分布钢筋的排数）。

(2) 注写各段墙身起止标高，自墙身根部往上以变截面位置或截面未变但配筋改变处为界分段注写。墙身根部标高一般指基础顶面标高（部分框支剪力墙结构则为框支梁的顶面标高）。

(3) 注写水平分布钢筋、竖向分布钢筋和拉筋的具体数值。注写数值为一排水平分布钢筋和竖向分布钢筋的规格与间距，具体设置几排已经在墙身编号后面表达。

拉筋应注明布置方式“双向”或“梅花双向”，如图 3-12 所示。

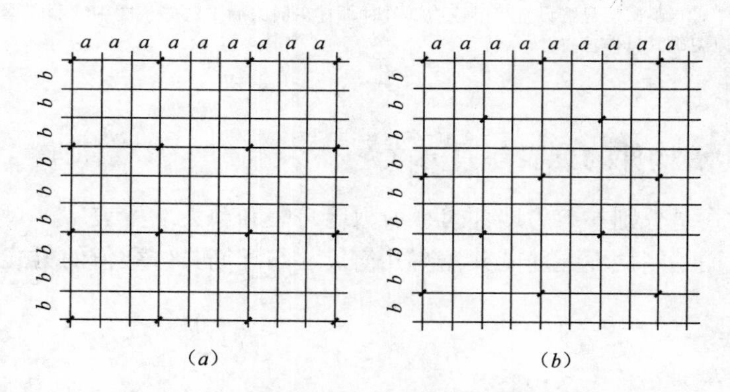

图 3-12 双向拉筋与梅花双向拉筋示意
(a) 拉筋@$3a3b$ 双向（$a\leqslant200$、$b\leqslant200$）；(b) 拉筋@$4a4b$ 梅花双向（$a\leqslant150$、$b\leqslant150$）
a—竖向分布钢筋间距；b—水平分布钢筋间距

3. 剪力墙梁表

剪力墙梁表主要包括以下内容：

(1) 注写墙梁编号，如表 3-2 所示。

(2) 注写墙梁所在楼层号。

(3) 注写墙梁顶面标高高差，是指相对于墙梁所在结构层楼面标高的高差值。高于者为正值，低于者为负值，当无高差时不注。

(4) 注写墙梁截面尺寸 $b\times h$，上部纵筋，下部纵筋和箍筋的具体数值。

(5) 当连梁设有对角暗撑时，注写暗撑的截面尺寸（箍筋外皮尺寸）；注写一根暗撑的全部纵筋，并标注×2 表明有两根暗撑相互交叉；注写暗撑箍筋的具体数值。

（6）当连梁设有交叉斜筋时，注写连梁一侧对角斜筋的配筋值，并标注×2 表明对称设置；注写对角斜筋在连梁端部设置的拉筋根数、规格及直径，并标注×4 表示四个角都设置；注写连梁一侧折线筋配筋值，并标注×2 表明对称设置。

（7）当连梁设有集中对角斜筋时，注写一条对角线上的对角斜筋，并标注×2 表明对称设置。

墙梁侧面纵筋的配置，当墙身水平分布钢筋满足连梁、暗梁及边框梁的梁侧面纵向构造钢筋的要求时，该筋配置同墙身水平分布钢筋，表中不注，施工按标准构造详图的要求即可；当不满足时，应在表中补充注明梁侧面纵筋的具体数值（其在支座内的锚固要求同连梁中受力钢筋）。

4. 施工图示例

采用列表注写方式分别表达剪力墙墙梁、墙身和墙柱的平法施工图示例，如图 3-13 所示。

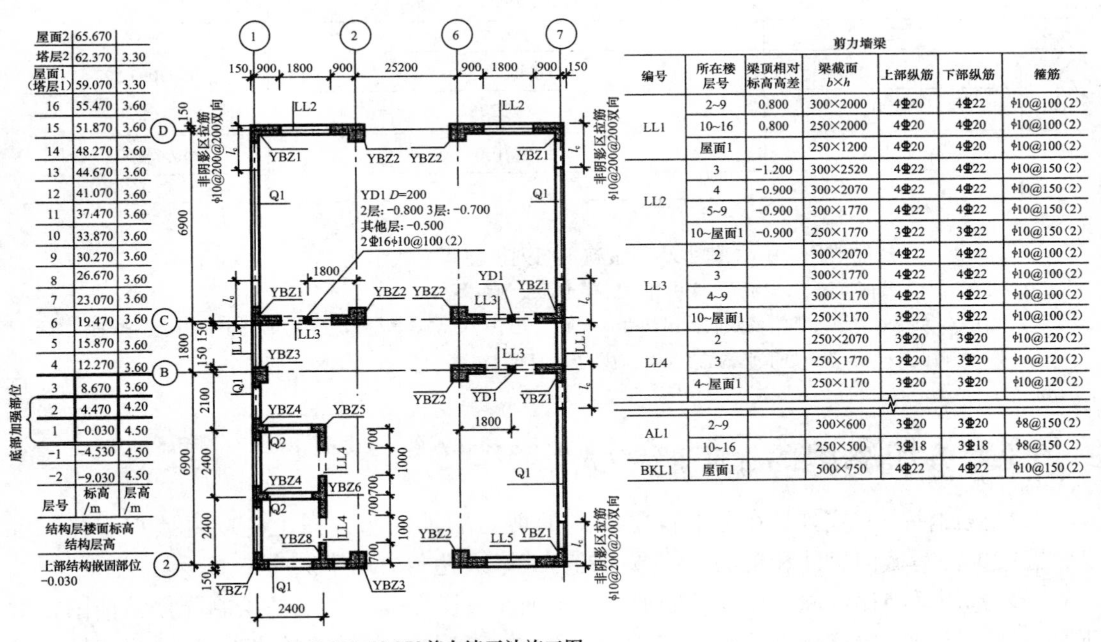

层号	标高/m	层高/m
屋面2	65.670	
塔层2	62.370	3.30
屋面1（塔层1）	59.070	3.30
16	55.470	3.60
15	51.870	3.60
14	48.270	3.60
13	44.670	3.60
12	41.070	3.60
11	37.470	3.60
10	33.870	3.60
9	30.270	3.60
8	26.670	3.60
7	23.070	3.60
6	19.470	3.60
5	15.870	3.60
4	12.270	3.60
3	8.670	3.60
2	4.470	4.20
1	-0.030	4.50
-1	-4.530	4.50
-2	-9.030	4.50

剪力墙梁

编号	所在楼层号	梁顶相对标高高差	梁截面 $b \times h$	上部纵筋	下部纵筋	箍筋
LL1	2~9	0.800	300×2000	4Φ20	4Φ22	Φ10@100(2)
	10~16	0.800	250×2000	4Φ20	4Φ20	Φ10@100(2)
	屋面1		250×1200	4Φ20	4Φ20	Φ10@100(2)
LL2	3	-1.200	300×2520	4Φ22	4Φ22	Φ10@150(2)
	4	-0.900	300×2070	4Φ22	4Φ22	Φ10@150(2)
	5~9	-0.900	300×1770	4Φ22	4Φ22	Φ10@150(2)
	10~屋面1	-0.900	250×1770	3Φ22	3Φ22	Φ10@150(2)
LL3	2		300×2070	4Φ22	4Φ22	Φ10@100(2)
	3		300×1770	4Φ22	4Φ22	Φ10@100(2)
	4~9		300×1170	4Φ22	4Φ22	Φ10@100(2)
	10~屋面1		250×1170	3Φ22	3Φ22	Φ10@100(2)
LL4	2		250×2070	3Φ20	3Φ20	Φ10@120(2)
	3		250×1770	3Φ20	3Φ20	Φ10@120(2)
	4~屋面1		250×1170	3Φ20	3Φ20	Φ10@120(2)
AL1	2~9		300×600	3Φ20	3Φ20	Φ8@150(2)
	10~16		250×500	3Φ18	3Φ18	Φ8@150(2)
BKL1	屋面1		500×750	4Φ22	4Φ22	Φ10@150(2)

-0.030~12.270剪力墙平法施工图

剪力墙身

编号	标高	墙厚	水平分布筋	垂直分布筋	拉筋（双向）
Q1	-0.030~30.270	300	Φ12@200	Φ12@200	Φ6@600@600
	30.270~59.070	250	Φ10@200	Φ10@200	Φ6@600@600
Q2	-0.030~30.270	250	Φ10@200	Φ10@200	Φ6@600@600
	30.270~59.070	200	Φ10@200	Φ10@200	Φ6@600@600

图 3-13　剪力墙平法施工图列表注写方式示例（一）

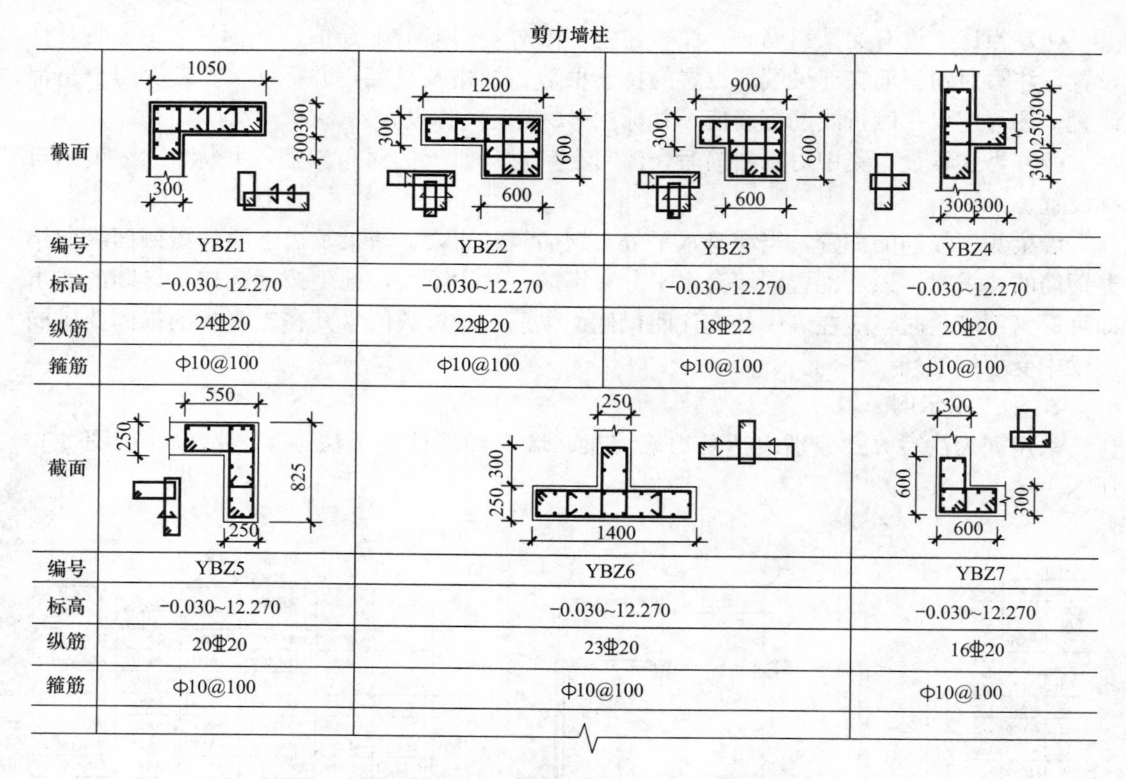
剪力墙柱

截面	1050 300300 300	1200 300 600 600	900 300 600 600	300,250300 300300
编号	YBZ1	YBZ2	YBZ3	YBZ4
标高	-0.030~12.270	-0.030~12.270	-0.030~12.270	-0.030~12.270
纵筋	24Φ20	22Φ20	18Φ22	20Φ20
箍筋	Φ10@100	Φ10@100	Φ10@100	Φ10@100

截面	550 250 825 250	250 250 300 1400	300 600 300 600
编号	YBZ5	YBZ6	YBZ7
标高	-0.030~12.270	-0.030~12.270	-0.030~12.270
纵筋	20Φ20	23Φ20	16Φ20
箍筋	Φ10@100	Φ10@100	Φ10@100

图 3-13　剪力墙平法施工图列表注写方式示例（二）

注：1. 可在结构层楼面标高、结构层高表中加设混凝土强度等级等栏目。

2. 图中 l_c 为约束边缘构件沿墙肢的伸出长度（实际工程中应注明具体值），约束边缘构件非阴影区拉筋（除图中有标注外）：竖向与水平钢筋交点处均设置，直径 ϕ8。

8　什么是剪力墙构件的截面注写方式?

（1）截面注写方式，是在分标准层绘制的剪力墙平面布置图上，以直接在墙柱、墙身、墙梁上注写截面尺寸和配筋具体数值的方式来表达剪力墙平法施工图。

（2）选用适当比例原位放大绘制剪力墙平面布置图，其中对墙柱绘制配筋截面图；对所有墙柱、墙身、墙梁分别按剪力墙编号规定进行编号，并分别在相同编号的墙柱、墙身、墙梁中选择一根墙柱、一道墙身、一根墙梁进行注写，其注写方式按以下规定进行。

1）从相同编号的墙柱中选择一个截面，注明几何尺寸，标注全部纵筋及箍筋的具体数值。

注：约束边缘构件（图 3-10）除需注明阴影部分具体尺寸外，尚需注明约束边缘构件沿墙肢长度 l_c，约束边缘翼墙中沿墙肢长度尺寸为 $2b_f$ 时可不注。除注写阴影部位的箍筋外尚需注写非阴影区内布置的拉筋（或箍筋）。当仅 l_c 不同时，可编为同一构件，但应单独注明 l_c 的具体尺寸并标注非阴影区内布置的拉筋（或箍筋）。

设计施工时应注意：当约束边缘构件体积配箍率计算中计入墙身水平分布筋时，设计者应注明。还应注明墙身水平分布钢筋在阴影区域内设置的拉筋。施工时，墙身水平分布钢筋应注意采用相应的构造做法。

2）从相同编号的墙身中选择一道墙身，按顺序引注的内容为：墙身编号（应包括注写在括号内墙身所配置的水平与竖向分布钢筋的排数）、墙厚尺寸，水平分布钢筋、竖向分布钢筋和拉筋的具体数值。

3）从相同编号的墙梁中选择一根墙梁，按顺序引注的内容为：

① 注写墙梁编号、墙梁截面尺寸 $b \times h$、墙梁箍筋、上部纵筋、下部纵筋和墙梁顶面标高高差的具体数值。其中，墙梁顶面标高高差的注写规定同“7. 什么是剪力墙构件的列表注写方式?”中的“3. 剪力墙梁表”第（3）款。

② 当连梁设有对角暗撑时，注写规定同“7. 什么是剪力墙构件的列表注写方式?”中的“3. 剪力墙梁表”第（5）款。

③ 当连梁设有交叉斜筋时，注写规定同“7. 什么是剪力墙构件的列表注写方式?”中的“3. 剪力墙梁表”第（6）款。

④ 当连梁设有集中对角斜筋时，注写规定同“7. 什么是剪力墙构件的列表注写方式?”中的“3. 剪力墙梁表”第（7）款。

当墙身水平分布钢筋不能满足连梁、暗梁及边框梁的梁侧面纵向构造钢筋的要求时，应补充注明梁侧面纵筋的具体数值；注写时，以大写字母 N 打头，接续注写直径与间距。其在支座内的锚固要求同连梁中受力钢筋。

（3）采用截面注写方式表达的剪力墙平法施工图示例，如图 3-14 所示。

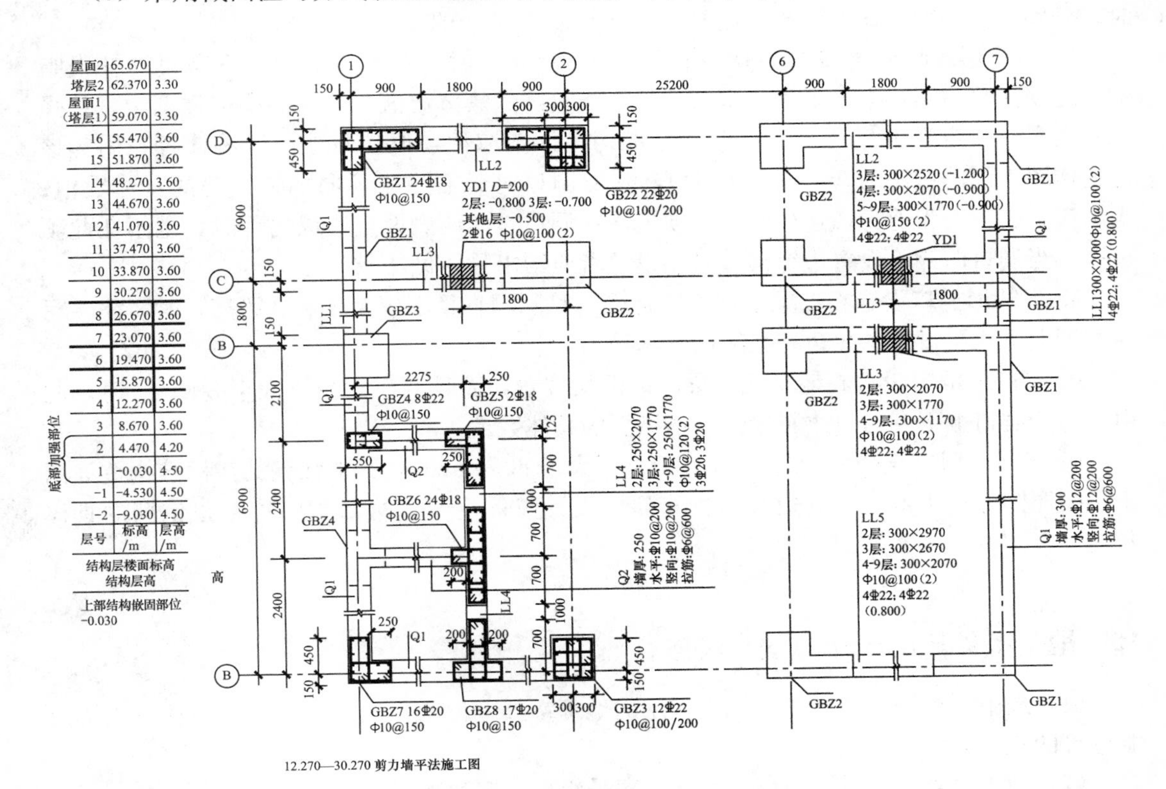

图 3-14　剪力墙平法施工图截面注写方式示例

9 剪力墙洞口的表示方法有哪些?

(1) 无论采用列表注写方式还是截面注写方式，剪力墙上的洞口均可在剪力墙平面布置图上原位表达。

(2) 洞口的具体表示方法：

1) 在剪力墙平面布置图上绘制洞口示意，并标注洞口中心的平面定位尺寸。

2) 在洞口中心位置引注以下内容：

① 洞口编号：矩形洞口为 JD×× (××为序号),
圆形洞口为 YD×× (××为序号)。

② 洞口几何尺寸：矩形洞口为洞宽×洞高 ($b \times h$),
圆形洞口为洞口直径 D。

③ 洞口中心相对标高，是相对于结构层楼（地）面标高的洞口中心高度。当其高于结构层楼面时为正值，低于结构层楼面时为负值。

④ 洞口每边补强钢筋，分以下几种不同情况：

a. 当矩形洞口的洞宽、洞高均不大于 800mm 时，此项注写为洞口每边补强钢筋的具体数值（若按标准构造详图设置补强钢筋时可不注）。当洞宽、洞高方向补强钢筋不一致时，分别注写洞宽方向、洞高方向补强钢筋，以“/”分隔。

b. 当矩形或圆形洞口的洞宽或直径大于 800mm 时，在洞口的上、下需设置补强暗梁，此项注写为洞口上、下每边暗梁的纵筋与箍筋的具体数值（在标准构造详图中，补强暗梁梁高一律定为 400mm，施工时按标准构造详图取值，设计不注。当设计者采用与该构造详图不同的做法时，应另行注明），圆形洞口时尚需注明环向加强钢筋的具体数值；当洞口上、下边为剪力墙连梁时，此项免注；洞口竖向两侧设置边缘构件时，也不在此项表达（当洞口两侧不设置边缘构件时，设计者应给出具体做法）。

c. 当圆形洞口设置在连梁中部 1/3 范围（且圆洞直径不应大于 1/3 梁高）时，需注写在圆洞上下水平设置的每边补强纵筋与箍筋。

d. 当圆形洞口设置在墙身或暗梁、边框梁位置，而且洞口直径不大于 300mm 时，此项注写为洞口上下左右每边布置的补强纵筋的具体数值。

e. 当圆形洞口直径大于 300mm，但是不大于 800mm 时，其加强钢筋在标准构造详图中是按照圆外切正六边形的边长方向布置，设计仅需注写六边形中一边补强钢筋的具体数值。

10 地下室外墙的表示方法有哪些?

(1) 地下室外墙仅适用于起挡土作用的地下室外围护墙。地下室外墙中墙柱、连梁及洞口等的表示方法同地上剪力墙。

(2) 地下室外墙编号，由墙身代号、序号组成。表达如下：

DWQ××

(3) 地下室外墙平面注写方式，包括集中标注墙体编号、厚度、贯通筋、拉筋等和原位标注附加非贯通筋等两部分内容。当仅设置贯通筋，未设置附加非贯通筋时，则仅做集中标注。

（4）地下室外墙的集中标注，规定如下：

1）注写地下室外墙编号，包括代号、序号、墙身长度（注为××～××轴）。

2）注写地下室外墙厚度 b_w=×××。

3）注写地下室外墙的外侧、内侧贯通筋和拉筋。

① 以 OS 代表外墙外侧贯通筋。其中，外侧水平贯通筋以 H 打头注写，外侧竖向贯通筋以 V 打头注写。

② 以 IS 代表外墙内侧贯通筋。其中，内侧水平贯通筋以 H 打头注写，内侧竖向贯通筋以 V 打头注写。

③ 以 tb 打头注写拉筋直径、强度等级及间距，并注明“双向”或“梅花双向”。

（5）地下室外墙的原位标注，主要表示在外墙外侧配置的水平非贯通筋或竖向非贯通筋。

当配置水平非贯通筋时，在地下室墙体平面图上原位标注。在地下室外墙外侧绘制粗实线段代表水平非贯通筋，在其上注写钢筋编号并以 H 打头注写钢筋强度等级、直径、分布间距，以及自支座中线向两边跨内的伸出长度值。当自支座中线向两侧对称伸出时，可仅在单侧标注跨内伸出长度，另一侧不注，此种情况下非贯通筋总长度为标注长度的 2 倍。边支座处非贯通钢筋的伸出长度值从支座外边缘算起。

地下室外墙外侧非贯通筋通常采用“隔一布一”方式与集中标注的贯通筋间隔布置，其标注间距应与贯通筋相同，两者组合后的实际分布间距为各自标注间距的 1/2。

当在地下室外墙外侧底部、顶部、中层楼板位置配置竖向非贯通筋时，应补充绘制地下室外墙竖向截面轮廓图并在其上原位标注。表示方法为在地下室外墙竖向截面轮廓图外侧绘制粗实线段代表竖向非贯通筋，在其上注写钢筋编号并以 V 打头注写钢筋强度等级、直径、分布间距，以及向上（下）层的伸出长度值，并在外墙竖向截面图名下注明分布范围（××～××轴）。

注：向层内的伸出长度值注写方式：

1. 地下室外墙底部非贯通钢筋向层内的伸出长度值从基础底板顶面算起。

2. 地下室外墙顶部非贯通钢筋向层内的伸出长度值从板底面算起。

3. 中层楼板处非贯通钢筋向层内的伸出长度值从板中间算起，当上下两侧伸出长度值相同时可仅注写一侧。

地下室外墙外侧水平、竖向非贯通筋配置相同者，可仅选择一处注写，其他可仅注写编号。

当在地下室外墙顶部设置通长加强钢筋时应注明。

设计时应注意：

1）设计者应根据具体情况判定扶壁柱或内墙是否作为墙身水平方向的支座，以选择合理的配筋方式。

2）在“顶板作为外墙的简支支承”、“顶板作为外墙的弹性嵌固支承”两种做法中，设计者应指定选用何种做法。

（6）采用平面注写方式表达的地下室剪力墙平法施工图示例，如图 3-15 所示。

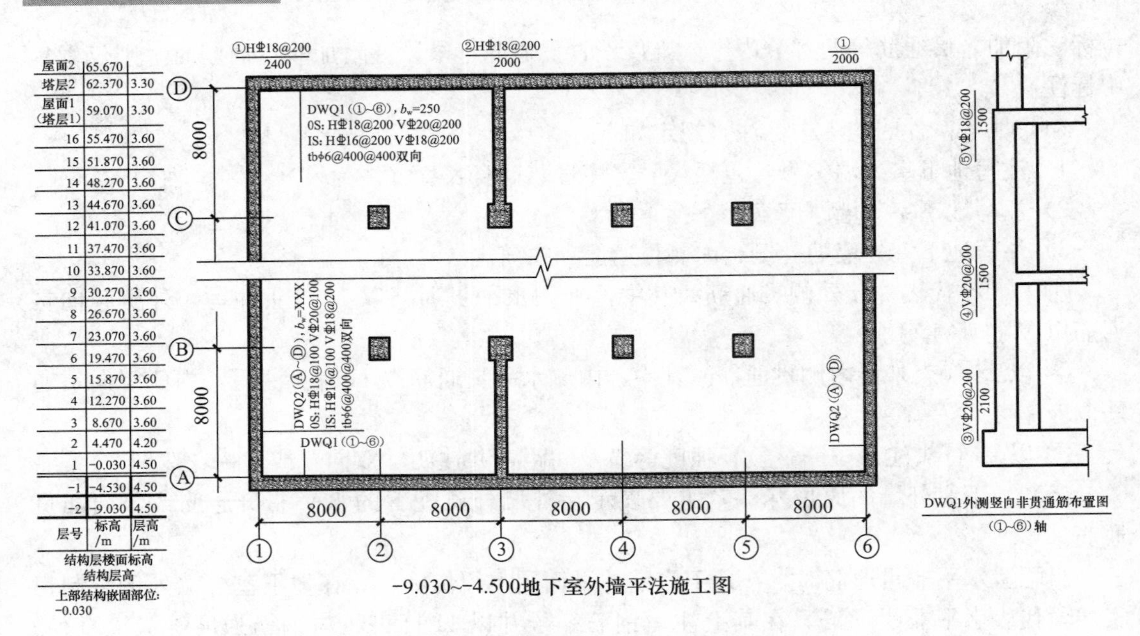

图 3-15　地下室外墙平法施工图平面注写示例

11　剪力墙平法识图要点有哪些?

剪力墙平法施工图识读要点如下:

(1) 查看图名、比例。

(2) 校核轴线编号及其间距尺寸，要求必须与建筑图、基础平面图保持一致。

(3) 阅读结构设计总说明或图纸说明，明确剪力墙的混凝土强度等级。

(4) 与建筑图配合，明确各段剪力墙柱的编号、数量、位置；查阅剪力墙柱表或图中截面标注等，明确墙柱的截面尺寸、配筋形式、标高、纵筋和箍筋情况。再根据抗震等级、设计要求，查阅平法标准构造详图，确定纵向钢筋在转换梁等处的锚固长度和连接构造。

(5) 所有洞口的上方必须设置连梁。与建筑图配合，明确各洞口上方连梁的编号、数量和位置；查阅剪力墙柱表或图中截面标注等，明确连梁的标高、截面尺寸、上部纵筋、下部纵筋和箍筋情况。再根据抗震等级与设计要求，查阅平法标准构造详图，确定连梁的侧面构造钢筋、纵向钢筋伸入剪力墙内的锚固要求、箍筋构造等。

(6) 与建筑图配合，明确各段剪力墙身的编号、位置；查阅剪力墙身表或图中截面标注等。明确各层各段剪力墙的厚度、水平分布钢筋、垂直分布钢筋和拉筋。再根据抗震等级与设计要求，查阅平法标准构造详图，确定剪力墙身水平钢筋、竖向钢筋的连接和锚固构造。

(7) 明确图纸说明的其他要求，包括暗梁的设置要求等。

12　剪力墙插筋在基础中的锚固构造措施有哪些?

11G101-3 图集第 58 页“墙插筋在基础中的锚固”给出了三个剪力墙插筋在基础中的

锚固构造，可以把它们分为两类，其中锚固构造（一）和（二）为第一类，我们不妨称之为“墙纵筋在基础直接锚固”；锚固构造（三）为第二类，我们称之为“墙外侧纵筋与底板纵筋搭接”。

（1）墙纵筋在基础直接锚固（图 3-16）

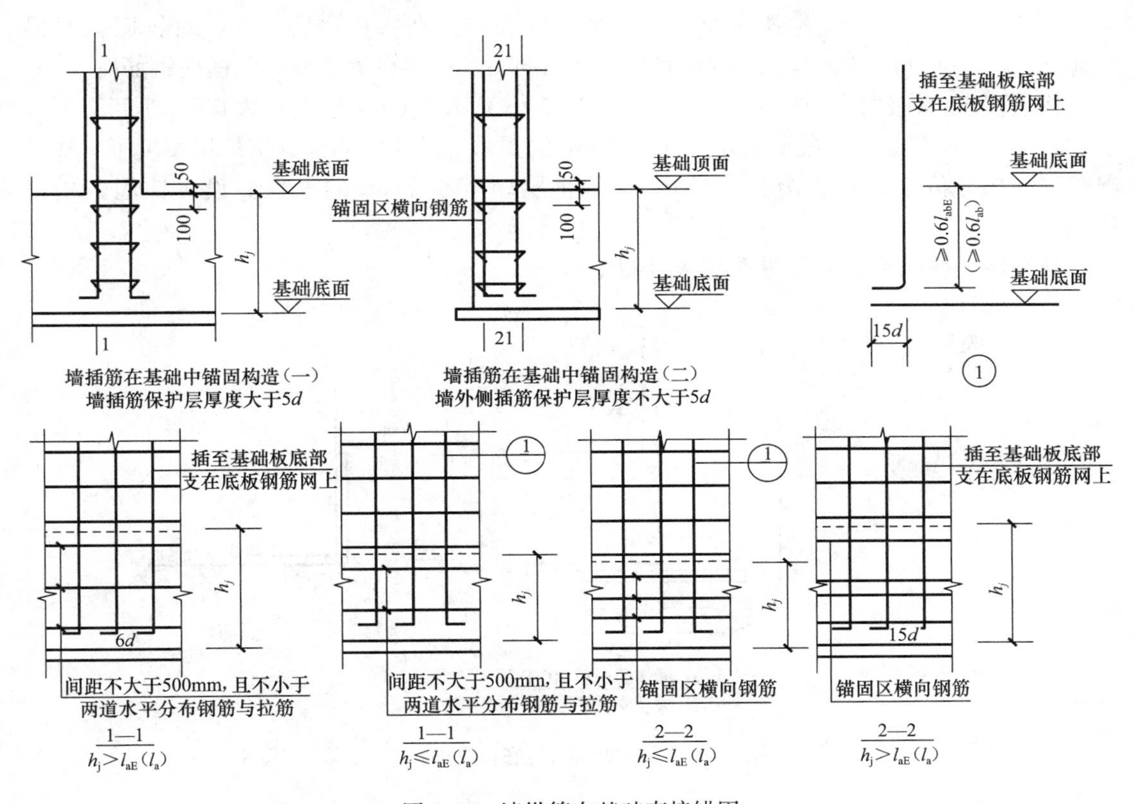

图 3-16 墙纵筋在基础直接锚固

锚固构造（一）和锚固构造（二）及其断面图一般按两种情况进行划分：一种是按“墙插筋保护层厚度大于 5d”或“墙插筋保护层厚度不大于 5d”来划分，另一种是按基础厚度“$h_j>l_{aE}(l_a)$”或“$h_j\leqslant l_{aE}(l_a)$”来划分（h_j 为基础底面至基础顶面的高度，对于带基础梁的基础为基础梁顶面至基础梁底面的高度）。

1）“墙插筋在基础中锚固构造（一）”（墙插筋保护层厚度大于 5d）（例如墙插筋在板中）：

墙两侧插筋构造见“1—1”剖面（分下列两种情况）：

“1—1”［$h_j>l_{aE}(l_a)$］：墙插筋插至基础板底部支在底板钢筋网上，弯折 6d；而且，墙插筋在基础内设置“间距不大于 500mm，且不小于两道水平分布筋与拉筋”。

“1—1”［$h_j\leqslant l_{aE}(l_a)$］：墙插筋插至基础板底部支在底板钢筋网上，且锚固垂直段“≥0.6l_{abE}（≥0.6l_{ab}）”，弯折 15d；而且，墙插筋在基础内设置“间距不大于 500mm，且不小于两道水平分布筋与拉筋”。

2）“墙插筋在基础中锚固构造（二）”（墙插筋保护层厚度不大于 5d）（例如墙插筋在板边（梁内）——墙外侧根据 11G101-3 图集第 54 页注 2 处理）：

墙内侧插筋构造见“1—1”剖面（同上）。

墙外侧插筋构造见“2—2”剖面（分下列两种情况）：

“2—2”［$h_j>l_{aE}(l_a)$］：墙插筋插至基础板底部支在底板钢筋网上，弯折 15d；而且，墙插筋在基础内设置“锚固区横向钢筋”。

“2—2”［$h_j\leqslant l_{aE}(l_a)$］：墙插筋插至基础板底部支在底板钢筋网上，且锚固垂直段“$\geqslant 0.6l_{abE}$（$\geqslant 0.6l_{ab}$）”，弯折 15d；而且，墙插筋在基础内设置“锚固区横向钢筋”。

构造要求：①锚固区横向钢筋应满足直径不小于 $d/4$（d 为插筋最大直径），间距不大于 10d（d 为插筋最小直径）且不大于 100mm 的要求。②当插筋部分保护层厚度不一致情况下（如部分位于板中部分位于梁内），保护层厚度小于 5d 的部位应设置锚固区横向钢筋。

（2）墙外侧纵筋与底板纵筋搭接（图 3-17）

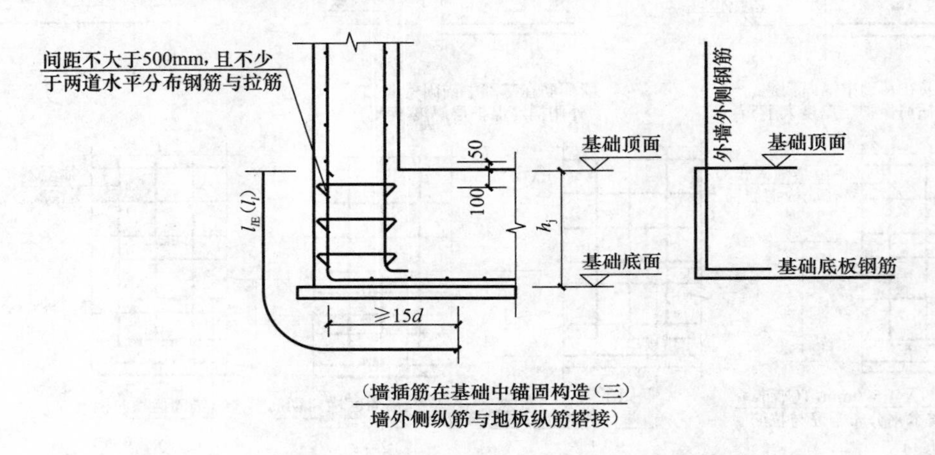

图 3-17　墙外侧纵筋与底板纵筋搭接

“墙插筋在基础中锚固构造（三）”（墙外侧纵筋与底板纵筋搭接）：

基础底板下部钢筋弯折段应伸至基础顶面标高处，墙外侧纵筋插至板底后弯锚，与底板下部纵筋搭接“$l_{lE}(l_l)$”，且弯钩水平段不小于 15d；而且，墙插筋在基础内设置“间距不大于 500mm，且不少于两道水平分布钢筋与拉筋”。

墙内侧纵筋的插筋构造同“墙纵筋在基础直接锚固”。

11G101-3 图集第 58 页注 4 规定：“当选用‘墙插筋在基础中锚固构造（三）’时，设计人员应在图纸中注明。”

13　水平钢筋在剪力墙身中的构造措施有哪些？

1. 剪力墙多排配筋的构造

11G101-1 图集第 68 页的下方给出了剪力墙布置双排配筋、三排配筋和四排配筋时的构造图。

（1）剪力墙布置双排配筋、三排配筋和四排配筋的条件为：

当墙厚度不大于 400mm 时，设置双排钢筋网；

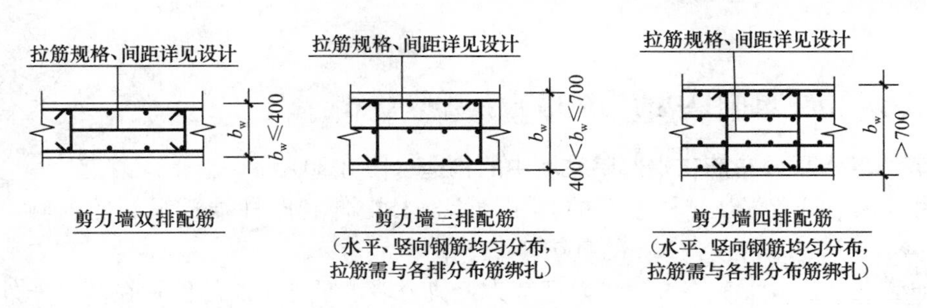

图 3-18　剪力墙钢筋绑扎图

当 400mm＜墙厚度≤700mm 时，设置三排钢筋网；

当墙厚度大于 700mm 时，设置四排钢筋网。

(2) 剪力墙身的各排钢筋网设置水平分布筋和垂直分布筋。布置钢筋时，把水平分布筋放在外侧，垂直分布筋放在水平分布筋的内侧。因此，剪力墙的保护层是针对水平分布筋来说的。

(3) 拉筋要求拉住两个方向上的钢筋，即同时钩住水平分布筋和垂直分布筋。由于剪力墙身的水平分布筋放在最外面，所以拉筋连接外侧钢筋网和内侧钢筋网，也就是把拉筋钩在水平分布筋的外侧。这样一来，11G101-1 图集第 68 页的图有一个缺点，即拉筋的弯钩与水平分布筋是“一平”的，给人一种感觉即拉筋仅仅钩住垂直分布筋——正确的画图应该把拉筋“钩”在水平分布筋的外面。这就容易让人担心拉筋保护层的问题，实际上有这样的规定：混凝土保护层保护一个“面”或一条“线”，但难以做到保护每一个“点”，因此，局部钢筋“点”的保护层厚度不够属正常现象。所以，便不存在这样的顾虑。

2. 剪力墙水平钢筋的搭接构造

剪力墙水平钢筋的搭接长度不小于 $1.2l_{aE}$（不小于 $1.2l_a$），沿高度每隔一根错开搭接，相邻两个搭接区之间错开的净距离不小于 500mm。

3. 端部无暗柱时剪力墙水平钢筋端部做法

11G101-1 图集给出了两种做法：（图 3-19 给出了配筋示意图，注意拉筋钩住水平分布筋）

(1) 端部 U 形筋与墙身水平钢筋搭接 $l_{lE}(l_l)$，墙端部设置双列拉筋，这种做法适用于墙厚较小的情况。

(2) 墙身两侧水平钢筋伸至墙端弯钩 $10d$，墙端部设置双列拉筋。

实际工程中，剪力墙墙肢的端部一般都设置边缘构件（暗柱或端柱），墙肢端部无暗柱的情况应该是差不多的。

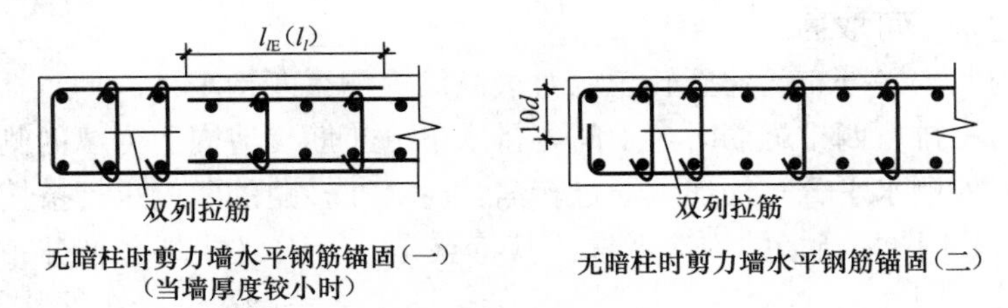

图 3-19　配筋示意

14　水平分布筋在暗柱中的构造措施有哪些?

1. 剪力墙水平分布筋在端部暗柱墙中的构造（图 3-20）

剪力墙水平分布筋从暗柱纵筋的外侧插入暗柱，伸到暗柱端部纵筋的内侧，然后弯 $10d$ 的直钩。

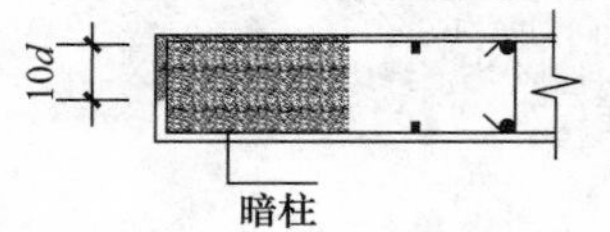

图 3-20　剪力墙水平分布筋在端部暗柱墙中的构造

可以理解为：剪力墙水平分布筋的位置在墙身的外侧，伸入暗柱之后也不例外，这样就形成剪力墙水平分布筋在暗柱的外侧与暗柱的箍筋平行，而且与暗柱箍筋处于同一垂直层面，即在暗柱箍筋之间插空通过暗柱。

2. 剪力墙水平钢筋在翼墙柱中的构造（图 3-21）

端墙两侧的水平分布筋伸至翼墙对边，顶着暗柱外侧纵筋的内侧后弯钩 $15d$。

如果剪力墙设置了三排、四排钢筋，则墙中间的各排水平分布筋同上述构造。

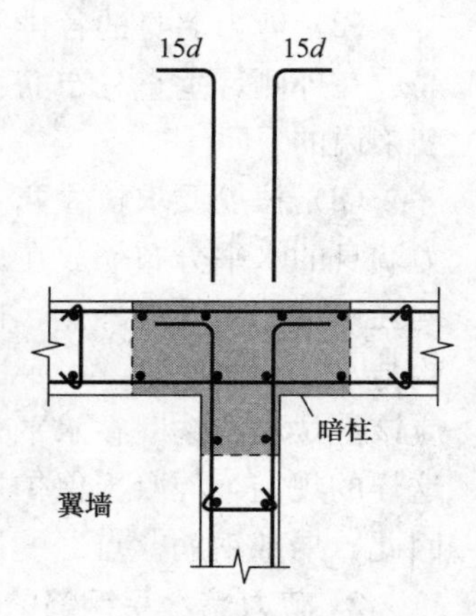

图 3-21　剪力墙水平钢筋在翼墙柱中的构造

3. 剪力墙水平钢筋在转角墙柱中的构造（图 3-22）

11G101-1 第 68 页“剪力墙身水平钢筋构造”给出了三种转角墙构造。

（1）剪力墙外侧水平分布筋连续通过转角，在转角的单侧进行搭接：

图 3-22 转角墙（一）构造做法是 03G101-1 图集传统的构造做法。

剪力墙的外侧水平分布筋从暗柱纵筋的外侧通过暗柱，绕出暗柱的另一侧以后同另一侧的水平分布筋搭接不小于 $1.2l_{aE}$（不小于 $1.2l_a$），上下相邻两排水平筋交错搭接，错开距离不小于 500mm。

对于剪力墙水平分布筋在转角墙柱的连接，有以下事项需要注意：

1）剪力墙转角墙柱两侧水平分布筋直径不同时，要转到直径较小一侧搭接，以保证直径较大一侧的水平抗剪能力不减弱。

2）当剪力墙转角墙柱的另外一侧不是墙身而是连梁的时候，墙身的外侧水平分布筋不能拐到连梁外侧进行搭接，而应该把连梁的外侧水平分布筋拐过转角墙柱，与墙身的水平分布筋进行搭接。之所以这样做，是因为连梁的上方和下方都是门窗洞口，所以连梁这种构件比墙身较为薄弱，如果连梁的侧面纵筋发生截断和搭接的话，就会使本来薄弱的构件更加薄弱，这是不可取的。

剪力墙的内侧水平分布筋伸至转角墙对边纵筋内侧后弯钩 $15d$。

当剪力墙为三排、四排配筋时，中间各排水平分布筋构造同剪力墙内侧钢筋。

（2）剪力墙外侧水平分布筋连续通过转角，轮流在转角的两侧进行搭接：

这是 11G101-1 图集新增的构造做法。其特点是：剪力墙外侧水平分布筋分层在转角的两侧轮流搭接［图 3-22 转角墙（二）］。例如，图中某一层水平分布筋从某侧（水平墙）连续通过转角，伸至另一侧（垂直墙）进行搭接不小于 $1.2l_{aE}$（不小于 $1.2l_a$）；而下一层的水平分布筋则从垂直墙连续通过转角，伸至水平墙进行搭接不小于 $1.2l_{aE}$（不小于 $1.2l_a$）；再下一层的水平分布筋又从水平墙连续通过转角，伸至垂直墙进行搭接；再下一层的水平分布筋又从垂直墙连续通过转角，伸至水平墙进行搭接……

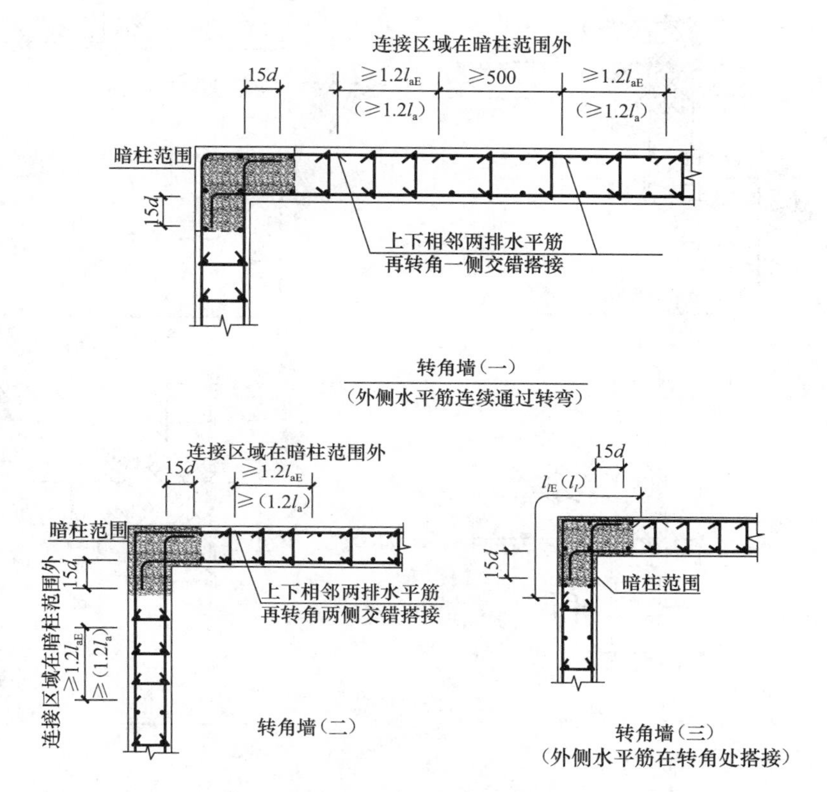

图 3-22 剪力墙水平钢筋在转角墙柱中的构造

剪力墙内侧水平分布筋伸至转角墙对边纵筋内侧后弯钩 $15d$。

(3) 剪力墙外侧水平分布筋在转角处搭接［图 3-22 转角墙（三）］：

这是 11G101-1 图集新增的构造做法。其特点是：剪力墙外侧水平分布筋不是连续通过转角，而就在转角处进行搭接，搭接长度 l_{lE}（l_l）。

剪力墙内侧水平分布筋伸至转角墙对边纵筋内侧后弯钩 $15d$。

以上介绍了 11G101-1 图集给出的三种转角墙构造，具体工程到底采用哪一种构造，要看该工程的设计师在施工图中给出的明确指示。

15 水平钢筋在端柱中的构造措施有哪些?

(1) 剪力墙水平钢筋在转角墙端柱中的构造

剪力墙内侧水平钢筋伸至端柱对边，然后弯 $15d$ 的直钩。

剪力墙内侧水平钢筋伸至对边 $\geq l_{aE}(l_a)$ 时可不设弯钩，但必须伸至端柱对边竖向钢筋内侧位置。

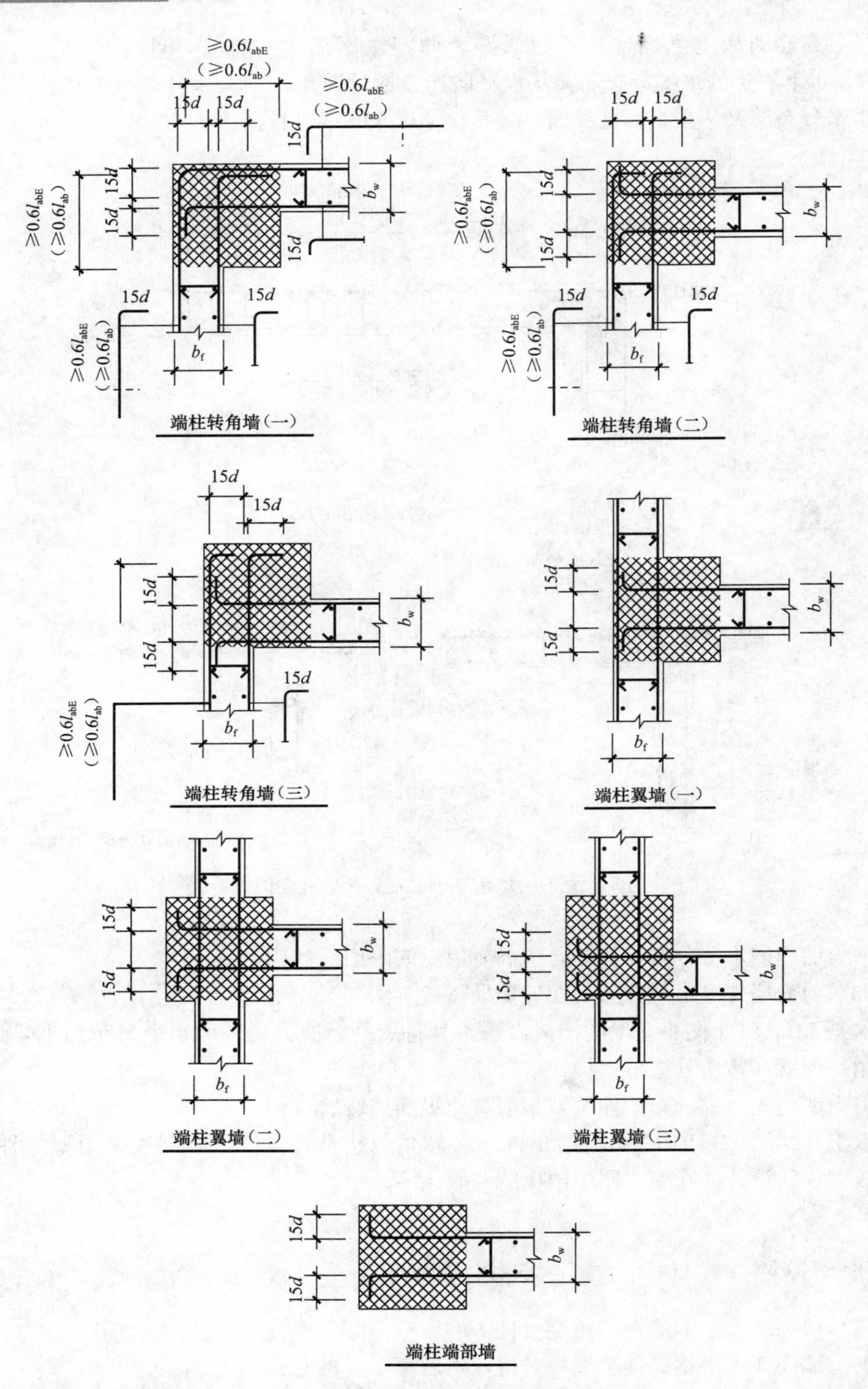

图 3-23　水平钢筋在端柱中的构造

（2）剪力墙水平钢筋在端柱翼墙中的构造

剪力墙水平钢筋伸至端柱对边，然后弯 15d 的直钩。

剪力墙水平钢筋伸至对边≥l_{aE}（l_a）时可不设弯钩，但必须伸至端柱对边竖向钢筋内侧位置。

（3）剪力墙水平钢筋在端柱端部墙中的构造

剪力墙水平钢筋伸至端柱对边，然后弯 15d 的直钩。

剪力墙水平钢筋伸至对边≥l_{aE}（l_a）时可不设弯钩，但必须伸至端柱对边竖向钢筋内侧位置。

16 如何根据剪力墙的厚度来计算暗柱箍筋的宽度？

因为，剪力墙的保护层是针对水平分布筋、而不是针对暗柱纵筋的，所以在计算暗柱箍筋宽度时，不能套用“框架柱箍筋宽度－柱宽度－2×保护层厚度”这样的算法。

分析一下可以知道，由于水平分布筋与暗柱箍筋处于同一垂直层面，则暗柱纵筋与混凝土保护层之间，同时隔着暗柱箍筋和墙身水平分布筋。

我们知道，箍筋的尺寸是以“净内尺寸”来表示，又因为柱纵筋的外侧紧贴着箍筋的内侧，我们可以“暗柱纵筋的外侧”作为参照物，来解析暗柱箍筋宽度的算法。那就是：

当水平分布筋直径大于箍筋直径时，

暗柱箍筋宽度＝墙厚－2×保护层厚度－2×水平分布筋直径

否则（即水平分布筋直径不大于箍筋直径时），

暗柱箍筋宽度＝墙厚－2×保护层厚度－2×箍筋直径

17 剪力墙水平钢筋构造中多次出现的“伸至对边”表示何意？

如果当前墙肢的对边有一个剪力墙的钢筋网（我们知道，剪力墙的钢筋网外层为水平分布筋，内层为竖向分布筋），则当前墙的水平分布筋应该是伸至对边的竖向分布筋上；如果当前墙水平分布筋伸入的是暗柱或端柱，则水平分布筋应该是伸至对边暗柱或端柱对边的外侧纵筋的内侧。

18 剪力墙身的拉筋与梁侧面纵向构造钢筋的拉筋有何相同点和不同点？

它们的相同点：凡是拉筋都应该拉住纵横方向的钢筋。剪力墙身的拉筋要同时钩住水平分布筋和垂直分布筋；而梁的拉筋要同时钩住梁的侧面纵向构造钢筋和箍筋。

剪力墙身拉筋与梁侧面纵向构造钢筋拉筋的不同点：

（1）定义的方式不同

剪力墙身的拉筋必须由设计师在施工图上明确定义。

梁侧面纵向构造钢筋的拉筋在施工图中不进行定义，而由施工人员和预算人员根据 11G101-1 图集的有关规定自行处理其钢筋规格和间距。

（2）具体的工程做法不同

当剪力墙身水平分布筋和垂直分布筋的间距设计为200mm，而拉筋间距设计为400mm时，就是“隔一拉一”的做法；当剪力墙身水平分布筋和垂直分布筋的间距设计为200mm，而拉筋间距设计为600mm时，就是“隔二拉一”的做法。

梁侧面纵向构造钢筋拉筋的间距是梁非加密区箍筋间距的2倍，也就是“隔一拉一”的做法，这是固定的做法。

19　如何实现剪力墙身拉筋的“隔一拉一”、“隔二拉一”？

11G101-1图集第16页已经给出了两种布置拉筋的方法：一种是“双向”方式，另一种是“梅花双向”方式。在施工图中应注明拉筋采用“双向”或“梅花双向”方式。具体布置方式可参考“7. 什么是剪力墙构件的列表注写方式?”中“2. 剪力墙身表”的内容。

拉筋的根数可以通过11G101-1图集第16页的大样图来推算。方法可以是“单位面积计数法”——“数”出图中布置拉筋的个数，推算出单位面积布置多少根拉筋。

20　剪力墙身拉筋的长度如何计算？

我们知道，剪力墙身拉筋就是要同时钩住水平分布筋和垂直分布筋。

剪力墙的保护层是对于剪力墙身水平分布筋而言的。这样，剪力墙厚度减去保护层厚度就到了水平分布筋的外侧，而拉筋钩在水平分布筋之外。

由上述可知，拉筋的直段长度（就是工程钢筋表中的标注长度）的计算公式为：

拉筋直段长度＝墙厚－2×保护层厚度＋2×拉筋直径

知道了拉筋的直段长度，再加上拉筋弯钩长度，就得到拉筋的每根长度。由11G101-1图集第56页可知，拉筋弯钩的平直段长度为$10d$。

我们以光面圆钢筋为例，它的180°小弯钩长度：一个弯钩为$6.25d$，两个弯钩为$12.5d$；而180°小弯钩的平直段长度为$3d$，小弯钩的一个平直段长度比拉筋少$7d$，则两个平直段长度比拉筋少$14d$。

由此可知拉筋两个弯钩的长度为$12.5d+14d=26.5d$，考虑到角度差异，可取其为$26d$。

所以，

拉筋每根长度＝墙厚－2×保护层厚度－2×拉筋直径＋$26d$

剪力墙其他构件的“拉筋”也可依照上述计算公式进行计算。

21　计算本楼层剪力墙水平分布筋根数时，是否要减去暗梁纵筋位置上的一根水平分布筋？

计算本楼层剪力墙水平分布筋根数的时候，一般是用楼层层高除以水平分布筋的间距来求得水平分布筋的根数。在具体施工时，墙身水平分布筋也是自下而上地按照间距进行布置，除非某根水平分布筋刚好遇到暗梁纵筋，这根水平分布筋才无须设置；但是，通常情况下，水平分布筋与暗梁纵筋的距离是“半个间距”，此时暗梁纵筋不影响墙身水平分布筋的布置。

目前，工地现场使用竖向的“梯子筋”来控制墙身水平分布筋的绑扎，这是一个很好的办法。在制作这样的“梯子筋”时，应该考虑到暗梁纵筋对水平分布筋的影响。

22 竖向分布筋在剪力墙身中的构造做法有哪些？

11G101-1 图集第 70 页左部给出了剪力墙布置双排配筋、三排配筋和四排配筋时的构造图，如图 3-24 所示。

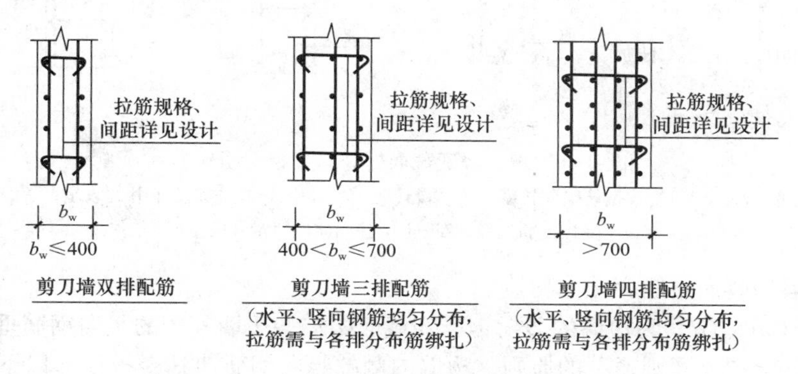

图 3-24 竖向分布筋在剪力墙身中的构造

在暗柱内部（指暗柱阴影区）不布置剪力墙竖向分布钢筋。

23 剪力墙竖向钢筋顶部如何进行锚固构造？

11G101-1 图集第 70 页给出了三幅剪力墙竖向钢筋顶部构造图，如图 3-25 所示。左图为边柱或边墙的竖向钢筋顶部构造，中图为中柱或中墙的竖向钢筋顶部构造，两者的共同点是“剪力墙竖向钢筋伸入屋面板或楼板顶部，然后弯直钩不小于 $12d$”。右图为新增的剪力墙竖向钢筋在边框梁的锚固构造：直锚 $l_{aE}(l_a)$。

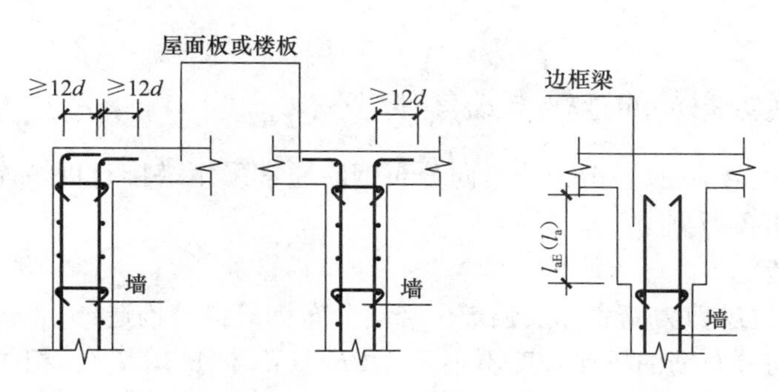

图 3-25 剪力墙竖向钢筋顶部构造

$l_{aE}(l_a)$—受拉钢筋锚固长度，抗震设计时用 l_{aE} 表示，非抗震设计用 l_a 表示；d—受拉钢筋直径

24 剪力墙变截面处竖向钢筋构造做法有哪些?

11G101-1 图集第 70 页给出了剪力墙变截面处竖向钢筋构造，如图 3-26 所示。

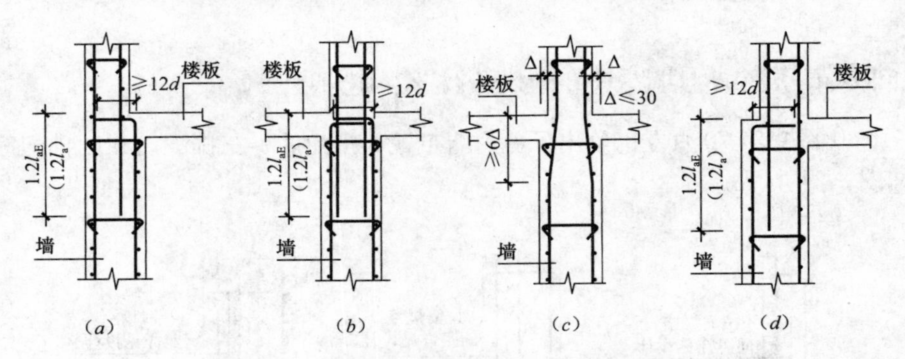

图 3-26 剪力墙变截面处竖向分布钢筋构造

$l_{aE}(l_a)$—受拉钢筋锚固长度，抗震设计时用 l_{aE} 表示，非抗震设计用 l_a 表示；

d—受拉钢筋直径；Δ—上下柱同向侧面错开的宽度

(1) 边墙的竖向钢筋变截面构造

图 3-26 (*a*)、(*d*) 为边墙的竖向钢筋变截面构造。边墙外侧的竖向钢筋垂直地通到上一楼层，这符合“能通则通”的原则。边墙内侧的竖向钢筋伸到楼板顶部以下然后弯折不小于 $12d$，上一层的墙柱和墙身竖向钢筋插入当前楼层 $1.2l_{aE}(1.2l_a)$。

(2) 中墙的竖向钢筋变截面构造

图 3-26 (*b*)、(*c*) 是中墙的竖向钢筋变截面构造，这两幅图的钢筋构造做法分别为：图 3-26 (b) 的构造做法为当前楼层墙身竖向钢筋伸到楼板顶部以下然后弯折到对边切断，上一层墙身竖向钢筋插入当前楼层 $1.2l_{aE}(1.2l_a)$；图 3-26 (*c*) 的做法是当前楼层墙身竖向钢筋不切断，而是以 1/6 钢筋斜率的方式弯曲伸到上一楼层。

(3) 上下楼层竖向钢筋规格发生变化时的处理

上下楼层的竖向钢筋规格发生变化，此时的构造做法可以选用图 3-26 (*b*) 的做法：当前楼层墙身竖向钢筋伸到楼板顶部以下然后弯折不小于 $12d$，上一层墙身竖向钢筋插入当前楼层 $1.2l_{aE}(1.2l_a)$。

25 剪力墙竖向分布筋的连接方式有哪些?

11G101-1 图集第 70 页，剪力墙竖向分布钢筋通常采用搭接、机械连接、焊接连接三种连接方式，如图 3-27 所示。

(1) 搭接构造：

1) 一、二级抗震剪力墙底部加强部位竖向分布钢筋搭接构造：

剪力墙身竖向分布筋的搭接长度不小于 $1.2l_{aE}$ (不小于 $1.2l_a$)，相邻竖向分布筋错开 500mm 进行搭接。

2) 一、二级抗震剪力墙非底部加强部位，或三、四级抗震等级，或非抗震剪力墙竖

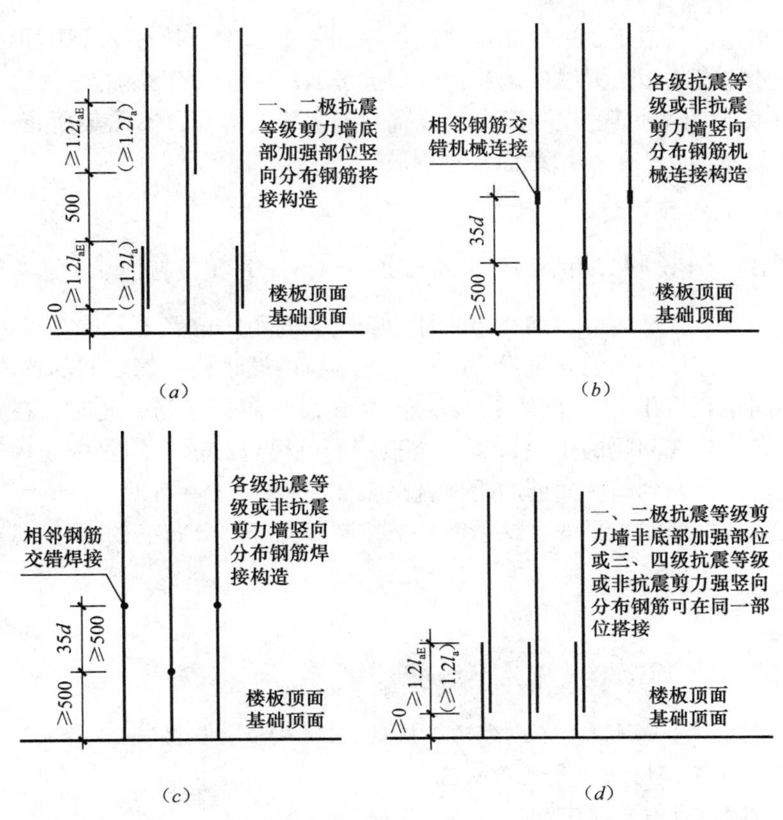

图 3-27　剪力墙身竖向分布钢筋连接构造

(*a*) 绑扎连接一；(*b*) 机械连接；(*c*) 焊接连接；(*d*) 绑扎连接二

l_{aE}(l_a)—受拉钢筋锚固长度，抗震设计时用 l_{aE}表示，非抗震设计用 l_a 表示；d—受拉钢筋直径

向分布钢筋搭接构造：

剪力墙身竖向分布筋的搭接长度不小于 $1.2l_{aE}$（不小于 $1.2l_a$），可在同一部位进行搭接。

(2) 机械连接构造：

剪力墙身竖向分布筋可在楼板顶面或基础顶面不小于 500mm 处进行机械连接，相邻竖向分布筋的连接点错开 35d 的距离。

剪力墙边缘构件纵向钢筋机械连接构造要求与剪力墙身竖向分布筋相同。

(3) 焊接构造：

剪力墙身竖向分布筋的焊接构造要求与机械连接类似，只是相邻竖向分布筋的连接点错开距离的要求除了 35d 以外，还要求不小于 500mm。

26　11G101-1 图集第 70 页中，关于“小墙肢的处理”有何规定?

11G101-1 图集第 70 页的注 1 指出：端柱、小墙肢的竖向钢筋与箍筋构造与框架柱相同。其中抗震竖向钢筋与箍筋构造详见 11G101-1 图集第 57～62 页，内容包括：抗震 KZ

纵向钢筋连接构造、抗震 KZ 边柱和角柱柱顶纵向钢筋构造、抗震 KZ 中柱柱顶纵向钢筋构造、抗震 KZ 柱变截面位置纵向钢筋构造和抗震 KZ 箍筋加密区范围。

11G101-1 图集第 70 页的注 2 对小墙肢有一个明确的解释：本图集所指小墙肢为截面高度不大于截面厚度 4 倍的矩形截面独立墙肢。

27 剪力墙第一根竖向分布筋在什么位置上开始布置?

剪力墙墙身第一根竖向分布筋在距暗柱角筋 1/2 间距的位置上开始布置。竖向分布筋布置的原理如下：假设墙肢的两端设有暗柱，把墙身两端暗柱角筋之间的这段距离，除以竖向分布筋的间距，得出 m 个间隔数，就布置 m 根竖向分布筋。此时，在每个间隔中，把这根竖向分布筋放在间隔的中央位置，这根钢筋就可以在这个间隔中发挥其正常作用，于是第一根竖向分布筋到暗柱角筋的距离就是 1/2 间距。

目前，工地现场使用水平的“梯子筋”来控制墙身竖向分布筋的绑扎，这是一个很好的办法。

28 约束边缘构件 YBZ 构造做法有哪些?

11G101-1 图集第 71 页给出了约束边缘构件 YBZ 构造，如图 3-28 所示。

其中，图 3-28 中字母所代表的含义如下：

b_w——剪力墙垂直方向厚度；

l_c——剪力墙约束边缘构件沿墙肢长度；

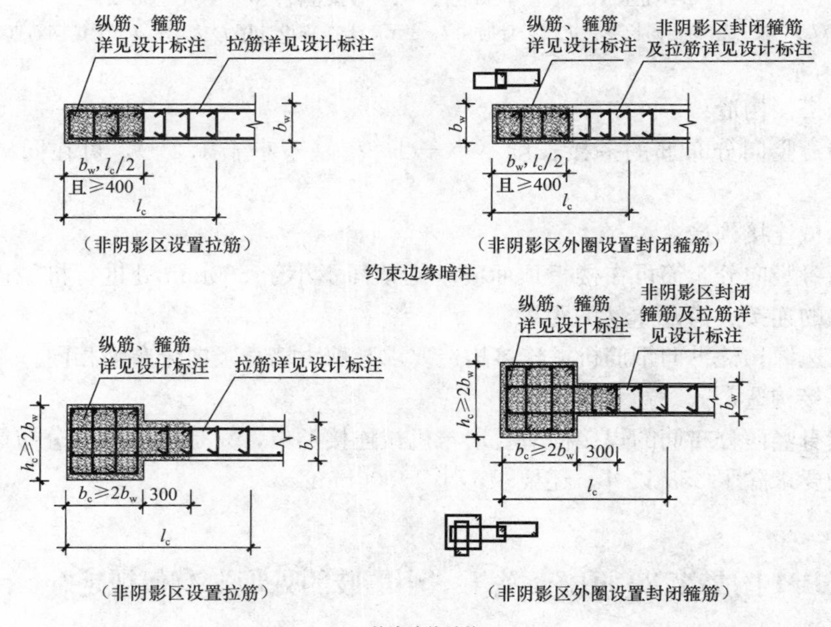

图 3-28 约束边缘构件 YBZ 构造（一）

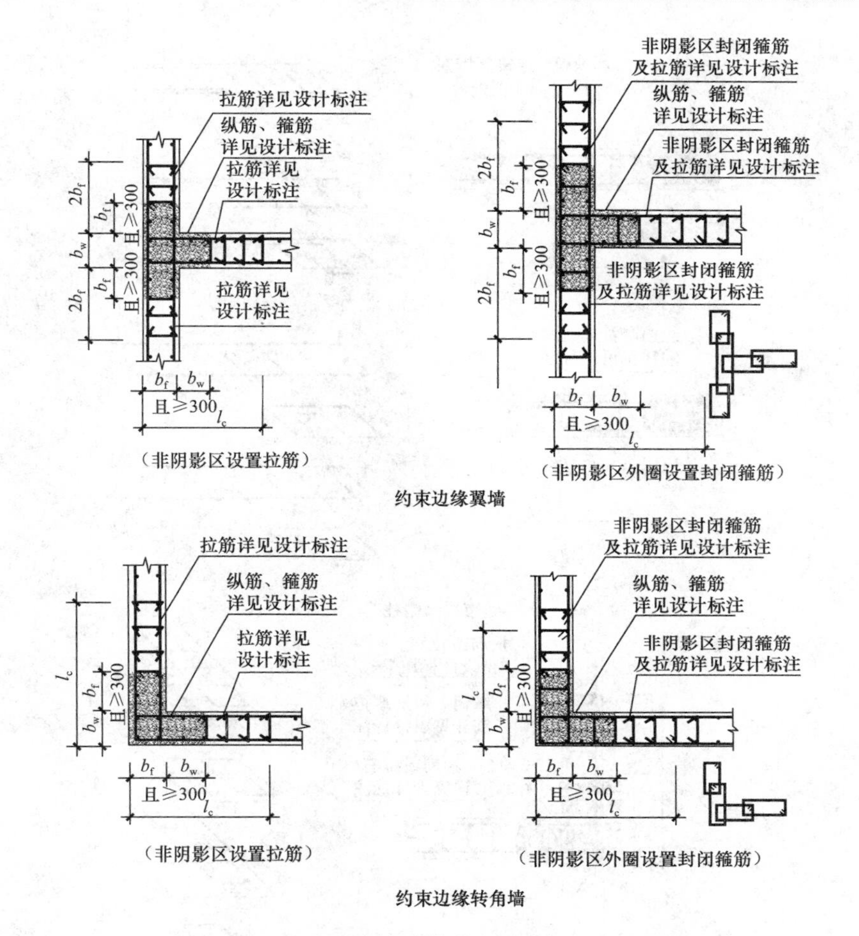

图 3-28 约束边缘构件 YBZ 构造（二）

h_c——柱截面长边尺寸（圆柱为直径）；

b_c——剪力墙约束边缘端柱垂直方向长度；

b_f——剪力墙水平方向厚度。

还需注意以下两点内容：

（1）图上所示的拉筋、箍筋由设计人员标注。

（2）几何尺寸 l_c 见具体工程设计。

29 剪力墙水平钢筋计入约束边缘构件体积配筋率的构造做法有哪些？

11G101-1 图集第 72 页给出了剪力墙水平钢筋计入约束边缘构件体积配筋率的构造做法，如图 3-29 所示。

其中，图 3-29 中字母所代表的含义如下：

b_w——剪力墙垂直方向厚度；

l_c——剪力墙约束边缘构件沿墙肢长度；

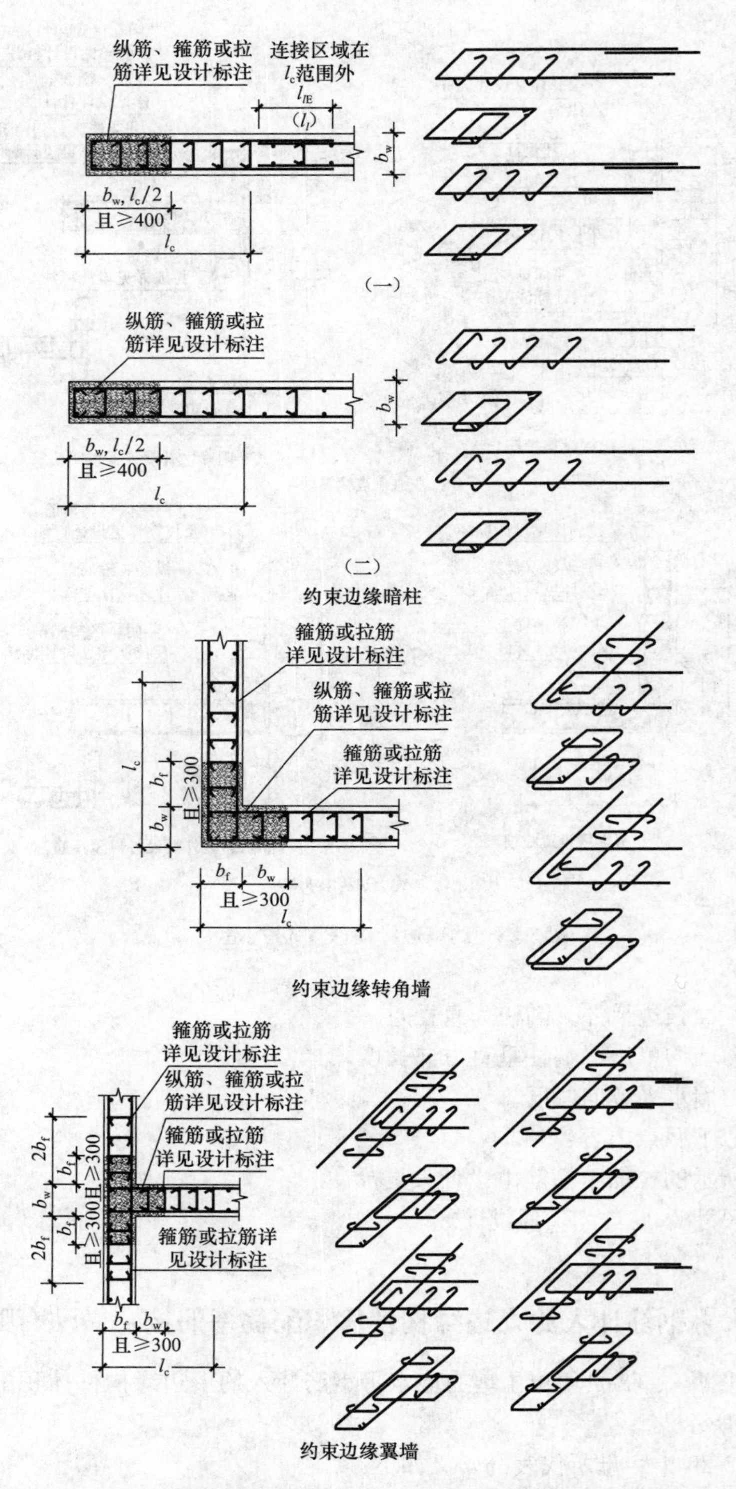

图 3-29　剪力墙水平钢筋计入约束边缘构件体积配筋率的构造做法

注：墙水平钢筋搭接要求同约束边缘暗柱（一）

$l_{lE}(l_l)$——受拉钢筋绑扎搭接长度，抗震设计时锚固长度用 l_{lE} 表示，非抗震设计用 l_l 表示；

b_f——剪力墙水平方向厚度。

此外，还需注意以下内容：

（1）计入的墙水平分布钢筋的体积配箍率不应大于总体积配箍率的30%。

（2）约束边缘端柱水平分布钢筋的构造做法参照约束边缘暗柱。

（3）约束边缘构件非阴影区部位构造做法详见11G101-1图集第71页。

（4）图3-29构造做法应由设计者指定后使用。

30 构造边缘构件GBZ、扶壁柱FBZ、非边缘暗柱AZ构造做法有哪些？

11G101-1图集第73页给出了构造边缘构件GBZ、扶壁柱FBZ、非边缘暗柱AZ构造，如图3-30所示。

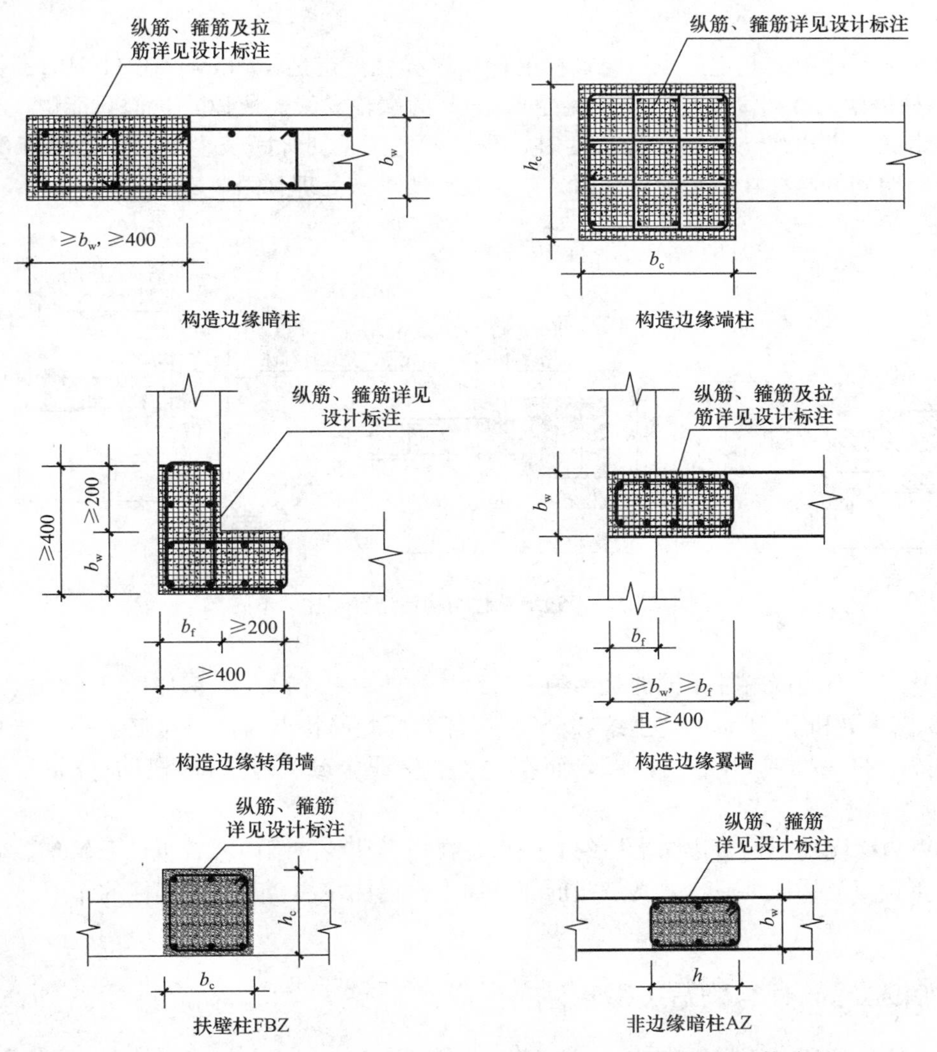

图3-30 构造边缘构件GBZ、扶壁柱FBZ、非边缘暗柱AZ构造

其中，图 3-30 中字母所代表的含义如下：

b_w——剪力墙垂直方向厚度；

b_c——柱截面短边尺寸；

h_c——柱截面长边尺寸（圆柱为直径）；

b_f——剪力墙水平方向厚度；

h——暗柱截面长边尺寸。

31 约束边缘端柱与构造边缘端柱有何异同？

约束边缘端柱与构造边缘端柱的不同点：

（1）约束边缘端柱的“λ_v 区域”，也就是阴影部分（即配箍区域），不但包括矩形柱的部分，而且伸出一段翼缘，从 11G101-1 图集第 13 页和第 71 页都可以看到，这段伸出翼缘的净长度为 300mm。

但是，不能由此断定约束边缘端柱的伸出翼缘就一定是 300mm，在 11G101-1 图集第 22 页墙柱表中的 YBZ2 有伸出净长度为 600mm 的端柱翼缘。所以，我们只能说，当设计上没有定义约束边缘端柱的翼缘长度时，我们就把端柱翼缘净长度定义为 300mm；而当设计上有明确的端柱翼缘长度标注时，就按设计要求来处理（图 3-31）。

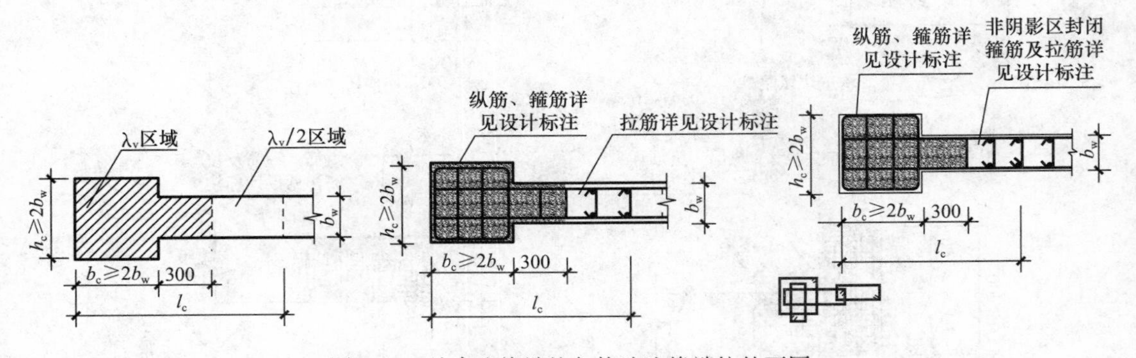

图 3-31 约束边缘端柱与构造边缘端柱的不同

（2）与构造边缘端柱不同的是，约束边缘端柱还有一个“$\lambda_v/2$ 区域”，即 11G101-1 图集第 13、14 页和第 71 页的“虚线部分”。这部分的配筋特点为加密拉筋：普通墙身的拉筋是“隔一拉一”或“隔二拉一”，而在这个“虚线区域”内是每个竖向分布筋都设置拉筋。

约束边缘端柱与构造边缘端柱的共同点是在矩形柱的范围内布置纵筋和箍筋。其纵筋和箍筋布置与框架柱类似，尤其是在框剪结构中，端柱往往会兼当框架柱的作用。

32 约束边缘暗柱与构造边缘暗柱有何异同？

约束边缘暗柱与构造边缘暗柱的不同点：约束边缘暗柱除了阴影部分（即配箍区域）

以外，在阴影部分与墙身之间还存在一个“非阴影区”，这个“非阴影区”有两种配筋方式。

（1）非阴影区设置拉筋：

此时，非阴影区的配筋特点为加密拉筋：普通墙身的拉筋是“隔一拉一”或“隔二拉一”，而在这个非阴影区是每个竖向分布筋都设置拉筋，如图 3-32 所示。

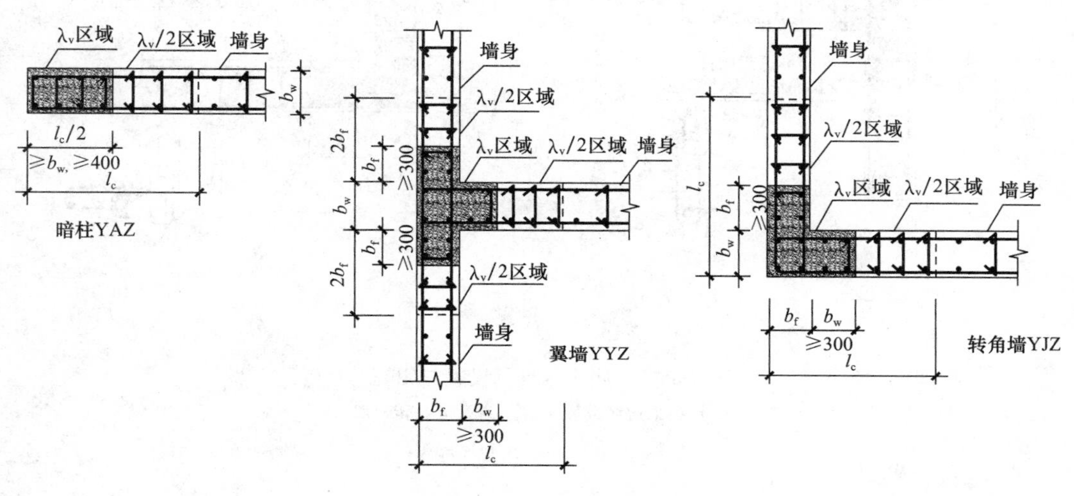

图 3-32 非阴影区设置拉筋

其体积配筋率应按下式计算：

$$\rho_v = \lambda_v f_c / f_{yv}$$

配箍特征值 $\lambda_v/2$ 的区域，可计入拉筋。并且，$\lambda_v/2$ 区域不但拉筋间距加密，还可能竖向分布筋也加密，即该区域的竖向分布筋与相邻墙身的竖向分布筋具有不同的间距

在实际工程中，在这个非阴影区还可能出现墙身垂直分布筋加密的情况，这样，不仅拉筋的根数会增加，而且垂直分布筋的根数也相应增加。

（2）非阴影区外围设置封闭箍筋：

11G101-1 图集第 71 页还给出了一个“非阴影区外围设置封闭箍筋”的构造，并且还按照约束边缘暗柱、约束边缘端柱、约束边缘翼墙、约束边缘转角墙分别画出“非阴影区外围设置封闭箍筋”时，非阴影区设置的封闭箍筋和阴影区箍筋的相互关系示意图，如图 3-33 所示。

图中的要点：当非阴影区设置外围封闭箍筋时，该封闭箍筋伸入到阴影区内一倍纵向钢筋间距，并箍住该纵向钢筋。封闭箍筋内设置拉筋，拉筋应同时钩住竖向钢筋和外封闭箍筋。

非阴影区外围是否设置封闭箍筋或满足条件时由剪力墙水平分布筋替代，具体方案由设计确定。

约束边缘暗柱与构造边缘暗柱的共同点是在暗柱的端部或者角部都有一个阴影部分（即配箍区域）。在 11G101-1 图集第 71 页图中的引注标明“纵筋、箍筋及拉筋详设计标注”。

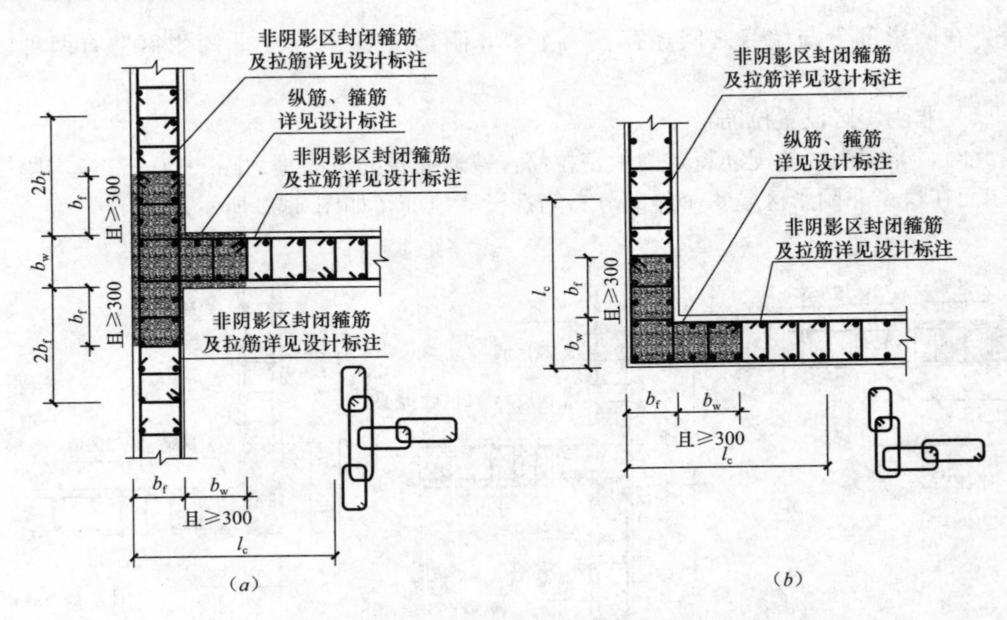

图 3-33 非阴影区外围设置封闭箍筋

(*a*) 约束边缘翼墙；(*b*) 约束边缘转角墙

33 约束边缘构件的适用范围有哪些?

约束边缘构件适用于较高抗震等级剪力墙的较重要部位，其纵筋、箍筋配筋率和形状有较高要求。设置约束边缘构件和构造边缘构件的范围可依据《混凝土结构设计规范》(GB 50010—2010) 第 11.7.17 条～第 11.7.19 条：

11.7.17 剪力墙两端及洞口两侧应设置边缘构件，并宜符合下列要求：

(1) 一、二、三级抗震等级剪力墙，在重力荷载代表值作用下，当墙肢底截面轴压比大于表 3-3 规定时，其底部加强部位及其以上一层墙肢应按《混凝土结构设计规范》(GB 50010—2010) 第 11.7.18 条的规定设置约束边缘构件；当墙肢轴压比不大于表 3-3 规定时，可按《混凝土结构设计规范》(GB 50010—2010) 第 11.7.19 条的规定设置构造边缘构件。

剪力墙设置构造边缘构件的最大轴压比　　表 3-3

抗震等级（设防烈度）	一级（9 度）	一级（7、8 度）	二级、三级
轴压比	0.1	0.2	0.3

(2) 部分框支剪力墙结构中，一、二、三级抗震等级落地剪力墙的底部加强部位及以上一层的墙肢两端，宜设置翼墙或端柱，并应按《混凝土结构设计规范》(GB 50010—2010) 第 11.7.18 条的规定设置约束边缘构件；不落地的剪力墙，应在底部加强部位及以上一层剪力墙的墙肢两端设置约束边缘构件。

(3) 一、二、三级抗震等级的剪力墙的一般部位剪力墙以及四级抗震等级剪力墙，应按《混凝土结构设计规范》(GB 50010—2010) 第 11.7.19 条设置构造边缘构件。

（4）对框架—核心筒结构，一、二、三级抗震等级的核心筒角部墙体的边缘构件尚应按下列要求加强：底部加强部位墙肢约束边缘构件的长度宜取墙肢截面高度的1/4，且约束边缘构件范围内宜全部采用箍筋；底部加强部位以上宜按图3-34的要求设置约束边缘构件。

11.7.18 剪力墙端部设置的约束边缘构件（暗柱、端柱、翼墙和转角墙）应符合下列要求（图3-34）：

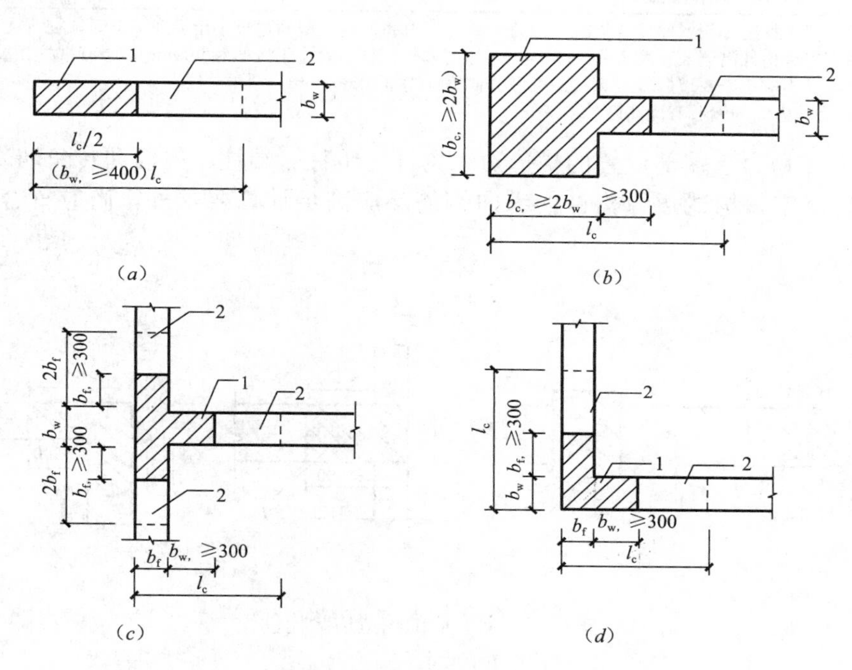

图3-34 剪力墙的约束边缘构件

注：图中尺寸单位为mm。

（*a*）暗柱；（*b*）端柱；（*c*）翼墙；（*d*）转角墙

1—配箍特征值为λ_v的区域；2—配箍特征值为$\lambda_v/2$的区域

（1）约束边缘构件沿墙肢的长度l_c及配箍特征值λ_v宜满足表3-4的要求，箍筋的配置范围及相应的配箍特征值λ_v和$\lambda_v/2$的区域如图3-34所示，其体积配筋率ρ_v应符合下列要求：

$$\rho_v \geqslant \lambda_v \frac{f_c}{f_{yv}} \tag{3-1}$$

式中 λ_v——配箍特征值，计算时可计入拉筋。

计算体积配箍率时，可适当计入满足构造要求且在墙端有可靠锚固的水平分布钢筋的截面面积。

（2）一、二、三级抗震等级剪力墙约束边缘构件的纵向钢筋的截面面积，对图3-34所示暗柱、端柱、翼墙与转角墙分别不应小于图中阴影部分面积的1.2%、1.0%和1.0%。

（3）约束边缘构件的箍筋或拉筋沿竖向的间距，对一级抗震等级不宜大于100mm，对二、三级抗震等级不宜大于150mm。

约束边缘构件沿墙肢的长度 l_c 及其配箍特征值 λ_v 表 3-4

抗震等级（设防烈度）		一级（9度）		一级（7、8度）		二级、三级	
轴压比		≤0.2	>0.2	≤0.3	>0.3	≤0.4	>0.4
λ_v		0.12	0.20	0.12	0.20	0.12	0.20
l_c/mm	暗柱	$0.20h_w$	$0.25h_w$	$0.15h_w$	$0.20h_w$	$0.15h_w$	$0.20h_w$
	端柱、翼墙或转角墙	$0.15h_w$	$0.20h_w$	$0.10h_w$	$0.15h_w$	$0.10h_w$	$0.15h_w$

注：1. 两侧翼墙长度小于其厚度3倍时，视为无翼墙剪力墙；端柱截面边长小于墙厚2倍时，视为无端柱剪力墙。
2. 约束边缘构件沿墙肢长度 l_c 除满足表3-4的要求外，且不宜小于墙厚和400mm；当有端柱、翼墙或转角墙时，尚不应小于翼墙厚度或端柱沿墙肢方向截面高度加300mm。
3. h_w 为剪力墙的墙肢截面高度。

11.7.19 剪力墙端部设置的构造边缘构件（暗柱、端柱、翼墙和转角墙）的范围，应按图3-35确定，构造边缘构件的纵向钢筋除应满足计算要求外，尚应符合表3-5的要求。

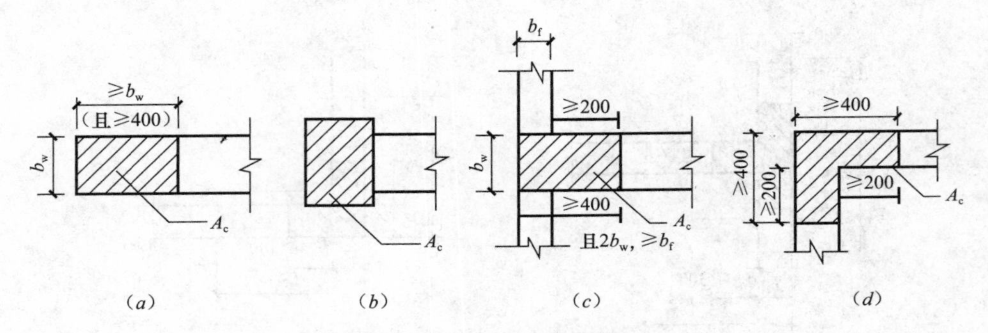

图3-35 剪力墙的构造边缘构件

注：图中尺寸单位为mm。

（a）暗柱；（b）端柱；（c）翼柱；（d）转角墙

构造边缘构件的构造配筋要求 表3-5

抗震等级	底部加强部位			其他部位		
	纵向钢筋最小配筋量（取较大值）	箍筋、拉筋		纵向钢筋最小配筋量（取较大值）	箍筋、拉筋	
		最小直径/mm	最大间距/mm		最小直径/mm	最大间距/mm
一	$0.01A_c$，6ϕ16	8	100	$0.008A_c$，6ϕ14	8	150
二	$0.008A_c$，6ϕ14	8	150	$0.006A_c$，6ϕ12	8	200
三	$0.006A_c$，6ϕ12	6	150	$0.005A_c$，4ϕ12	6	200
四	$0.005A_c$，4ϕ12	6	200	$0.004A_c$，4ϕ12	6	250

注：1. A_c 为图3-35中所示的阴影面积。
2. 对其他部位，拉筋的水平间距不应大于纵向钢筋间距的2倍，转角处宜设置箍筋。
3. 当端柱承受集中荷载时，应满足框架柱的配筋要求。

34 剪力墙暗梁AL钢筋如何构造？

剪力墙暗梁的钢筋种类包括：纵向钢筋、箍筋、拉筋、暗梁侧面的水平分布筋。

11G101-1 图集关于剪力墙暗梁（AL）钢筋构造只有在 11G101-1 图集第 74 页的一个断面图，所以，我们也可以认为暗梁的纵筋是沿墙肢方向贯通布置，而暗梁的箍筋也是沿墙肢方向全长布置，而且是均匀布置，不存在箍筋加密区和非加密区。

剪力墙暗梁配筋构造，如图 3-36 所示。

（1）暗梁是剪力墙的一部分，对剪力墙有阻止开裂的作用，是剪力墙的一道水平线性加强带。暗梁一般设置在剪力墙靠近楼板底部的位置，就像砖混结构的圈梁那样。

（2）墙身水平分布筋按其间距在暗梁箍筋的外侧布置。从图 3-36 可以看出，在暗梁上部纵筋和下部纵筋的位置上不需要布置水平分布筋。但是，整个墙身的水平分布筋按其间距布置到暗梁下部纵筋时，可能不正好是一个水平分布筋间距，此时的墙身水平分布筋是否还按其间距继续向上布置，可依从施工人员安排。

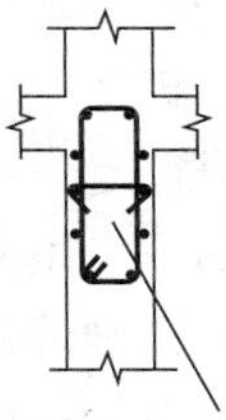

剪力墙的竖向钢筋连续穿越暗梁

图 3-36　剪力墙暗梁配筋构造

（3）剪力墙的暗梁不是剪力墙身的支座，暗梁本身是剪力墙的加强带。所以，当每个楼层的剪力墙顶部设置有暗梁时，剪力墙竖向钢筋不能锚入暗梁：若当前层是中间楼层，则剪力墙竖向钢筋穿越暗梁直伸入上一层；若当前层是顶层，则剪力墙竖向钢筋应该穿越暗梁锚入现浇板内。

（4）暗梁的拉筋，拉筋的直径和间距同剪力墙连梁。

（5）暗梁的纵筋，暗梁纵筋是布置在剪力墙身上的水平钢筋，因此，可以参考 11G101-1 图集第 68、69 页剪力墙身水平钢筋构造。

35　剪力墙暗梁 AL 箍筋如何计算?

（1）首先来看暗梁箍筋宽度的计算方法，暗梁箍筋宽度的计算不能和框架梁箍筋宽度计算那样用梁宽度减 2 倍保护层厚度来得到，其主要区别在于框架梁的保护层是针对梁纵筋，而暗梁的保护层（和墙身一样）是针对水平分布筋的。

由于暗梁的宽度也就是墙的厚度，所以，暗梁的宽度计算以墙厚作为基数。当墙厚减去两侧的保护层厚度，就到了水平分布筋的外侧；再减去两个水平分布筋直径，才到了暗梁箍筋的外侧；再减去两个暗梁箍筋直径，这才到达暗梁箍筋的内侧——此时就得到暗梁箍筋的宽度尺寸。所以暗梁箍筋宽度 b 的计算公式就是：

箍筋宽度 b＝墙厚－2×保护层厚度－2×水平分布筋直径－2×箍筋直径

（2）关于暗梁箍筋的高度计算，存在一些争议。由于暗梁的上方和下方都是混凝土墙身，所以不存在面临一个保护层的问题。因此，在暗梁箍筋高度计算中，是采用暗梁的标注高度尺寸直接作为暗梁箍筋的高度，还是需要把暗梁的标注高度减去保护层厚度？根据一般习惯，人们往往采用下面的计算公式：

箍筋高度 h＝暗梁标注高度－2×保护层厚度

（3）关于暗梁箍筋根数的计算：暗梁箍筋的分布规律，不但影响箍筋个数的计算，而且直接影响钢筋施工绑扎的过程。做法为：距暗柱主筋中心为暗梁箍筋间距 1/2 的地方布置暗梁的第一根箍筋。

36　剪力墙水平分布筋从暗柱纵筋的外侧伸入暗柱，正确吗？

框架柱与框架梁的“柱包梁”关系缘于框架柱是框架梁的支座。而不论暗柱纵筋与暗梁纵筋是“柱包梁”还是“梁包柱”，暗柱都不是暗梁的支座，因为暗柱和暗梁都是剪力墙的一个组成部分。

正确的做法是：剪力墙水平分布筋从暗柱纵筋的外侧伸入暗柱。

但是，剪力墙的暗梁纵筋是不是从暗柱纵筋的外侧伸入暗柱，需要一步一步地进行分析：

暗柱钢筋构造中，水平分布筋和暗柱箍筋共同处在第一个层次（即在剪力墙的最外边），而暗柱的纵筋处在第二个层次——在剪力墙身中，垂直分布筋也是处在第二个层次。

现在，在暗梁中，水平分布筋处在第一个层次，暗梁箍筋和垂直分布筋共同处在第二个层次，而暗梁纵筋则处在第三个层次。

综合以上分析，我们得知：在剪力墙中，暗柱的纵筋处在第二个层次，而暗梁纵筋处在第三个层次——这就是说，暗梁纵筋在暗柱纵筋之内伸入暗柱。

37　剪力墙各种钢筋有哪些层次关系？

理清剪力墙各种钢筋的层次关系，对于我们今后分析剪力墙各部分的构造大有益处。

第一层次的钢筋：水平分布筋、暗柱箍筋；

第二层次的钢筋：垂直分布筋、暗柱纵筋、暗梁箍筋、连梁箍筋；

第三层次的钢筋：暗梁纵筋、连梁纵筋。

38　剪力墙边框梁 BKL 配筋如何构造？

剪力墙边框梁的钢筋种类包括：纵向钢筋、箍筋、拉筋、边框梁侧面的水平分布筋。

11G101-1 图集关于剪力墙边框梁（BKL）钢筋构造只有在 11G101-1 图集第 74 页的一个断面图，所以，我们可以认为边框梁的纵筋是沿墙肢方向贯通布置，而边框梁的箍筋也是沿墙肢方向全长布置，而且是均匀布置，不存在箍筋加密区和非加密区。

剪力墙边框梁配筋构造，如图 3-37 所示。

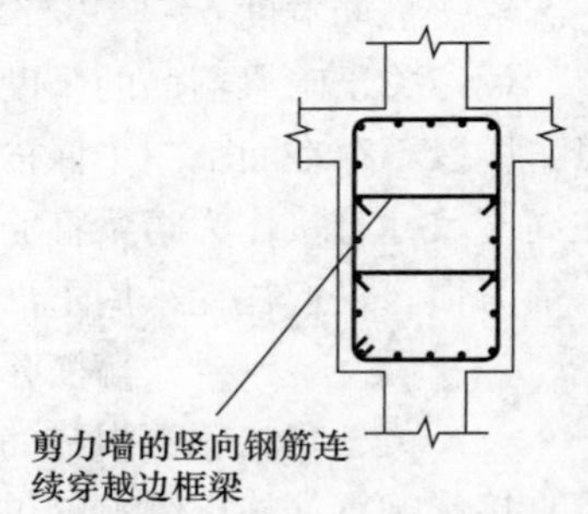

图 3-37　剪力墙边框梁配筋构造

（1）墙身水平分布筋按其间距在边框梁箍筋的内侧通过。因此，边框梁侧面纵筋的拉筋是同时钩住边框梁的箍筋和水平分布筋。

（2）墙身垂直分布筋穿越边框梁。剪力墙的边框梁不是剪力墙的支座，边框梁本身也是剪力墙的加强带。所以，当剪力墙顶部设置有边框梁时，剪力墙竖向钢筋不能锚入边框梁：若当前层是中间楼层，则剪力墙竖向钢筋穿越边框梁直伸入上一层；若当前层是顶层，则剪力墙竖向钢筋应该穿越边框梁锚入现浇板内。

（3）边框梁的拉筋，拉筋的直径和间距同剪力墙连梁。

（4）边框梁的纵筋

1）边框梁一般都与端柱发生联系，而端柱的竖向钢筋和箍筋构造与框架柱相同，所以，边框梁纵筋与端柱纵筋之间的关系也可以参考框架梁纵筋与框架柱纵筋的关系，即边框梁纵筋在端柱纵筋之内伸入端柱。

2）边框梁纵筋伸入端柱的长度不同于框架梁纵筋在框架柱的锚固构造，因为端柱不是边框梁的支座，它们都是剪力墙的组成部分。因此，边框梁纵筋在端柱的锚固构造可以参考11G101-1图集第68、69页剪力墙身水平钢筋构造。

39　剪力墙连梁LL配筋如何构造?

剪力墙连梁的钢筋种类包括：纵向钢筋、箍筋、拉筋、墙身水平钢筋。

剪力墙连梁配筋构造，如图3-38所示。

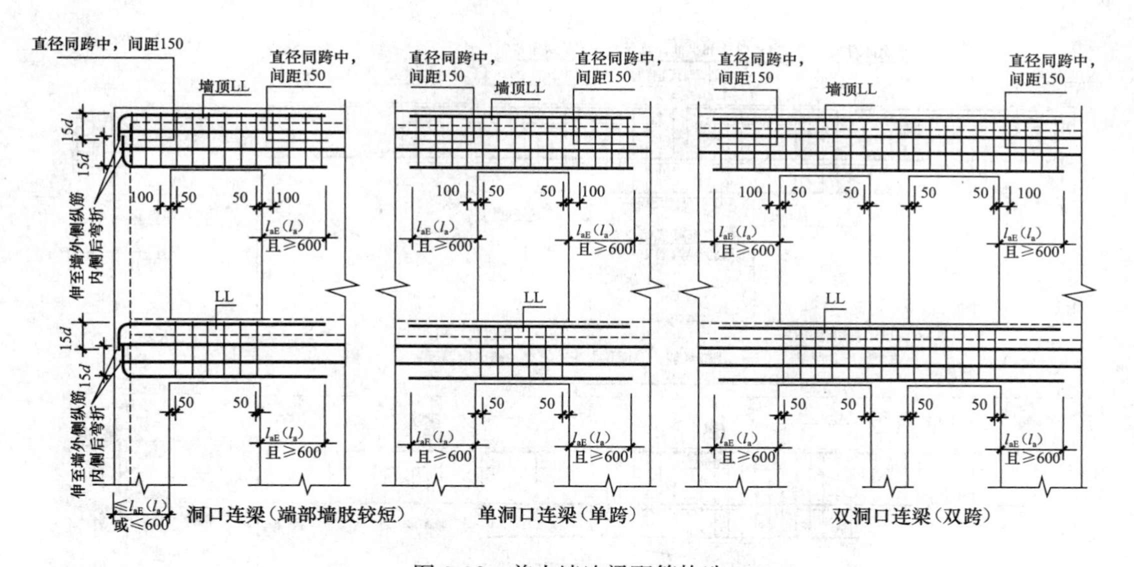

图3-38　剪力墙连梁配筋构造

注：1. 括号内为非抗震设计时连梁纵筋锚固长度。

2. 当端部洞口连梁的纵向钢筋在端支座的直锚长度不小于 l_{aE}（l_a）且不小于600mm时，可不必往上（下）弯折。

3. 洞口范围内的连梁箍筋详见具体工程设计。

4. 连梁设有交叉斜筋、对角暗撑及集中对角斜筋的做法。

（1）连梁的纵筋。相对于整个剪力墙（含墙柱、墙身、墙梁）而言，基础是其支座；但是相对于连梁而言，其支座就是墙柱和墙身。所以，连梁的钢筋设置（包括连梁纵筋和箍筋的设置），具备“有支座”构件的某些特点，与“梁构件”有些类似。

连梁以暗柱或端柱为支座，连梁主筋锚固起点应当从暗柱或端柱的边缘算起。

（2）剪力墙水平分布筋与连梁的关系。连梁是一种特殊的墙身，它是上下楼层窗洞口之间的那部分水平的窗间墙。所以，剪力墙身水平分布筋从暗梁的外侧通过连梁，如图 3-39 所示。

（3）连梁的拉筋。拉筋的直径和间距：当梁宽不大于 350mm 时为 6mm，梁宽大于 350mm 时为 8mm，拉筋间距为 2 倍箍筋间距，竖向沿侧面水平筋“隔一拉一”。

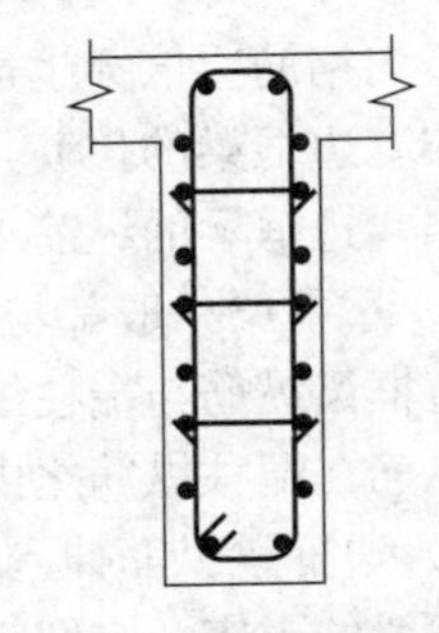

图 3-39　剪力墙连梁侧面纵筋和拉筋构造

40　剪力墙 BKL 或 AL 与 LL 重叠时配筋如何构造?

11G101-1 图集第 75 页给出了剪力墙边框梁或暗梁与连梁重叠时配筋构造，如图 3-40 所示。

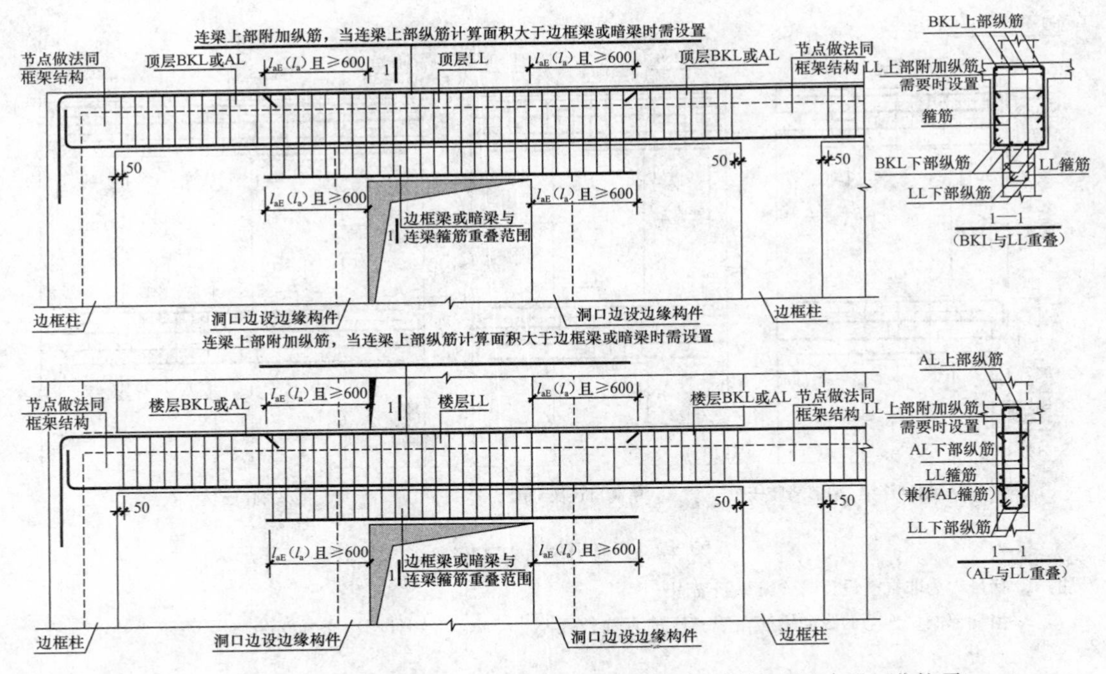

图 3-40　剪力墙边框梁或暗梁与连梁重叠时配筋构造（括号内尺寸用于非抗震）

从“1—1”断面图可以看出，重叠部分的梁上部纵筋：

第一排上部纵筋为 BKL 或 AL 的上部纵筋。

第二排上部纵筋为“连梁上部附加纵筋，当连梁上部纵筋计算面积大于边框梁或暗梁时需设置”。

连梁上部附加纵筋、连梁下部纵筋的直锚长度为“$l_{aE}(l_a)$ 且≥600”。

以上是 BKL 或 AL 的纵筋与 LL 纵筋的构造。至于它们的箍筋：

由于 LL 的截面宽度与 AL 相同（LL 的截面高度大于 AL），所以重叠部分的 LL 箍筋兼做 AL 箍筋。但是 BKL 就不同，BKL 的截面宽度大于 LL，所以 BKL 与 LL 的箍筋是各布各的，互不相干。

41 连梁交叉斜筋配筋 LL（JX）如何构造？

11G101-1 图集规定：

（1）当洞口连梁截面宽度不小于 250mm 时，可采用交叉斜筋配筋；当连梁截面宽度不小于 400mm 时，可采用集中对角斜筋配筋或对角暗撑配筋。

（2）交叉斜筋配筋连梁的对角斜筋在梁端部位应设置拉筋，具体值见设计标注。

11G101-1 图集第 76 页给出了连梁交叉斜筋配筋构造，如图 3-41 所示。

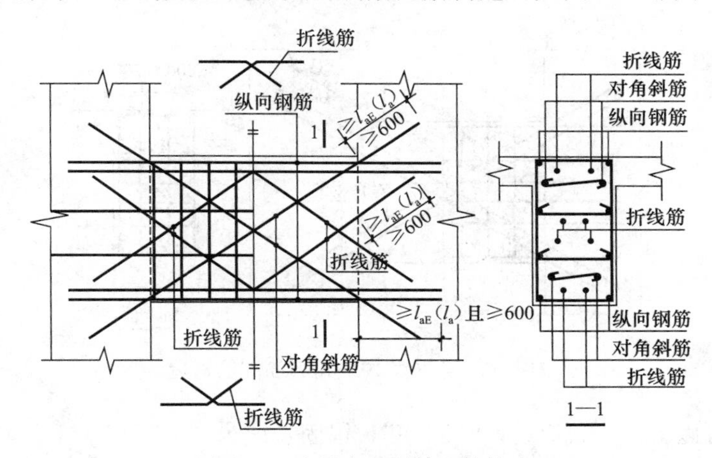

图 3-41 连梁交叉斜筋配筋构造

由图 3-41 得知，连梁交叉斜筋配筋构造是由“折线筋”和“对角斜筋”组成。锚固长度均为“l_{aE}(l_a) 且≥600”。

“对角斜筋”是一根贯穿连梁对角的斜筋，其根数和长度计算方法如下：

（1）斜向交叉钢筋的根数为 2 根。连梁斜向交叉钢筋的规格详见具体设计。

（2）斜向交叉钢筋的长度计算：（钢筋计算示意图如图 3-42 左图）

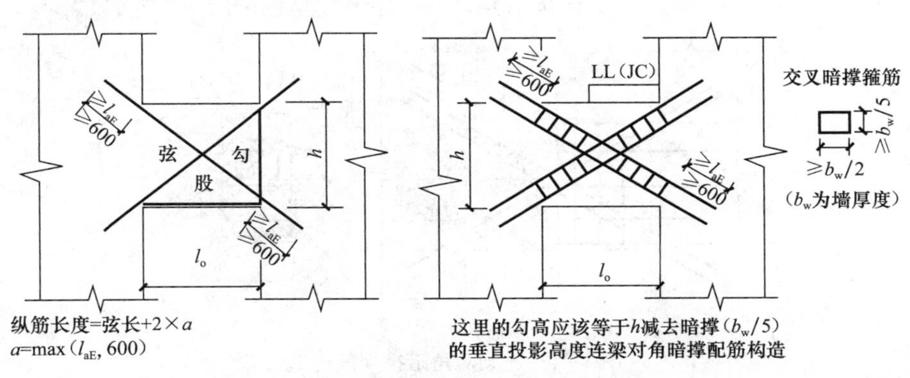

图 3-42 连梁交叉斜筋配筋计算

交叉钢筋的长度可由连梁的梁高（h）和跨度（l_0）求斜长，两端再加上 l_{aE}（l_a）得到。当为抗震时，钢筋长度的计算公式为：

$$钢筋长度 = \mathrm{sqrt}(hh + l_0 l_0) + 2\mathrm{a}[\mathrm{a} = \max(l_{aE}, 600)]$$

交叉斜筋配筋连梁的水平钢筋及箍筋形成的钢筋网之间应采用拉筋拉结，拉筋直径不宜小于 6mm，间距不宜大于 400mm。

42 连梁集中对角斜筋配筋如何构造？

11G101-1 图集规定：集中对角斜筋配筋连梁应在梁截面内沿水平方向及竖直方向设置双向拉筋，拉筋应勾住外侧纵向钢筋，间距不应大于 200mm，直径不应小于 8mm。

11G101-1 图集第 76 页给出了连梁集中对角斜筋配筋构造，如图 3-43 所示。

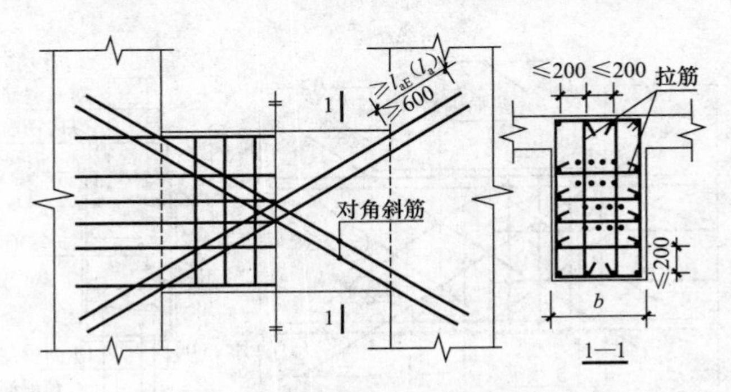

图 3-43 连梁集中对角斜筋配筋构造

由图 3-43 可以看出，仅有“对角斜筋”，锚固长度为“≥l_{aE}（l_a）且≥600”。连梁集中对角斜筋的纵筋长度可参照对角斜筋的算法进行计算。

43 连梁对角暗撑配筋如何构造？

11G101-1 图集规定：对角暗撑配筋连梁中暗撑箍筋的外缘沿梁截面宽度方向不宜小于梁宽的一半，另一方向不宜小于梁宽的 1/5；对角暗撑约束箍筋肢距不应大于 350mm。

11G101-1 图集第 76 页给出了连梁对角暗撑配筋构造，如图 3-44 所示。

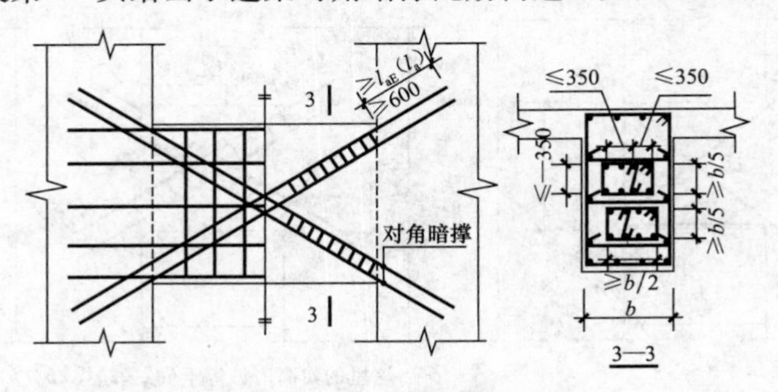

图 3-44 连梁对角暗撑配筋构造

（用于筒中筒结构时，l_{aE} 均取为 1.15l_a）

每根暗撑由纵筋、箍筋和拉筋组成。

纵筋锚固长度为“$\geq l_{aE}(l_a)$ 且$\geq$600”。对角暗撑的纵筋长度可参照对角斜筋的算法进行计算。

对角暗撑配筋连梁的水平钢筋及箍筋形成的钢筋网之间应采用拉筋拉结，拉筋直径不宜小于6mm，间距不宜大于400mm。

44 地下室外墙水平钢筋如何构造？

11G101-1图集第77页给出了地下室外墙水平钢筋构造，如图3-45所示。

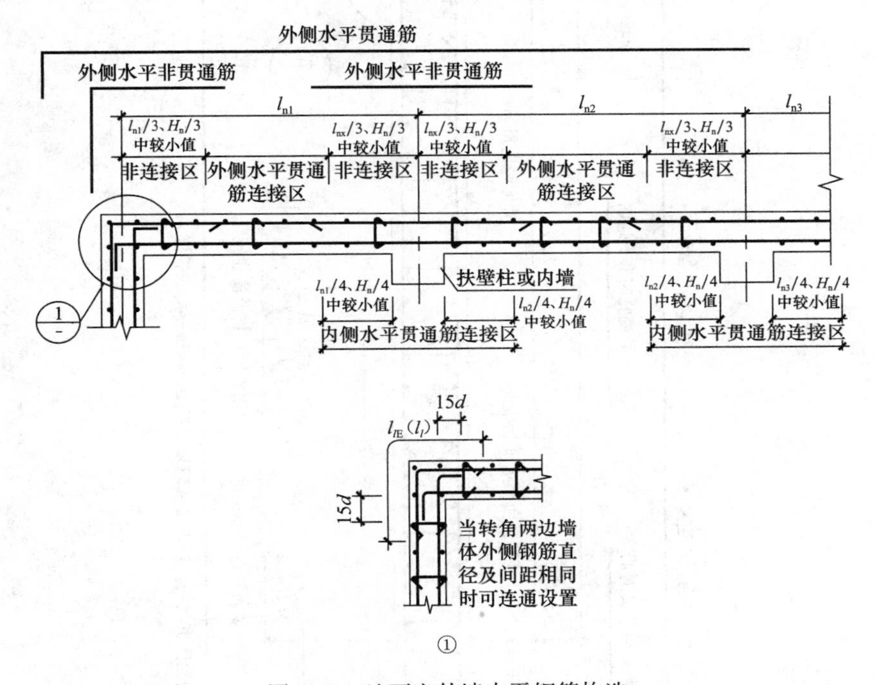

图3-45 地下室外墙水平钢筋构造

（1）地下室外墙水平钢筋分为：外侧水平贯通筋、外侧水平非贯通筋，内侧水平贯通筋。

（2）角部节点构造（节点①）：地下室外墙外侧水平筋在角部搭接，搭接长度“l_{lE}（l_l）”——“当转角两边墙体外侧钢筋直径及间距相同时可连通设置”，地下室外墙内侧水平筋伸至对边后弯15d直钩。

（3）外侧水平贯通筋非连接区：端部节点“$l_{n1}/3$，$H_n/3$中较小值”，中间节点“$l_{nx}/3$，$H_n/3$中较小值”；外侧水平贯通筋连接区为相邻“非连接区”之间的部分。（“l_{nx}为相邻水平跨的较大净跨值，H_n为本层层高”）

关于水平贯通筋的注意事项：

1）是否设置水平非贯通筋由设计人员根据计算确定，非贯通筋的直径、间距及长度由设计人员在设计图纸中标注。

2）上述“$l_{n1}/3$，$H_n/3$”、“$l_{nx}/3$，$H_n/3$”的起算点为扶壁柱或内墙的中线。扶壁柱、内墙是否作为地下室外墙的平面外支承应由设计人员根据工程具体情况确定，并在设计文件中明确。当扶壁柱、内墙不作为地下室外墙的平面外支承时，水平贯通筋的连接区域不受限制。

45 地下室外墙竖向钢筋如何构造?

11G101-1 图集第 77 页给出了地下室外墙竖向钢筋构造，如图 3-46 所示。

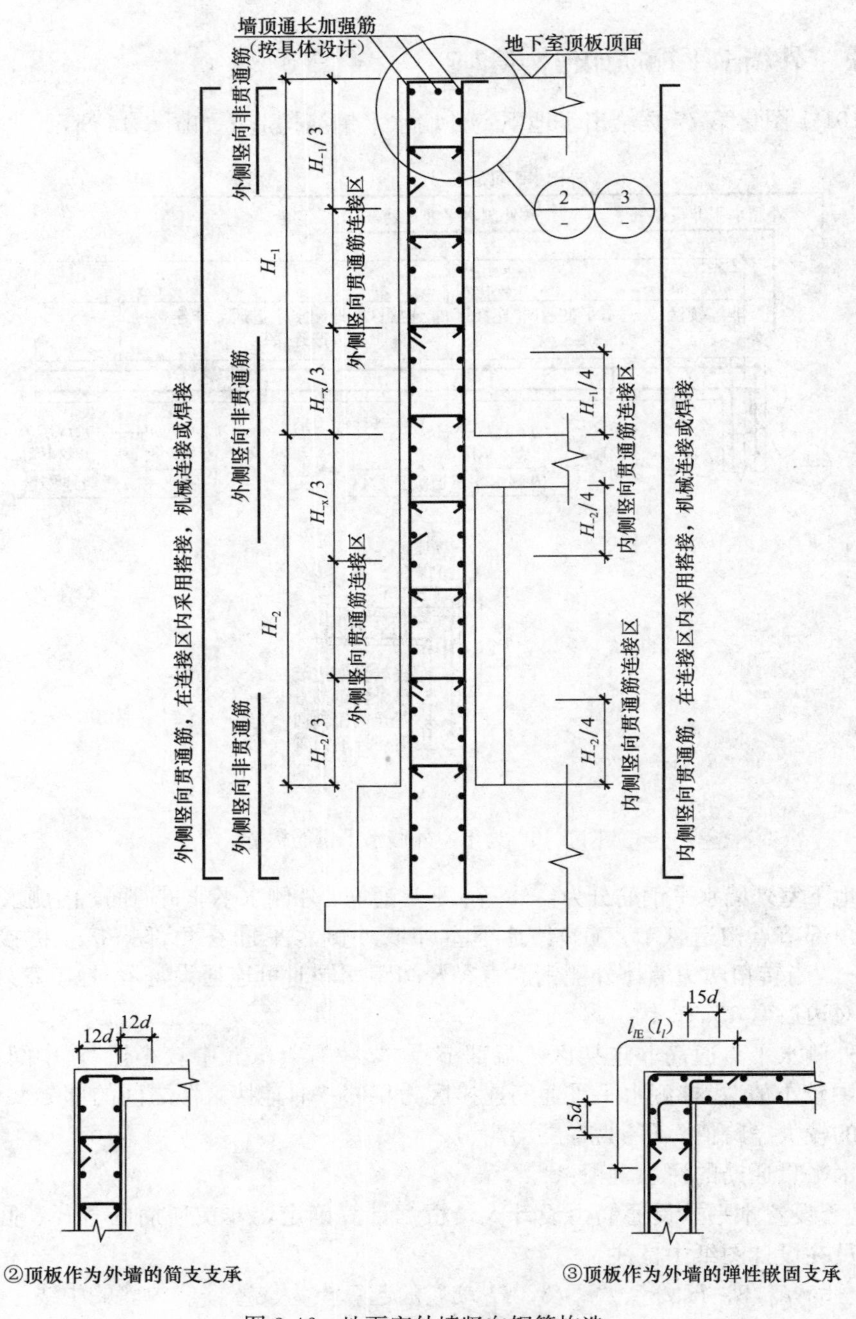

图 3-46 地下室外墙竖向钢筋构造

（1）地下室外墙竖向钢筋分为：外侧竖向贯通筋、外侧竖向非贯通筋，内侧竖向贯通筋，还有“墙顶通长加强筋”（按具体设计）。

按照 11G101-1 图集第 77 页的“地下室外墙竖向钢筋构造”，外墙外侧竖向贯通筋设置在外侧，水平贯通筋设置在竖向贯通筋之内。当具体工程的钢筋排布与本图集不同时（如将水平筋设置在外层），应按设计要求进行施工。

（2）角部节点构造：

节点②（顶板作为外墙的简支支承）：地下室外墙外侧和内侧竖向钢筋伸至顶板上部弯 12d 直钩。

节点③（顶板作为外墙的弹性嵌固支承）：地下室外墙外侧竖向钢筋与顶板上部纵筋搭接“$l_{lE}(l_l)$”，顶板下部纵筋伸至墙外侧后弯 15d 直钩，地下室外墙内侧竖向钢筋伸至顶板上部弯 15d 直钩。

外墙和顶板的连接节点做法②、③的选用由设计人员在图纸中注明。

（3）外侧竖向贯通筋非连接区：底部节点“$H_{-2}/3$”，中间节点为两个“$H_{-x}/3$”，顶部节点“$H_{-1}/3$”；外侧竖向贯通筋连接区为相邻“非连接区”之间的部分。（“H_{-x}为 H_{-1} 和 H_{-2}的较大值”）

内侧竖向贯通筋连接区：底部节点“$H_{-2}/4$”；中间节点：楼板之下部分“$H_{-2}/4$”，楼板之上部分“$H_{-1}/4$”。

地下室外墙与基础的连接同普通剪力墙，见 11G101-3 第 58 页。

46 剪力墙洞口补强构造措施有哪些?

11G101-1 图集第 78 页给出了剪力墙洞口补强构造。

这里所说的“洞口”是剪力墙身上面开的小洞，它不应该是众多的门窗洞口，后者在剪力墙结构中以连梁和暗柱所构成。

剪力墙洞口钢筋种类包括：补强钢筋或补强暗梁纵向钢筋、箍筋、拉筋，同时，引起剪力墙纵横钢筋的截断或连梁箍筋的截断。

剪力墙洞口补强构造如表 3-6 所示。

剪力墙洞口补强构造 **表 3-6**

名称	构造图	构造说明
矩形洞宽和洞高均不大于 800mm 时洞口补强纵筋构造	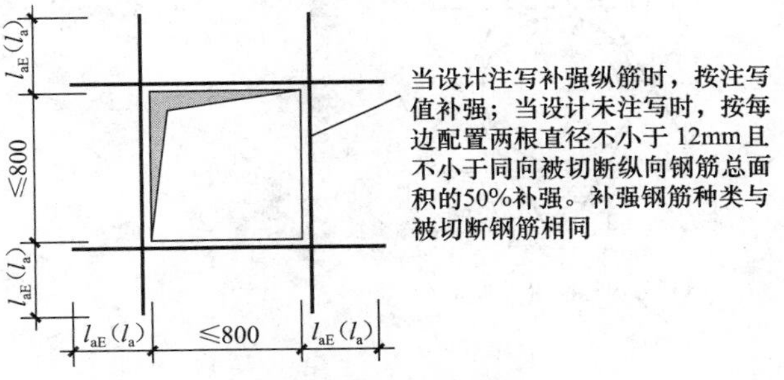 $l_{aE}(l_a)$；≤800；$l_{aE}(l_a)$；$l_{aE}(l_a)$；≤800；$l_{aE}(l_a)$；当设计注写补强纵筋时，按注写值补强；当设计未注写时，按每边配置两根直径不小于 12mm 且不小于同向被切断纵向钢筋总面积的50%补强。补强钢筋种类与被切断钢筋相同；（括号内标注用于非抗震）	字母释义： $l_{aE}(l_a)$——受拉钢筋锚固长度，抗震设计时锚固长度用 l_{aE} 表示，非抗震设计用 l_a 表示； D——圆形洞口直径； h——梁宽

续表

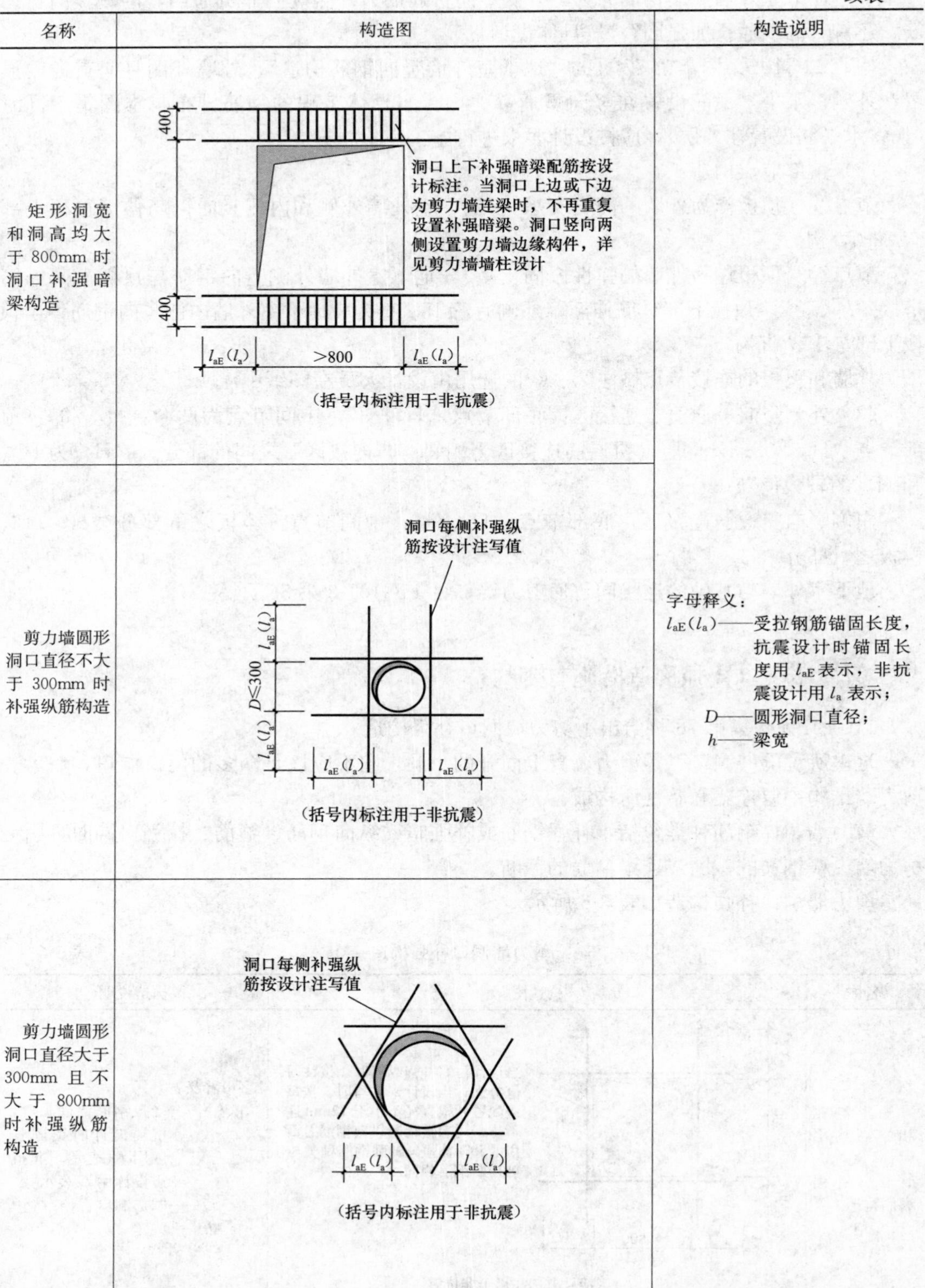

名称	构造图	构造说明
矩形洞宽和洞高均大于800mm时洞口补强暗梁构造	400 400 $l_{aE}(l_a)$　>800　$l_{aE}(l_a)$ 洞口上下补强暗梁配筋按设计标注。当洞口上边或下边为剪力墙连梁时，不再重复设置补强暗梁。洞口竖向两侧设置剪力墙边缘构件，详见剪力墙墙柱设计 （括号内标注用于非抗震）	字母释义： $l_{aE}(l_a)$——受拉钢筋锚固长度，抗震设计时锚固长度用 l_{aE} 表示，非抗震设计用 l_a 表示； D——圆形洞口直径； h——梁宽
剪力墙圆形洞口直径不大于300mm时补强纵筋构造	洞口每侧补强纵筋按设计注写值 $l_{aE}(l_a)$　$D\leqslant300$　$l_{aE}(l_a)$ $l_{aE}(l_a)$　$l_{aE}(l_a)$ （括号内标注用于非抗震）	
剪力墙圆形洞口直径大于300mm且不大于800mm时补强纵筋构造	洞口每侧补强纵筋按设计注写值 $l_{aE}(l_a)$　$l_{aE}(l_a)$ （括号内标注用于非抗震）	

续表

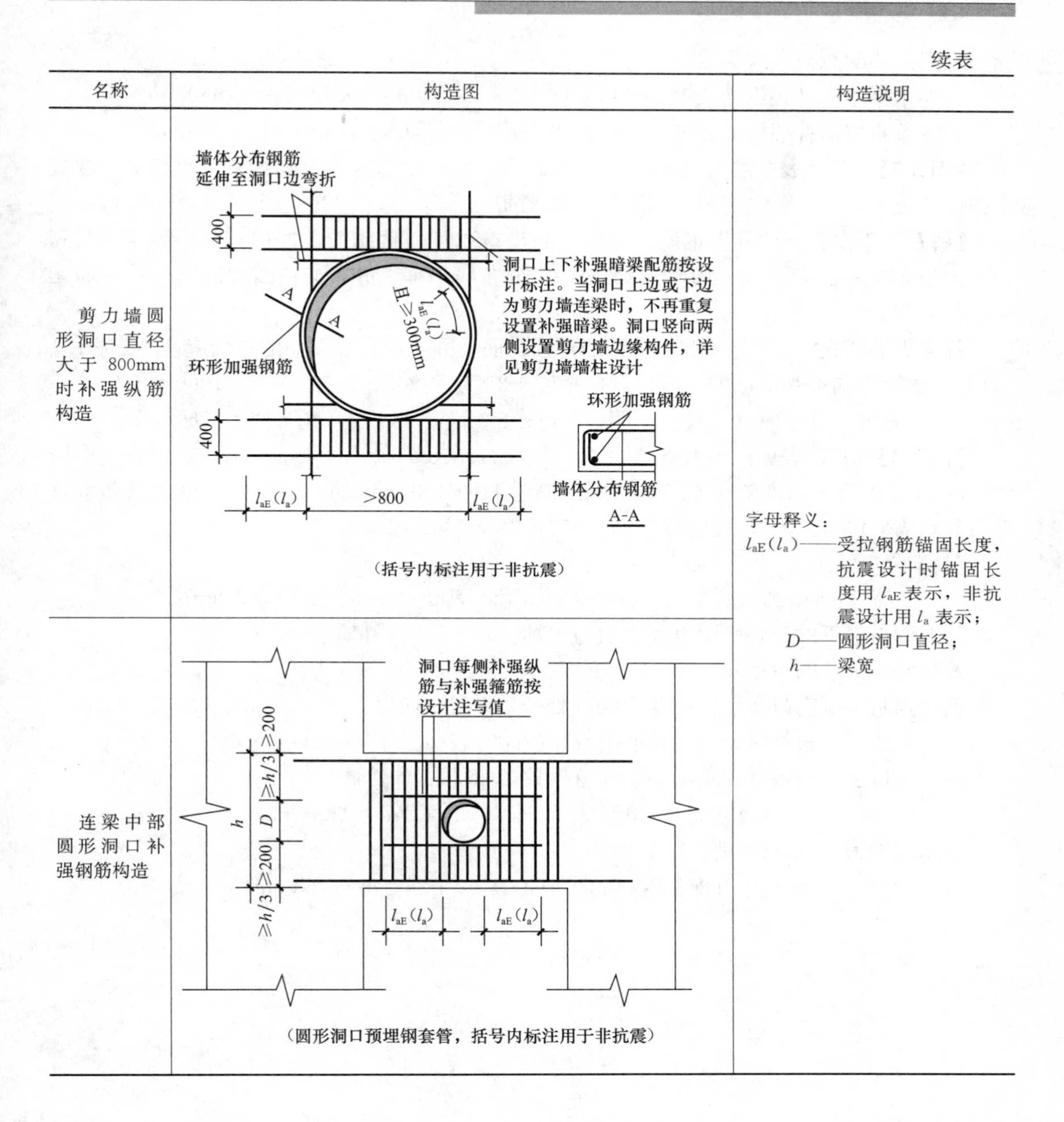

名称	构造图	构造说明
剪力墙圆形洞口直径大于 800mm 时补强纵筋构造	（括号内标注用于非抗震）	字母释义： l_{aE}(l_a)——受拉钢筋锚固长度，抗震设计时锚固长度用 l_{aE} 表示，非抗震设计用 l_a 表示； D——圆形洞口直径； h——梁宽
连梁中部圆形洞口补强钢筋构造	（圆形洞口预埋钢套管，括号内标注用于非抗震）	

47 举例说明补强纵筋的计算

【例 3-1】 洞口表标注为 JD2　700×700　3.100，其中剪力墙厚 300mm，墙身水平分布筋和垂直分布筋均为⌀12@250。混凝土强度等级为 C30，纵向钢筋为 HRB400 级钢筋。计算补强纵筋的长度。

【解】

由于缺省标注补强钢筋，默认的洞口每边补强钢筋为 2⌀12，但是补强钢筋不应小于洞口每边截断钢筋（6⌀12）的 50%，即洞口每边补强钢筋应为 3⌀12。

补强纵筋的总数量应为 12 ⌀ 12。

水平方向补强纵筋长度=洞口宽度+2×l_{aE}=700+2×40×12=1660mm

垂直方向补强纵筋长度=洞口高度+2×l_{aE}=700+2×40×12=1660mm

【例 3-2】 洞口表标注为 JD1　300×300　3.100，计算补强纵筋的长度。其中，混凝土强度等级为 C30，纵向钢筋为 HRB400 级钢筋。

【解】 由于缺省标注补强钢筋，则默认洞口每边补强钢筋为 2 ⌀ 12。对于洞宽、洞高均不大于 300mm 的洞口不考虑截断墙身水平分布筋和垂直分布筋，因此以上补强钢筋无须进行调整。

补强纵筋“2 ⌀ 12”是指洞口一侧的补强纵筋，因此，补强纵筋的总数应该是 8 ⌀ 12。

水平方向补强纵筋的长度=洞口宽度+2×l_{aE}=300+2×40×12=1260mm

垂直方向补强纵筋的长度=洞口高度+2×l_{aE}=300+2×40×12=1260mm

【例 3-3】 洞口表标注为 JD5　1800×2100　1.800　6 ⌀ 20　Φ8@150，其中，剪力墙厚 300mm，混凝土强度等级 C25，纵向钢筋为 HRB400 级钢筋。墙身水平分布筋和垂直分布筋均为⌀ 12@250。计算补强纵筋长度。

【解】

补强暗梁的纵筋长度=1800+2×l_{aE}=1800+2×40×20=3400mm

每个洞口上下的补强暗梁纵筋总数为 12 ⌀ 20。

补强暗梁纵筋的每根长度为 3400mm。

但补强暗梁箍筋只在洞口内侧 50mm 处开始设置，所以：

一根补强暗梁的箍筋根数=(1800−50×2)/150+1=13 根

一个洞口上下两根补强暗梁的箍筋总根数为 26 根。

箍筋宽度=300−2×15−2×12−2×8=230mm

箍筋高度为 400mm，则：

箍筋的每根长度=(230+400)×2+26×8=1468mm

第4章　梁　构　件

1　梁平法施工图的表示方法有哪些？

（1）梁平法施工图是在梁平面布置图上采用平面注写方式或截面注写方式表达。

（2）梁平面布置图，应分别按梁的不同结构层（标准层），将全部梁和与其相关联的柱、墙、板一起采用适当比例绘制。

（3）在梁平法施工图中，应当用表格或其他方式注明各结构层的顶面标高及相应的结构层号。

（4）对于轴线未居中的梁，应标注其偏心定位尺寸（贴柱边的梁可不注）。

2　梁平面注写方式如何表示？

平面注写方式是在梁平面布置图上，分别在不同编号的梁中各选一根梁，在其上注写截面尺寸和配筋具体数值的方式来表达梁平法施工图。

平面注写包括集中标注与原位标注，集中标注表达梁的通用数值，原位标注表达梁的特殊数值。当集中标注中的某项数值不适用于梁的某部位时，则将该项数值原位标注，施工时，原位标注取值优先，如图4-1所示。

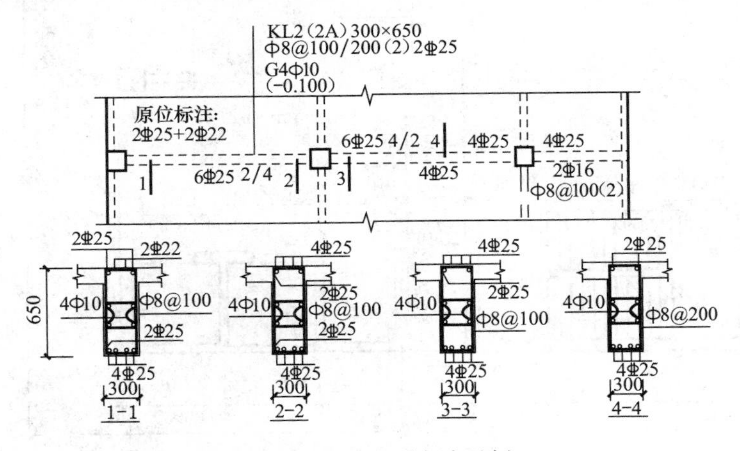

图4-1　平面注写方式示例

注：图中四个梁截面是采用传统表示方法绘制，用于对比按平面注写方式表达的同样内容。实际采用平面注写方式表达时，不需绘制梁截面配筋图和图中的相应截面号。

在梁平法施工图中，当局部梁的布置过密时，可将过密区用虚线框出，适当放大比例后再用平面注写方式表示。

采用平面注写方式表达的梁平法施工图示例，如图4-2所示。

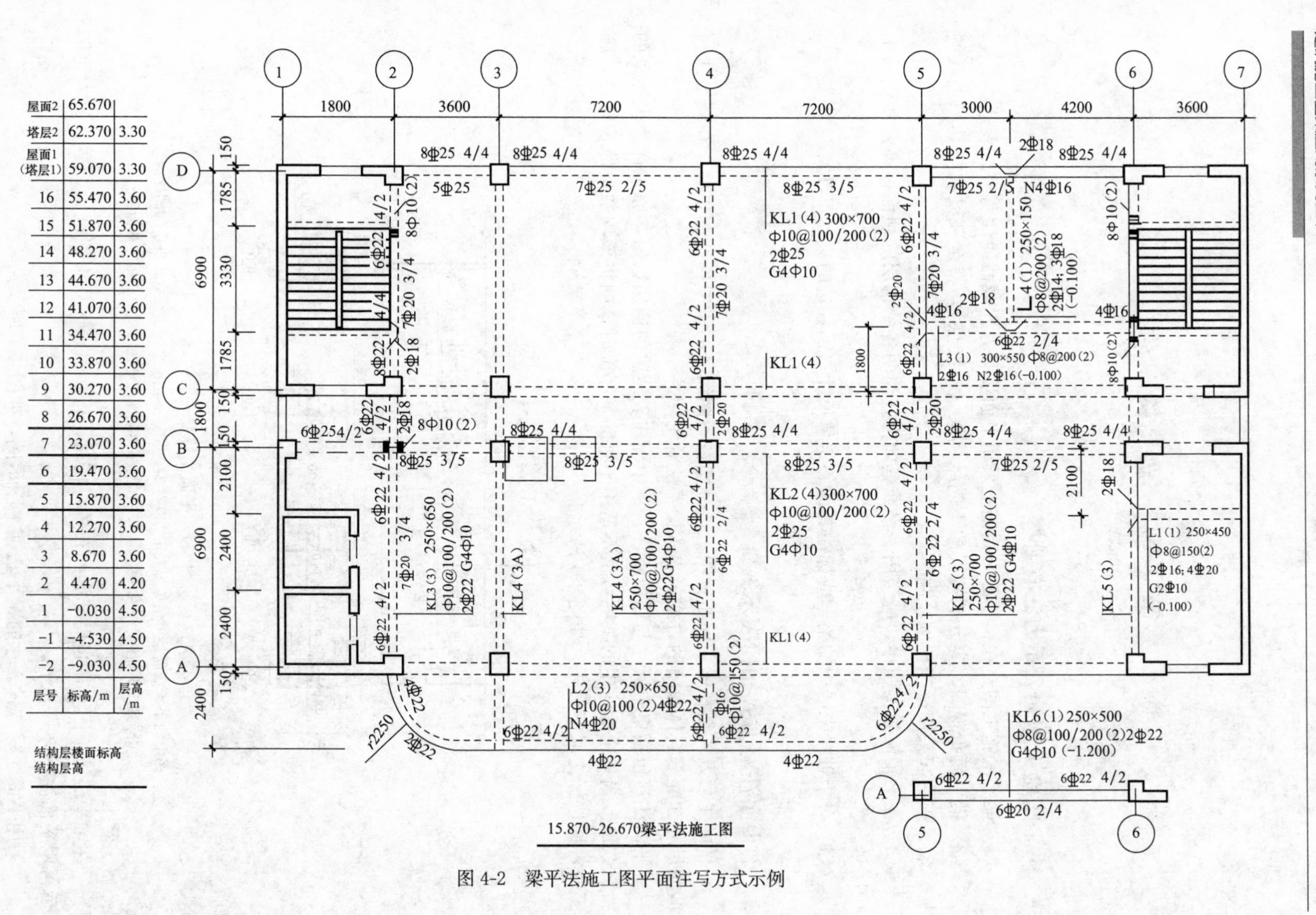

层号	标高/m	层高/m
屋面2	65.670	
塔层2	62.370	3.30
屋面1 (塔层1)	59.070	3.30
16	55.470	3.60
15	51.870	3.60
14	48.270	3.60
13	44.670	3.60
12	41.070	3.60
11	34.470	3.60
10	33.870	3.60
9	30.270	3.60
8	26.670	3.60
7	23.070	3.60
6	19.470	3.60
5	15.870	3.60
4	12.270	3.60
3	8.670	3.60
2	4.470	4.20
1	−0.030	4.50
−1	−4.530	4.50
−2	−9.030	4.50

结构层楼面标高
结构层高

15.870~26.670梁平法施工图

图 4-2 梁平法施工图平面注写方式示例

3 梁编号如何标注?

梁编号由梁类型代号、序号、跨数及有无悬挑代号几项组成，并应符合表4-1的规定。

梁编号　　表4-1

梁类型	代号	序号	跨数及是否带有悬挑
楼层框架梁	KL	××	(××)、(××A) 或 (××B)
屋面框架梁	WKL	××	(××)、(××A) 或 (××B)
框支梁	KZL	××	(××)、(××A) 或 (××B)
非框架梁	L	××	(××)、(××A) 或 (××B)
悬挑梁	XL	××	
井字梁	JZL	××	(××)、(××A) 或 (××B)

注：(××A) 为一端有悬挑，(××B) 为两端有悬挑，悬挑不计入跨数。

【例4-1】 KL7 (5A) 表示第7号框架梁，5跨，一端有悬挑。

L9 (7B) 表示第9号非框架梁，7跨，两端有悬挑。

4 如何识别主梁与次梁?

(1) 一般来说，“次梁”就是“非框架梁”。“非框架梁”与“框架梁”的区别在于，框架梁以框架柱或剪力墙作为支座，而非框架梁以梁作为支座。

(2) 通常在施工中，截面高度大的梁是主梁，截面高度小的梁是次梁。

(3) 可以从施工图梁编号后面括号中的“跨数”来判断相交的两根梁谁是主梁、谁是次梁。因为两根梁相交，总是主梁把次梁分成两跨，而不存在次梁分断主梁的情况。

(4) 从图纸中的附加吊筋或附加箍筋中能看出谁是主梁、谁是次梁，因为附加吊筋或附加箍筋都是配置在主梁上的。

5 梁集中标注的内容有哪些?

梁集中标注的内容，有五项必注值及一项选注值（集中标注可以从梁的任意一跨引出），规定如下：

(1) 梁编号，如表4-1所示，该项为必注值。

(2) 梁截面尺寸，该项为必注值。

当为等截面梁时，用 $b\times h$ 表示；

当为竖向加腋梁时，用 $b\times h$　GY$c_1\times c_2$ 表示，其中 c_1 为腋长，c_2 为腋高，如图4-3所示；

当为水平加腋梁时，一侧加腋时用 $b\times h$　PY$c_1\times c_2$ 表示，其中 c_1 为腋长，c_2 为腋宽，加腋部位应在平面图中绘制，如图4-4所示；

当有悬挑梁并且根部和端部的高度不同时，用斜线分隔根部与端部的高度值，即为 $b\times h_1/h_2$，如图4-5所示。

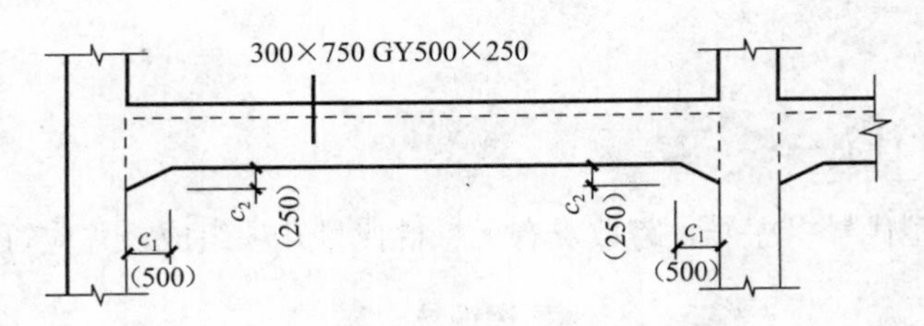

图 4-3　竖向加腋截面注写示意

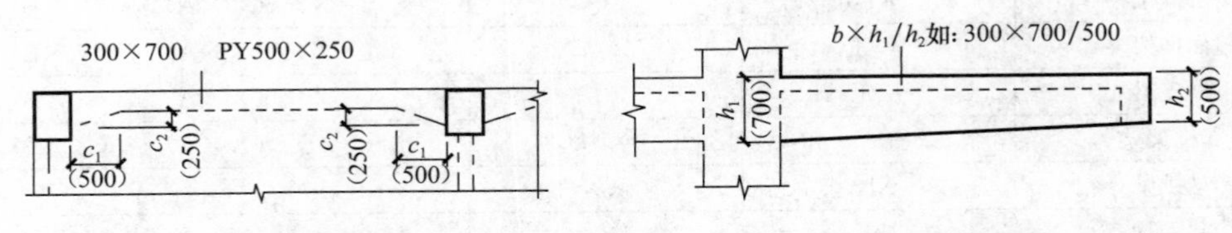

图 4-4　水平加腋截面注写示意　　　　图 4-5　悬挑梁不等高截面注写示意

（3）梁箍筋，包括钢筋级别、直径、加密区与非加密区间距及肢数，该项为必注值。箍筋加密区与非加密区的不同间距及肢数需用斜线“/”分隔；当梁箍筋为同一种间距及肢数时，则不需用斜线；当加密区与非加密区的箍筋肢数相同时，则将肢数注写一次；箍筋肢数应写在括号内。加密区范围见相应抗震等级的标准构造详图。

【例 4-2】　Φ10@100/200（4），表示箍筋为 E300 钢筋，直径Φ10，加密区间距为 100mm，非加密区间距为 200mm，均为四肢箍。

Φ8@100（4）/150（2），表示箍筋为 EPB300 钢筋，直径Φ8，加密区间距为 100mm，四肢箍；非加密区间距为 150mm，两肢箍。

当抗震设计中的非框架梁、悬挑梁、井字梁以及非抗震设计中的各类梁采用不同的箍筋间距及肢数时，也用斜线“/”将其分隔开来。注写时，先注写梁支座端部的箍筋（包括箍筋的箍数、钢筋级别、直径、间距及肢数），在斜线后注写梁跨中部分的箍筋间距及肢数。

【例 4-3】　13Φ10@150/200（4），表示箍筋为 HPB300 钢筋，直径Φ10；梁的两端各有 13 个四肢箍，间距为 150mm；梁跨中部分间距为 200mm，四肢箍。

18Φ12@150（4）/200（2），表示箍筋为 HPB300 钢筋，直径Φ12；梁的两端各有 18 个四肢箍，间距为 150mm；梁跨中部分间距为 200mm，双肢箍。

（4）梁上部通长筋或架立筋配置（通长筋可为相同或不同直径采用搭接连接、机械连接或焊接的钢筋），该项为必注值。所注规格与根数应根据结构受力要求及箍筋肢数等构造要求而定。当同排纵筋中既有通长筋又有架立筋时，应用加号“＋”将通长筋和架立筋相联。注写时需将角部纵筋写在加号的前面，架立筋写在加号后面的括号内，以示不同直径及与通长筋的区别。当全部采用架立筋时，则将其写入括号内。

【例 4-4】　2Ф22 用于双肢箍；2Ф22＋(4Φ12) 用于六肢箍，其中 2Ф22 为通长筋，4Φ12 为架立筋。

当梁的上部纵筋和下部纵筋为全跨相同，而且多数跨配筋相同时，此项可加注下部纵筋的配筋值，用分号“；”将上部与下部纵筋的配筋值分隔开来，少数跨不同者，“2. 梁平面注写方式分为几种？”中平面注写方式的规定处理。

【例 4-5】　3Ф22；3Ф20 表示梁的上部配置 3Ф22 的通长筋，梁的下部配置 3Ф20 的通长筋。

（5）梁侧面纵向构造钢筋或受扭钢筋配置，该项为必注值。

当梁腹板高度 $h_w \geqslant 450$mm 时，需配置纵向构造钢筋，所注规格与根数应符合规范规定。此项注写值以大写字母 G 打头，接续注写设置在梁两个侧面的总配筋值，并且对称配置。

【例 4-6】 G4Φ12，表示梁的两个侧面共配置 4Φ12 的纵向构造钢筋，每侧各配置 2Φ12。

当梁侧面需配置受扭纵向钢筋时，此项注写值以大写字母 N 打头，接续注写配置在梁两个侧面的总配筋值，并且对称配置。受扭纵向钢筋应满足梁侧面纵向构造钢筋的间距要求，而且不再重复配置纵向构造钢筋。

【例 4-7】 N6⌀22，表示梁的两个侧面共配置 6⌀22 的受扭纵向钢筋，每侧各配置 3⌀22。

注：1. 当为梁侧面构造钢筋时，其搭接与锚固长度可取为 $15d$。
2. 当为梁侧面受扭纵向钢筋时，其搭接长度为 l_l 或 l_{lE}（抗震），锚固长度为 l_a 或 l_{aE}（抗震）；其锚固方式同框架梁下部钢筋。

（6）梁顶面标高高差，该项为选注值。

梁顶面标高高差是指相对于结构层楼面标高的高差值，对于位于结构夹层的梁，则指相对于结构夹层楼面标高的高差。有高差时，需将其写入括号内，无高差时不注。

注：当某梁的顶面高于所在结构层的楼面标高时，其标高高差为正值，反之为负值。

【例 4-8】 某结构标准层的楼面标高为 44.950m 和 48.250m，当某梁的梁顶面标高高差注写为（－0.050）时，即表明该梁顶面标高分别相对于 44.950m 和 48.250m 低 0.050m。

6 梁在什么情况下需要标注“架立筋”？

架立筋是指把箍筋架立起来所需要的贯穿箍筋角部的纵向构造钢筋。

如果该梁的箍筋是“两肢箍”，则两根上部通长筋已经充当架立筋，因此就不需要再另加架立筋了。所以，对于“两肢箍”的梁来说，上部纵筋的集中标注“2⌀25”这种形式就完全足够了。

但是，当该梁的箍筋是“四肢箍”时，集中标注的上部钢筋就不能标注为“2⌀25”这种形式，必须把“架立筋”也标注上，这时的上部纵筋应该标注成“2⌀25＋(2Φ12)”这种形式，圆括号里面的钢筋为架立筋。

所以，只有在箍筋肢数多于上部通长筋的根数时，才需要配置架立筋。

7 梁侧面“构造钢筋”与“受扭钢筋”有何相同之处？

（1）它们在梁上的位置

“构造钢筋”和“受扭钢筋”都是梁的侧面纵向钢筋，通常把它们称为“腰筋”。所以，就其在梁上的位置来说，是相同的。

（2）构造方面的规定

11G101-1 图集第 87 页中规定，在梁的侧面进行“等间距”的布置，对于“构造钢筋”和“抗扭钢筋”来说是相同的。

（3）拉筋的规格和间距

“构造钢筋”和“受扭钢筋”都要用到拉筋，并且关于拉筋规格和间距的规定，也是相同的。即：当梁宽不大于 350mm 时，拉筋直径为 6mm；当梁宽大于 350mm 时，拉筋直径为 8mm。拉筋间距为非加密区箍筋间距的 2 倍。当设有多排拉筋时，上下两排拉筋竖向错开设置。

需要注意的是，上述的“拉筋间距为非加密区箍筋间距的 2 倍”，只是给出一个计算拉筋间距的算法。例如，梁箍筋的标注为Φ 10@100/150（2），可以看出，非加密区箍筋间距为 150mm，则拉筋间距为 150×2＝300mm。

不过，在前面的叙述中可以明确一点，那就是“拉筋规格和间距”是施工图纸上不给出的，需要施工人员自己来计算。

8　梁侧面“构造钢筋”与“受扭钢筋”有何不同之处?

（1）“构造钢筋”纯粹是按构造设置，即不必进行力学计算。

《混凝土结构设计规范》（GB 50010—2010）第 9.2.13 条指出：梁的腹板高度 h_w 不小于 450mm 时，在梁的两个侧面应沿高度配置纵向构造钢筋。每侧纵向构造钢筋（不包括梁上、下部受力钢筋及架立钢筋）的间距不宜大于 200mm，截面面积不应小于腹板截面面积（bh_w）的 0.1%，但当梁宽较大时可以适当放松。

11G101-1 图集与规范是一致的。我们必须搞清楚关于 h_w 的规定。

《混凝土结构设计规范》（GB 50010—2010）第 6.3.1 条规定：h_w——截面的腹板高度：矩形截面，取有效高度；T 形截面，取有效高度减去翼缘高度；I 形截面，取腹板净高。

对于施工部门来说，构造钢筋的规格和根数是由设计师在结构平面图上给出的，施工部门只要照图施工就行。

当设计图纸漏标注构造钢筋的时候，施工人员只能向设计师咨询构造钢筋的规格和根数，而不能对构造钢筋进行自行设计。

因为构造钢筋不考虑其受力计算，所以，梁侧面纵向构造钢筋的搭接长度和锚固长度可取为 $15d$。

（2）“抗扭钢筋”是需要设计人员进行抗扭计算才能确定其钢筋规格和根数的。

11G101-1 图集对梁侧面抗扭钢筋提出了明确要求：

1）梁侧面抗扭纵向钢筋的锚固长度为 l_a（非抗震）或 l_{aE}（抗震），锚固方式同框架梁下部纵筋。

2）梁侧面抗扭纵向钢筋的搭接长度为 l_l（非抗震）或 l_{lE}（抗震）。

3）梁的抗扭箍筋要做成封闭式，当梁箍筋为多肢箍时，要做成“大箍套小箍”的形式。

对抗扭构件的箍筋有比较严格的要求。《混凝土结构设计规范》（GB 50010—2010）第 9.2.10 条指出：受扭所需的箍筋应做成封闭式，且应沿截面周边布置；当采用复合箍筋时，位于截面内部的箍筋不应计入受扭所需的箍筋面积。受扭所需箍筋的末端应做成 135°

弯钩，弯钩端头平直段长度不应小于 $10d$，d 为箍筋直径。

对于施工人员来说，一个梁的侧面纵筋是构造钢筋还是抗扭钢筋，完全由设计师来给定。“G”打头的钢筋就是构造钢筋，“N”打头的钢筋就是抗扭钢筋。

9 梁原位标注的内容有哪些?

梁原位标注的内容规定如下：

（1）梁支座上部纵筋，该部位含通长筋在内的所有纵筋：

1）当上部纵筋多于一排时，用斜线“/”将各排纵筋自上而下分开。

2）当同排纵筋有两种直径时，用加号“+”将两种直径的纵筋相联，注写时将角部纵筋写在前面。

3）当梁中间支座两边的上部纵筋不同时，须在支座两边分别标注；当梁中间支座两边的上部纵筋相同时，可仅在支座的一边标注配筋值，另一边省去不注，如图 4-6 所示。

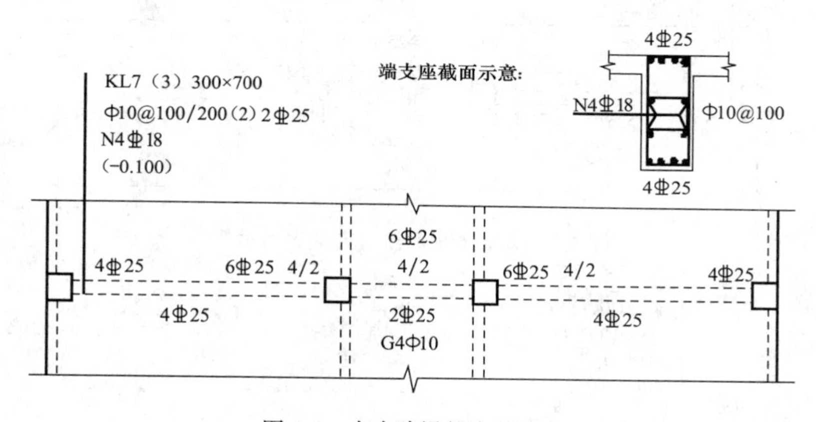

图 4-6 大小跨梁的注写示意

设计时应注意：

① 对于支座两边不同配筋值的上部纵筋，宜尽可能选用相同直径（不同根数），使其贯穿支座，避免支座两边不同直径的上部纵筋均在支座内锚固。

② 对于以边柱、角柱为端支座的屋面框架梁，当能够满足配筋截面面积要求时，其梁的上部钢筋应尽可能只配置一层，以避免梁柱纵筋在柱顶处因层数过多、密度过大导致不方便施工和影响混凝土浇筑质量。

（2）梁下部纵筋：

1）当下部纵筋多于一排时，用斜线“/”将各排纵筋自上而下分开。

【例 4-9】 梁下部纵筋注写为 6⏀25 2/4，则表示上一排纵筋为 2⏀25，下一排纵筋为 4⏀25，全部伸入支座。

2）当同排纵筋有两种直径时，用加号“+”将两种直径的纵筋相联，注写时角筋写在前面。

3）当梁下部纵筋不全部伸入支座时，将梁支座下部纵筋减少的数量写在括号内。

【例 4-10】 梁下部纵筋注写为 6⏀25 2(−2)/4，则表示上排纵筋为 2⏀25，且不伸入支座；下一排纵筋为 4⌀25，全部伸入支座。

梁下部纵筋注写为 2⌀25＋3⌀22（－3）/5⌀25，表示上排纵筋为 2⌀25 和 3⌀22，其中 3⌀22 不伸入支座；下一排纵筋为 5⌀25，全部伸入支座。

4）当梁的集中标注中已按上述“5 梁集中标注的内容有哪些?”的规定分别注写了梁上部和下部均为通长的纵筋值时，则不需在梁下部重复做原位标注。

5）当梁设置竖向加腋时，加腋部位下部斜纵筋应在支座下部以 Y 打头注写在括号内，如图 4-7 所示。11G101-1 图集中框架梁竖向加腋构造适用于加腋部位参与框架梁计算，其他情况设计者应另行给出构造。当梁设置水平加腋时，水平加腋内上、下部斜纵筋应在加腋支座上部以 Y 打头注写在括号内，上下部斜纵筋之间用“/”分隔，如图 4-8 所示。

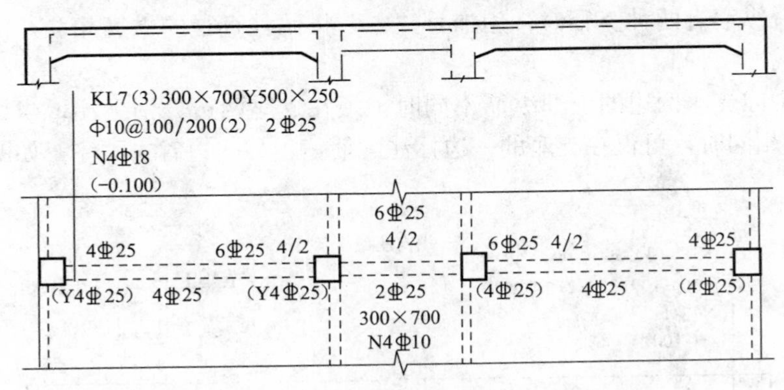

图 4-7 梁加腋平面注写方式表达示例

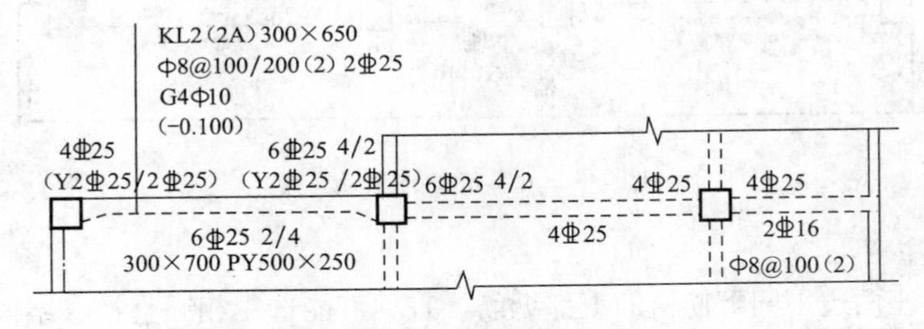

图 4-8 梁水平加腋平面注写方式表达示例

（3）当在梁上集中标注的内容（即梁截面尺寸、箍筋、上部通长筋或架立筋，梁侧面纵向构造钢筋或受扭纵向钢筋，以及梁顶面标高高差中的某一项或几项数值）不适用于某跨或某悬挑部分时，则将其不同数值原位标注在该跨或该悬挑部位，施工时应按原位标注数值取用。

当在多跨梁的集中标注中已注明加腋，而该梁某跨的根部却不需要加腋时，则应在该跨原位标注等截面的 $b \times h$，以修正集中标注中的加腋信息，如图 4-7 所示。

（4）附加箍筋或吊筋，将其直接画在平面图中的主梁上，用线引注总配筋值（附加箍筋的肢数注在括号内），如图 4-9 所示。当多数附加箍筋或吊筋相同时，可在梁平法施工图上统一注明，少数与统一注明值不同时，再原位引注。

施工时应注意：附加箍筋或吊筋的几何尺寸应按照标准构造详图，结合其所在位置的主梁和次梁的截面尺寸而定。

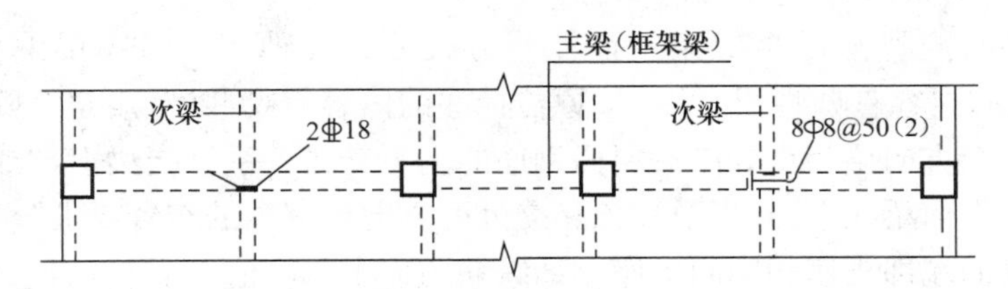

图 4-9　附加箍筋和吊筋的画法示例

10　如何注写井字梁？

（1）井字梁一般由非框架梁构成，并且以框架梁为支座（特殊情况下以专门设置的非框架大梁为支座）。在此情况下，为明确区分井字梁与作为井字梁支座的梁，井字梁用单粗虚线表示（当井字梁顶面高出板面时可用单粗实线表示），作为井字梁支座的梁用双细虚线表示（当梁顶面高出板面时可用双细实线表示）。

井字梁是指在同一矩形平面内相互正交所组成的结构构件，井字梁所分布范围称为“矩形平面网格区域”（简称“网格区域”）。当在结构平面布置中仅有由四根框架梁框起的一片网格区域时，所有在该区域相互正交的井字梁均为单跨；当有多片网格区域相连时，贯通多片网格区域的井字梁为多跨，而且相邻两片网格区域分界处即为该井字梁的中间支座。对某根井字梁编号时，其跨数为其总支座数减 1；在该梁的任意两个支座之间，无论有几根同类梁与其相交，均不作为支座，如图 4-10 所示。

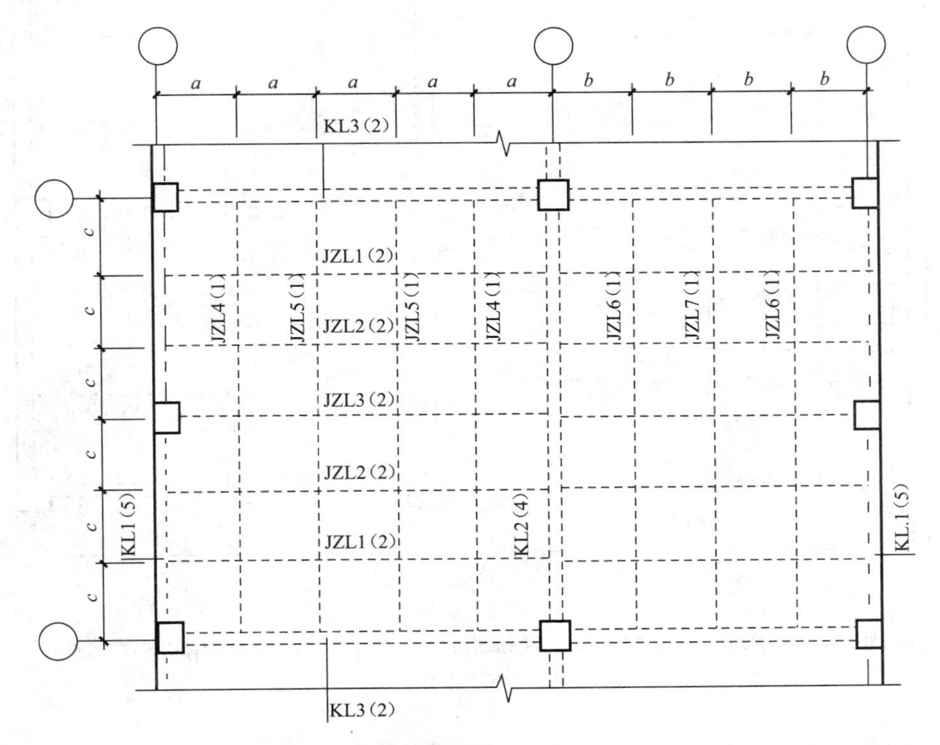

图 4-10　井字梁矩形平面网格区域示意

井字梁的注写规则符合“2. 梁平面注写方式分为几种?”、“3. 梁编号如何标注?”、“5. 梁集中标注的内容有哪些?”、“9. 梁原位标注的内容有哪些?”规定。除此之外，设计者应注明纵横两个方向梁相交处同一层面钢筋的上下交错关系（指梁上部或下部的同层面交错钢筋何梁在上何梁在下），以及在该相交处两方向梁箍筋的布置要求。

（2）井字梁的端部支座和中间支座上部纵筋的伸出长度值 a_0，应由设计者在原位加注具体数值予以注明。

当采用平面注写方式时，则在原位标注的支座上部纵筋后面括号内加注具体伸出长度值，如图 4-11 所示。

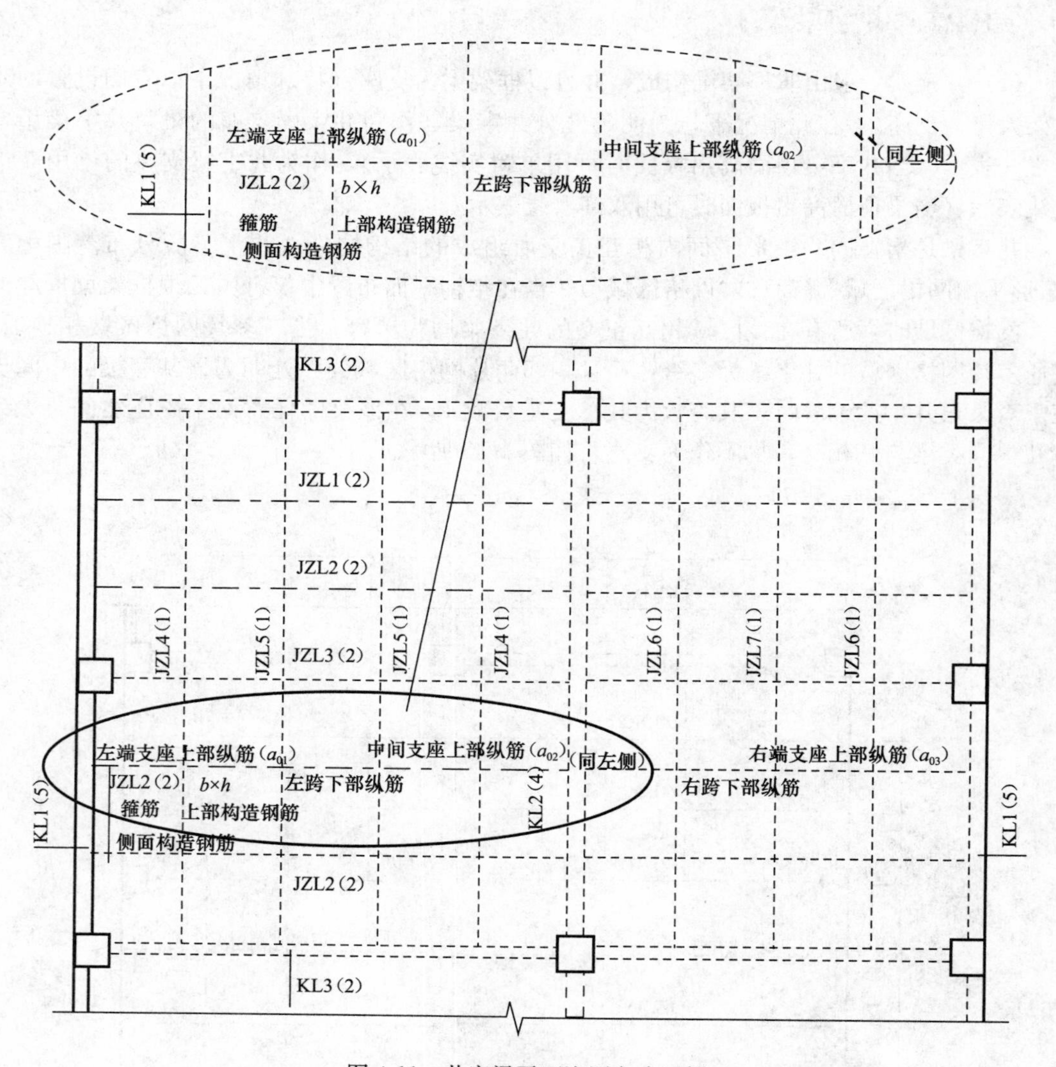

图 4-11 井字梁平面注写方式示例

注：图中仅示意井字梁的注写方法，未注明截面几何尺寸 $b\times h$，支座上部纵筋伸出长度 $a_{01}\sim a_{03}$，以及纵筋与箍筋的具体数值。

若采用截面注写方式，应在梁端截面配筋图上注写的上部纵筋后面括号内加注具体伸出长度值，如图 4-12 所示。

设计时应注意：

1）当井字梁连续设置在两片或多排网格区域时，才具有井字梁中间支座。

2）当某根井字梁端支座与其所在网格区域之外的非框架梁相连时，该位置上部钢筋的连续布置方式需由设计者注明。

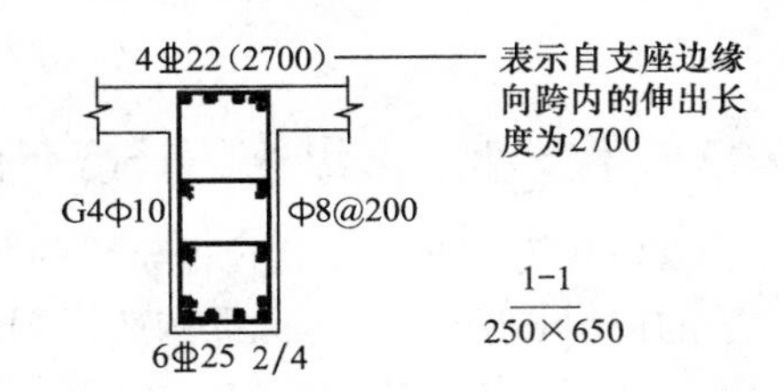

图 4-12　井字梁截面注写方式示例

11　何为梁截面注写方式?

（1）截面注写方式是在分标准层绘制的梁平面布置图上，分别在不同编号的梁中各选择一根梁用剖面号引出配筋图，并在其上注写截面尺寸和配筋具体数值的方式来表达梁平法施工图。

（2）对所有梁按表 4-1 的规定进行编号，从相同编号的梁中选择一根梁，先将“单边截面号”画在该梁上，再将截面配筋详图画在图中或其他图上。当某梁的顶面标高与结构层的楼面标高不同时，尚应继其梁编号后注写梁顶面标高高差（注写规定与平面注写方式相同）。

（3）在截面配筋详图上注写截面尺寸 $b \times h$、上部筋、下部筋、侧面构造筋或受扭筋以及箍筋的具体数值时，其表达形式与平面注写方式相同。

（4）截面注写方式既可以单独使用，也可与平面注写方式结合使用。

注：在梁平法施工图的平面图中，当局部区域的梁布置过密时，除了采用截面注写方式表达外，也可采用平面注写方式的措施来表达。当表达异形截面梁的尺寸与配筋时，用截面注写方式相对比较方便。

（5）应用截面注写方式表达的梁平法施工图示例，如图 4-13 所示。

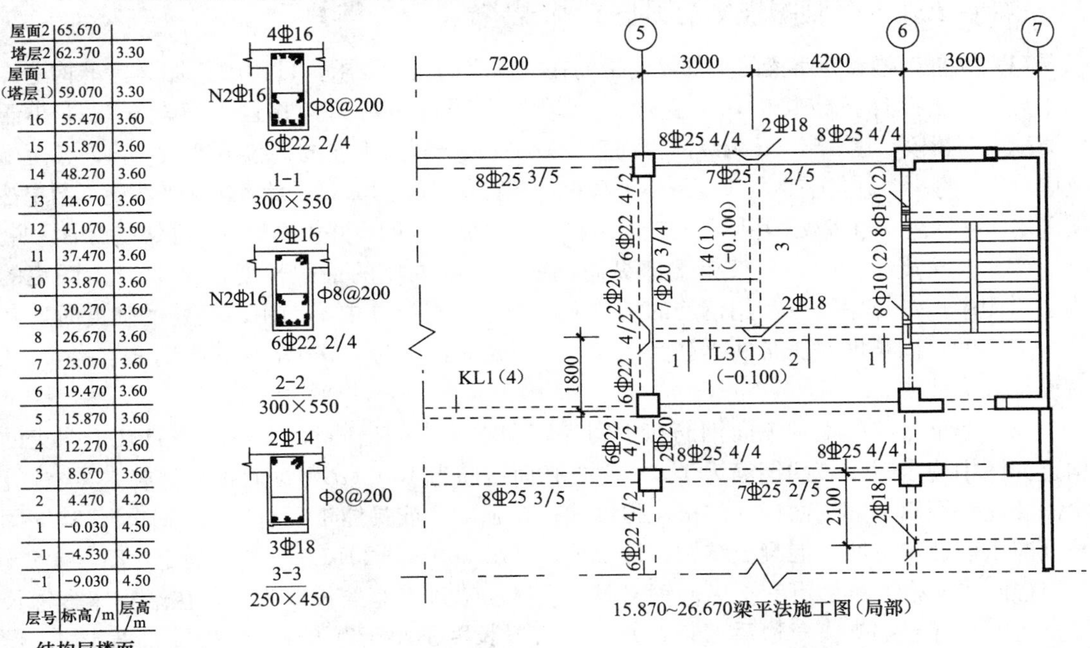

层号	标高/m	层高/m
屋面2	65.670	
塔层2	62.370	3.30
屋面1（塔层1）	59.070	3.30
16	55.470	3.60
15	51.870	3.60
14	48.270	3.60
13	44.670	3.60
12	41.070	3.60
11	37.470	3.60
10	33.870	3.60
9	30.270	3.60
8	26.670	3.60
7	23.070	3.60
6	19.470	3.60
5	15.870	3.60
4	12.270	3.60
3	8.670	3.60
2	4.470	4.20
1	−0.030	4.50
−1	−4.530	4.50
−1	−9.030	4.50

结构层楼面标高结构层高

图 4-13　梁平法施工图截面注写方式示例

12 梁支座上部纵筋的长度有何特殊规定?

（1）为方便施工，凡框架梁的所有支座和非框架梁（不包括井字梁）的中间支座上部纵筋的伸出长度 a_0 值在标准构造详图中统一取值为：第一排非通长筋及与跨中直径不同的通长筋从柱（梁）边起伸出至 $l_n/3$ 位置；第二排非通长筋伸出至 $l_n/4$ 位置。l_n 的取值规定为：对于端支座，l_n 为本跨的净跨值；对于中间支座，l_n 为支座两边较大一跨的净跨值。

（2）悬挑梁（包括其他类型梁的悬挑部分）上部第一排纵筋伸出至梁端头并下弯，第二排伸出至 $3/4l$ 位置，l 为自柱（梁）边算起的悬挑净长。当具体工程需要将悬挑梁中的部分上部钢筋从悬挑梁根部开始斜向弯下时，应由设计者另加注明。

（3）设计者在执行上述第（1）、（2）条关于梁支座端上部纵筋伸出长度的统一取值规定时，特别是在大小跨相邻和端跨外为长悬臂的情况下，还应注意按《混凝土结构设计规范》（GB 50010—2010）的相关规定进行校核，若不满足时应根据规范规定进行变更。

13 不伸入支座的梁下部纵筋长度有何特殊规定?

（1）当梁（不包括框支梁）下部纵筋不全部伸入支座时，不伸入支座的梁下部纵筋截断点距支座边的距离，在标准构造详图中统一取为 $0.1l_{ni}$，（l_{ni} 为本跨梁的净跨值）。

（2）当按上述第（1）条规定确定不伸入支座的梁下部纵筋的数量时，应符合《混凝土结构设计规范》（GB 50010—2010）的有关规定。

14 梁平法施工图制图规则有哪些特殊规定?

（1）非框架梁、井字梁的上部纵向钢筋在端支座的锚固要求，11G101-1 图集标准构造详图中规定：当设计按铰接时，平直段伸至端支座对边后弯折，并且平直段长度不小于 $0.35l_{ab}$，弯折段长度 $15d$（d 为纵向钢筋直径）；当充分利用钢筋的抗拉强度时，直段伸至端支座对边后弯折，并且平直段长度不小于 $0.6l_{ab}$，弯折段长度 $15d$。设计者应在平法施工图中注明采用何种构造，当多数采用同种构造时可在图注中统一写明，并将少数不同之处在图中注明。

（2）非抗震设计时，框架梁下部纵向钢筋在中间支座的锚固长度，11G101-1 图集的构造详图中按计算中充分利用钢筋的抗拉强度考虑。当计算中不利用该钢筋的强度时，其伸入支座的锚固长度对于带肋钢筋为 $12d$，对于光面钢筋为 $15d$（d 为纵向钢筋直径），此时设计者应注明。

（3）非框架梁的下部纵向钢筋在中间支座和端支座的锚固长度，在 11G101-1 图集的构造详图中规定对于带肋钢筋为 $12d$；对于光面钢筋为 $15d$（d 为纵向钢筋直径）。当计算中需要充分利用下部纵向钢筋的抗压强度或抗拉强度，或具体工程有特殊要求时，其锚固长度应由设计者按照《混凝土结构设计规范》（GB 50010—2010）的相关规定进行变更。

（4）当非框架梁配有受扭纵向钢筋时，梁纵筋锚入支座的长度为 l_a，在端支座直锚长度不足时可伸至端支座对边后弯折，并且平直段长度不小于 $0.6l_{ab}$，弯折段长度 $15d$。设计者应在图中注明。

（5）当梁纵筋兼做温度应力钢筋时，其锚入支座的长度由设计确定。

（6）当两楼层之间设有层间梁时（如结构夹层位置处的梁），应将设置该部分梁的区域划出另行绘制梁结构布置图，然后在其上表达梁平法施工图。

（7）11G101-1 图集 KZL 用于托墙框支梁，当托柱转换梁采用 KZL 编号并使用 11G101-1 图集构造时，设计者应根据实际情况进行判定，并提供相应的构造变更。

15 梁平法识图要点有哪些？

梁平法施工图的识读要点如下：

（1）查看图名、比例。

（2）校核轴线编号及其间距尺寸，要求必须与建筑图、剪力墙施工图、柱施工图保持一致。

（3）与建筑图配合，明确梁的编号、数量和布置。

（4）阅读结构设计总说明或有关说明，明确梁的混凝土强度等级及其他要求。

（5）根据梁的编号，查阅图中平面标注或截面标注，明确梁的截面尺寸、配筋和标高。再根据抗震等级、设计要求和标准构造详图确定纵向钢筋、箍筋和吊筋的构造要求（例如纵向钢筋的锚固长度、切断位置、弯折要求和连接方式、搭接长度，箍筋加密区范围，附加箍筋、吊筋的构造等）。

（6）其他有关要求。

需要强调的是，应注意主、次梁交汇处钢筋的高低位置要求。

16 抗震楼层框架梁 KL 纵向钢筋构造措施有哪些？

抗震楼层框架梁纵向钢筋构造，如图 4-14～图 4-18 所示。

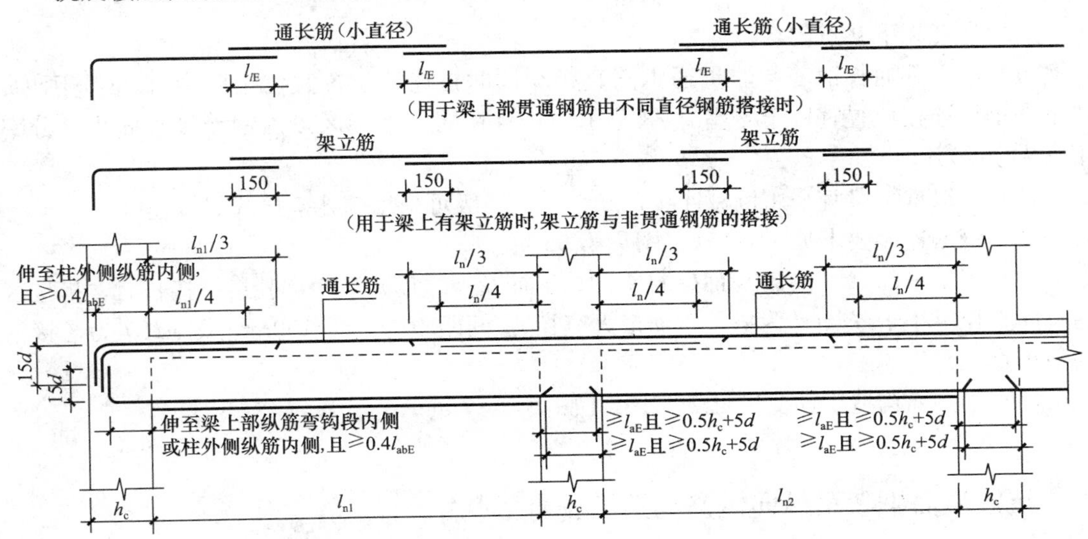

图 4-14 抗震楼层框架梁 KL 纵向钢筋构造

l_{lE}—纵向受拉钢筋抗震绑扎搭接长度；l_{abE}—纵向受拉钢筋抗震基本锚固长度；l_{aE}—纵向受拉钢筋抗震锚固长度；l_{n1}—左跨净跨值；l_{n2}—右跨净跨值；l_n—左跨 l_{ni} 和右跨 l_{ni+1} 之较大值，其中 $i=1, 2, 3, \cdots$；d—纵向钢筋直径；h_c—柱截面沿框架方向高度

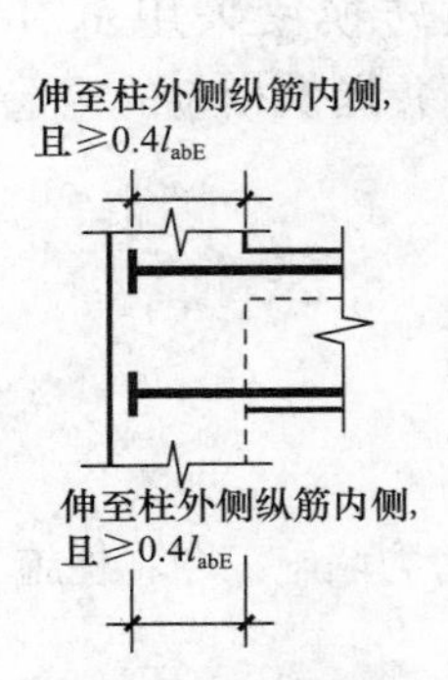

图 4-15　端支座加锚头（锚板）锚固

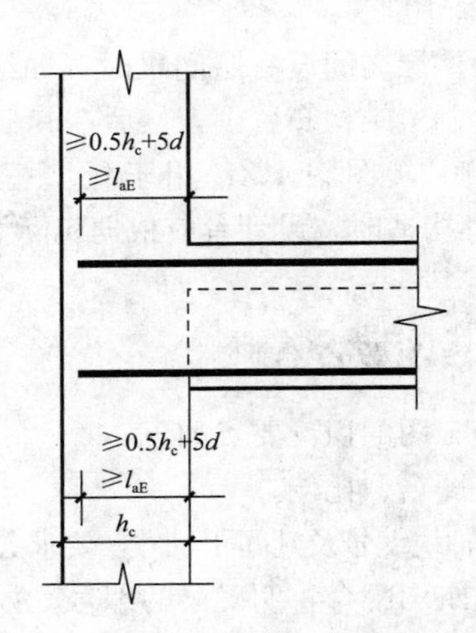

图 4-16　端支座直锚

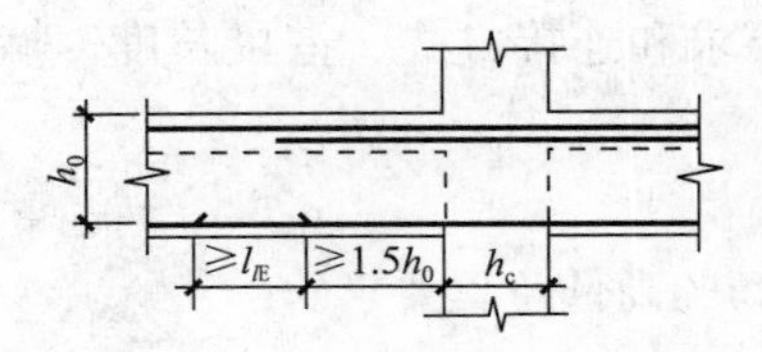

图 4-17　中间层中间节点梁下部筋在节点外搭接

注：梁下部钢筋不能在柱内锚固时，可在节点外搭接。
相邻跨钢筋直径不同时，搭接位置位于较小直径一跨。

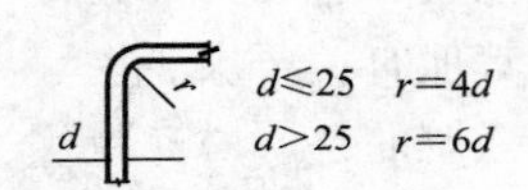

图 4-18　纵向钢筋弯折要求

需要注意以下几点内容：

(1) 梁上部通长钢筋与非贯通钢筋直径相同时，连接位置宜位于跨中 $l_{ni}/3$ 范围内；梁下部钢筋连接位置宜位于支座 $l_{ni}/3$ 范围内；且在同一连接区段内钢筋接头面积百分率不宜大于 50%。

(2) 一级框架梁宜采用机械连接，二、三、四级可采用绑扎搭接或焊接连接。

(3) 钢筋连接要求见 11G101-1 图集第 55 页。

(4) 当梁纵筋（不包括侧面 G 打头的构造筋及架立筋）采用绑扎搭接接长时，搭接区内箍筋直径不小于 $d/4$(d 为搭接钢筋最大直径)，间距不应大于 100mm 及 $5d$(d 为搭接钢筋最小直径)。

(5) 梁侧面构造钢筋要求见 11G101-1 图集第 87 页。

17　抗震屋面框架梁纵向钢筋构造措施有哪些?

11G101-1 图集第 80 页给出了抗震屋面框架梁纵向钢筋构造，如图 4-19～图 4-23 所示。

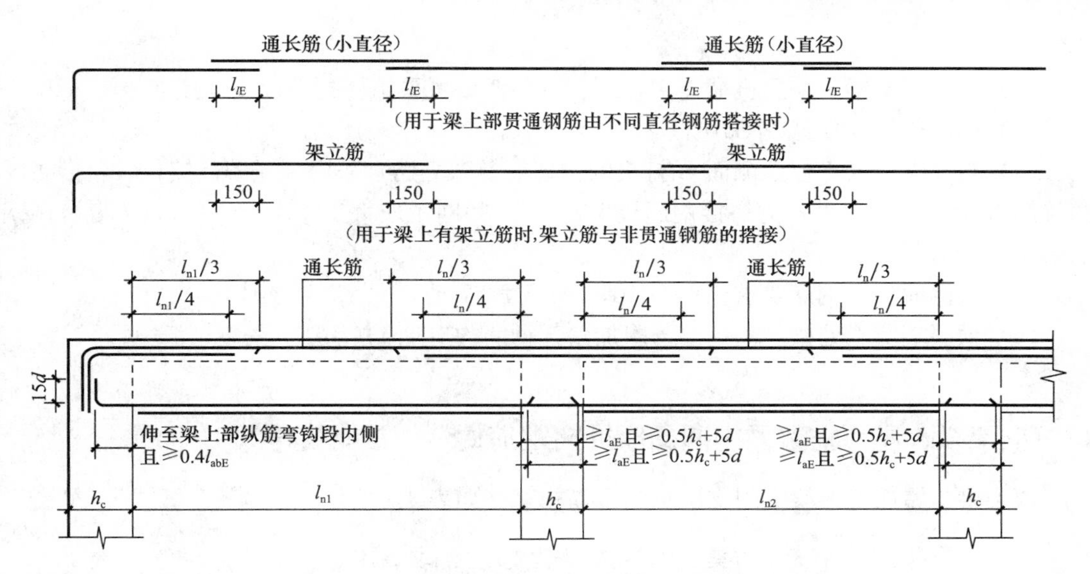

图 4-19　抗震屋面框架梁 WKL 纵向钢筋构造

l_{lE}—纵向受拉钢筋抗震绑扎搭接长度；l_{abE}—纵向受拉钢筋抗震基本锚固长度；l_{aE}—纵向受拉钢筋抗震锚固长度；l_{n1}—左跨净跨值；l_{n2}—右跨净跨值；l_n—左跨 l_{ni} 和右跨 l_{ni+1} 之较大值，其中 $i=1，2，3，\cdots$；d—纵向钢筋直径；h_c—柱截面沿框架方向高度

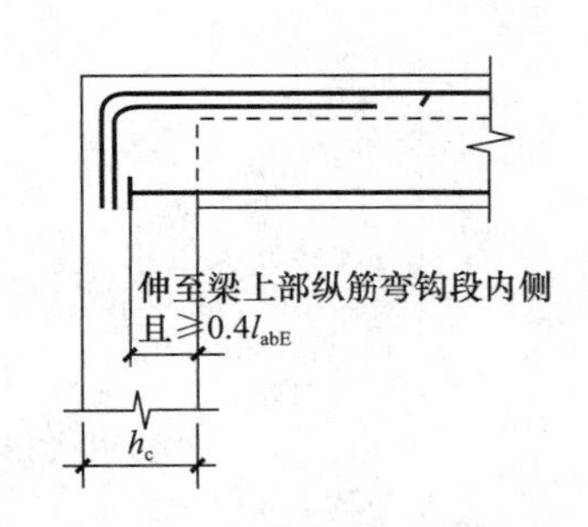

图 4-20　顶层端节点梁下部钢筋端头加锚头（锚板）锚固

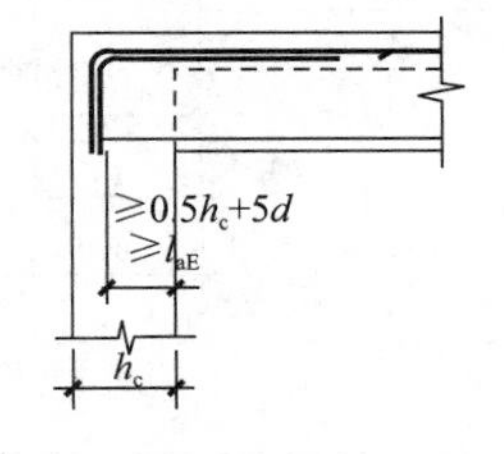

图 4-21　顶层端支座梁下部钢筋直锚

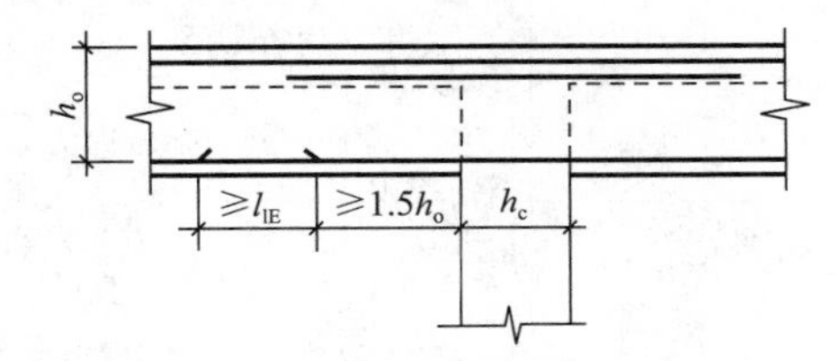

图 4-22　顶层中间节点梁下部筋在节点外搭接

注：梁下部钢筋不能在柱内锚固时，可在节点外搭接。相邻跨钢筋直径不同时，搭接位置位于较小直径一跨。

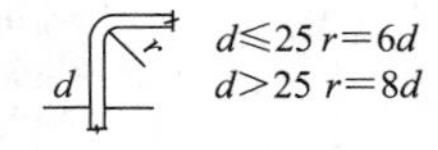

图 4-23　纵向钢筋弯折要求

需要注意以下几点：

（1）梁上部通长钢筋与非贯通钢筋直径相同时，连接位置宜位于跨中 $l_{ni}/3$ 范围内；梁下部钢筋连接位置宜位于支座 $l_{ni}/3$ 范围内；且在同一连接区段内钢筋接头面积百分率

不宜大于 50%。

（2）一级框架梁宜采用机械连接，二、三、四级可采用绑扎搭接或焊接连接。

（3）钢筋连接要求见 11G101-1 图集第 55 页。

（4）当梁纵筋（不包括侧面 G 打头的构造筋及架立筋）采用绑扎搭接接长时，搭接区内箍筋直径不小于 $d/4$（d 为搭接钢筋最大直径），间距不应大于 100mm 及 $5d$（d 为搭接钢筋最小直径）。

（5）梁侧面构造钢筋要求见 11G101-1 图集第 87 页。

（6）顶层端节点处梁上部钢筋与附加角部钢筋构造见 11G101-1 图集第 59 页。

18　框架梁、屋面框架梁中间支座纵向钢筋构造做法有哪些？

框架梁、屋面框架梁中间支座纵向钢筋构造，如表 4-2 所示。

框架梁、屋面框架梁中间支座纵向钢筋构造　　表 4-2

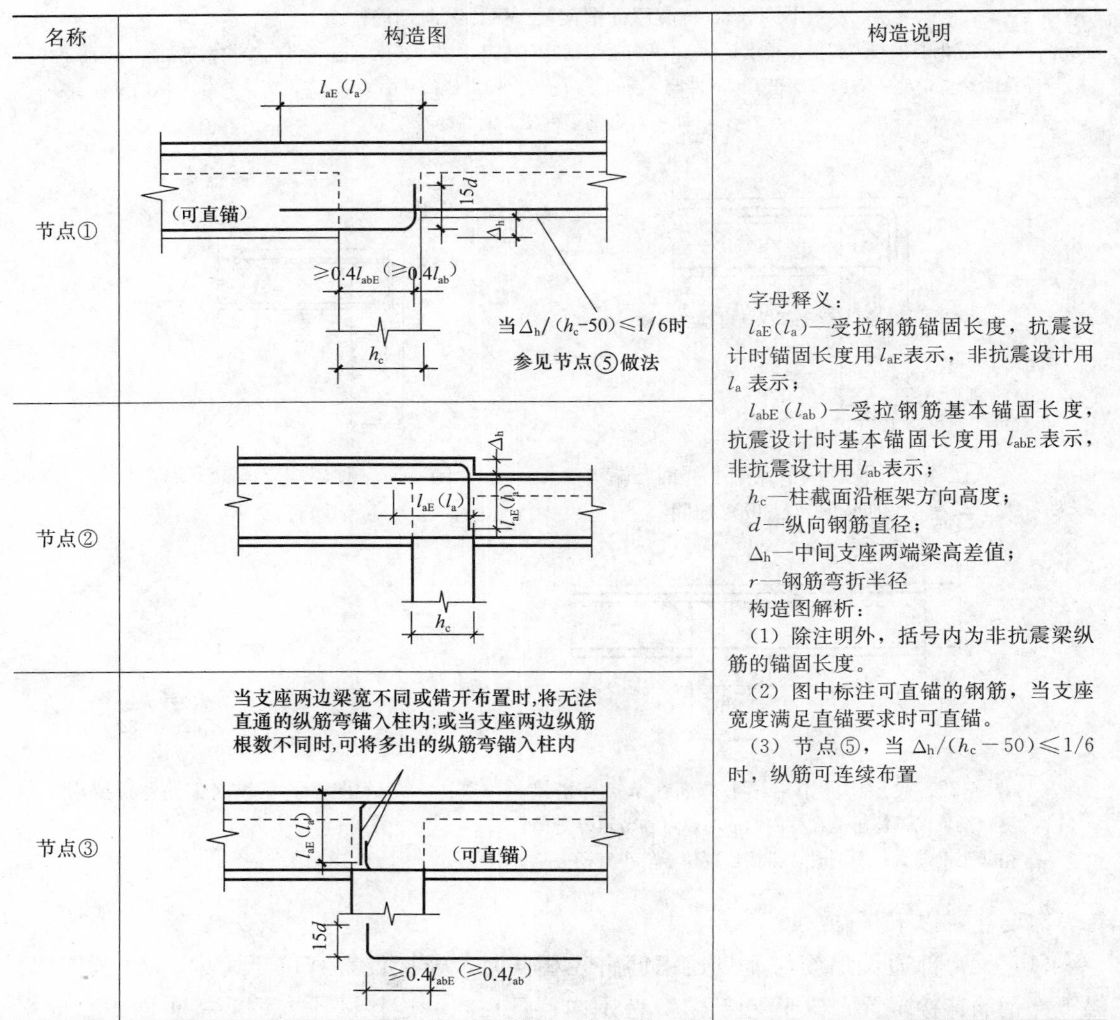

名称	构造图	构造说明
节点①		字母释义： $l_{aE}(l_a)$—受拉钢筋锚固长度，抗震设计时锚固长度用 l_{aE} 表示，非抗震设计用 l_a 表示； $l_{abE}(l_{ab})$—受拉钢筋基本锚固长度，抗震设计时基本锚固长度用 l_{abE} 表示，非抗震设计用 l_{ab} 表示； h_c—柱截面沿框架方向高度； d—纵向钢筋直径； Δ_h—中间支座两端梁高差值； r—钢筋弯折半径 构造图解析： （1）除注明外，括号内为非抗震梁纵筋的锚固长度。 （2）图中标注可直锚的钢筋，当支座宽度满足直锚要求时可直锚。 （3）节点⑤，当 $\Delta_h/(h_c-50)\leqslant 1/6$ 时，纵筋可连续布置
节点②		
节点③		

续表

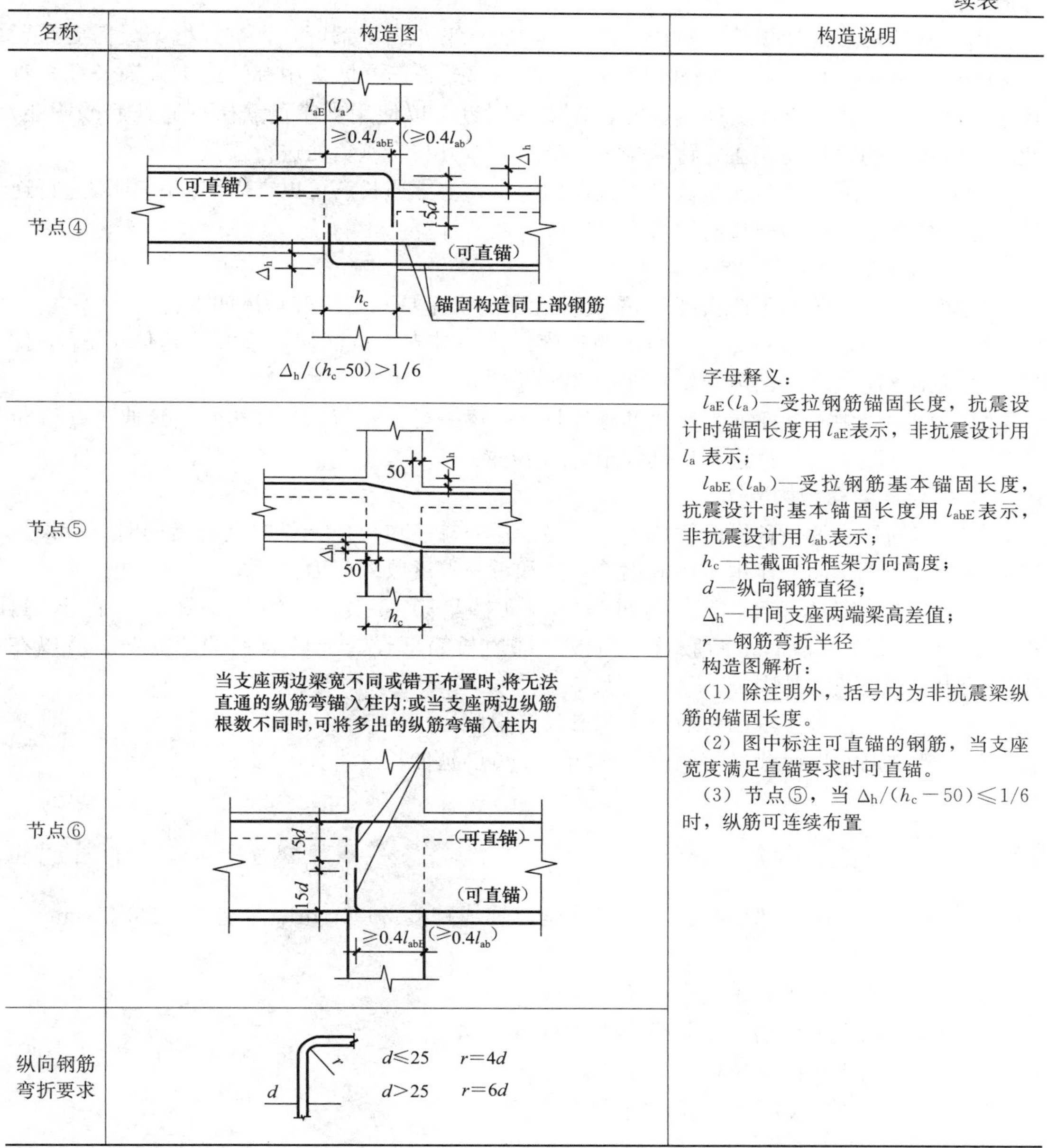

名称	构造图	构造说明
节点④	$l_{aE}(l_a)$；$\geqslant 0.4l_{abE}$（$\geqslant 0.4l_{ab}$）；（可直锚）；15d；Δ_h；h_c；锚固构造同上部钢筋；$\Delta_h/(h_c-50)>1/6$	字母释义： $l_{aE}(l_a)$—受拉钢筋锚固长度，抗震设计时锚固长度用l_{aE}表示，非抗震设计用l_a表示； $l_{abE}(l_{ab})$—受拉钢筋基本锚固长度，抗震设计时基本锚固长度用l_{abE}表示，非抗震设计用l_{ab}表示； h_c—柱截面沿框架方向高度； d—纵向钢筋直径； Δ_h—中间支座两端梁高差值； r—钢筋弯折半径 构造图解析： （1）除注明外，括号内为非抗震梁纵筋的锚固长度。 （2）图中标注可直锚的钢筋，当支座宽度满足直锚要求时可直锚。 （3）节点⑤，当$\Delta_h/(h_c-50)\leqslant 1/6$时，纵筋可连续布置
节点⑤	50；Δ_h；h_c	
节点⑥	当支座两边梁宽不同或错开布置时，将无法直通的纵筋弯锚入柱内；或当支座两边纵筋根数不同时，可将多出的纵筋弯锚入柱内；15d；（可直锚）；$\geqslant 0.4l_{abE}$（$\geqslant 0.4l_{ab}$）	
纵向钢筋弯折要求	d；r；$d\leqslant 25$　$r=4d$；$d>25$　$r=6d$	

19　框架梁上部纵筋的构造要求有哪些?

框架梁上部纵筋包括：上部通长筋、支座上部纵向钢筋（习惯称为支座负筋）和架立筋。

1. 框架梁上部通长筋构造

（1）从上部通长筋的概念出发，上部通长筋的直径可以小于支座负筋。这时，处于跨中的上部通长筋就在支座负筋的分界处（$l_n/3$），与支座负筋进行连接（据此，可算出上部通长筋的长度)。

由《建筑抗震设计规范》(GB 50011—2010) 第 6.3.4 条可知,抗震框架梁需要布置 2 根直径 14mm 以上的上部通长筋。当设计的上部通长筋(即集中标注的上部通长筋)直径小于(原位标注)支座负筋直径时,在支座附近可以使用支座负筋执行通长筋的职能,此时,跨中处的通长筋就在一跨两端 1/3 跨距的地方与支座负筋进行连接。

(2) 当上部通长筋与支座负筋的直径相等时,上部通长筋可以在 $l_n/3$ 的范围内进行连接(这种情况下,上部通长筋的长度可以按贯通筋计算)。

2. 框架梁支座负筋延伸长度

框架梁"支座负筋延伸长度",端支座和中间支座是不同的。具体如下:

(1) 框架梁端支座的支座负筋延伸长度:第一排支座负筋从柱边开始延伸至 $l_{n1}/3$ 位置,第二排支座负筋从柱边开始延伸至 $l_{n1}/4$ 位置。

(2) 框架梁中间支座的支座负筋延伸长度:第一排支座负筋从柱边开始延伸至 $l_n/3$ 位置,第二排支座负筋从柱边开始延伸至 $l_n/4$ 位置。

3. 框架梁架立筋构造

架立钢筋是梁的一种纵向构造钢筋。当梁顶面箍筋转角处无纵向受力钢筋时,应设置架立钢筋。架立钢筋的作用是形成钢筋骨架和承受温度收缩应力。

框架梁不一定具有架立筋,例如 11G101-1 图集第 34 页例子工程(图 4-2)的 KL1,由于 KL1 所设置的箍筋是两肢箍,两根上部通长筋已经充当两肢箍的架立筋,所以在 KL1 的上部纵筋标注中就不需要注写架立筋了。

(1) 架立筋根数=箍筋肢数-上部通长筋根数

(2) 架立筋长度=梁净跨长度-两端支座负筋延伸长度+150×2

20 如何计算架立筋?

【例 4-11】 抗震框架梁 KL1 为三跨梁,轴线跨度 3500mm,支座 KZ1 为 500mm×500mm,正中:

集中标注的箍筋为Φ 10@100/200 (4);

集中标注的上部钢筋为 2Φ 25+(2Φ 14);

每跨梁左右支座的原位标注都是 4Φ 25;

混凝土强度等级 C25,二级抗震等级。

计算 KL1 的架立筋。

【解】

KL1 每跨的净跨长度 l_n=3500-500=3000mm

所以,每跨的架立筋长度=l_n/3+150×2=1300mm

每跨的架立筋根数=箍筋根数-上部通长筋根数=4-2=2 根

【例 4-12】 抗震框架梁 KL2 为两跨梁,第一跨轴线跨度为 3500mm,第二跨轴线跨度为 4500mm,支座 KZ1 为 500mm×500mm,正中:

集中标注的箍筋为Φ 10@100/200 (4);

集中标注的上部钢筋为 2Φ 25+(2Φ 14);

每跨梁左右支座的原位标注都是4⌽25；

混凝土强度等级C25，二级抗震等级。

计算KL2的架立筋。

【解】

KL2第一跨架立筋：

$$架立筋长度 = l_{n1} - l_{n1}/3 - l_n/3 + 150 \times 2$$
$$= 3000 - 3000/3 - 4000/3 + 150 \times 2$$
$$= 967\text{mm}$$
$$架立筋根数 = 2根$$

KL2第二跨架立筋：

$$架立筋长度 = l_{n2} - l_n/3 - l_{n2}/3 + 150 \times 2$$
$$= 4000 - 4000/3 - 4000/3 + 150 \times 2$$
$$= 1634\text{mm}$$
$$架立筋根数 = 2根$$

【例4-13】 抗震框架梁KL3为单跨梁，轴线跨度3800mm，支座KZ1为500mm×500mm，正中：

集中标注的箍筋为Φ10@100/200（2）；

集中标注的上部钢筋为（2⌽14）；

左右支座的原位标注都是：4⌽25；

混凝土强度等级C25，二级抗震等级。

计算KL3的架立筋。

【解】

$$l_{n1} = 3800 - 500 = 3300\text{mm}$$

当混凝土强度等级C25，二级抗震等级时，

$$l_{lE} = 1.4l_{aE} = 1.4 \times 46d = 1.4 \times 46 \times 14 = 902\text{mm}$$

上部通长筋长度$= l_{n1}/3 + 2l_{lE} = 3300/3 + 2 \times 902 = 2904\text{mm}$

上部通长筋根数=2根

【例4-14】 非框架梁L4为单跨梁，轴线跨度为4500mm，支座KL1为400mm×700mm，正中：

集中标注的箍筋为Φ8@200（2）；

集中标注的上部钢筋为2⌽14；

左右支座的原位标注为3⌽20；

混凝土强度等级C25，二级抗震等级。

计算L4的架立筋。

【解】

$$l_{n1} = 4500 - 400 = 4100\text{mm}$$
$$架立筋长度 = l_{n1}/3 + 150 \times 2 = 4100/3 + 150 \times 2 = 1667\text{mm}$$
$$架立筋根数 = 2根$$

21　框架梁下部纵筋的构造要求有哪些？

（1）框架梁下部纵筋的配筋方式：基本上是“按跨布置”，即在中间支座锚固。

（2）钢筋“能通则通”一般是对于梁的上部纵筋说的，梁的下部纵筋则不强调“能通则通”，主要原因在于框架梁下部纵筋如果作贯通筋处理的话，很难找到钢筋的连接点。

（3）框架梁下部纵筋连接点分析：

1）梁的下部钢筋不能在下部跨中进行连接，因为，下部跨是正弯矩最大的地方，钢筋不允许在此范围内连接。

2）梁的下部钢筋在支座内连接也是不可行的，因为，在梁柱交叉的节点内，梁纵筋和柱纵筋都不允许连接。

3）框架梁下部纵筋是否可以在靠近支座 $l_n/3$ 的范围内进行连接？

如果是非抗震框架梁，在竖向静荷载的作用下，每跨框架梁的最大正弯矩在跨中部位，而在靠近支座的地方只有负弯矩而不存在正弯矩。所以，此时框架梁的下部纵筋可以在靠近支座 $l_n/3$ 的范围内进行连接，如图 4-24 所示。

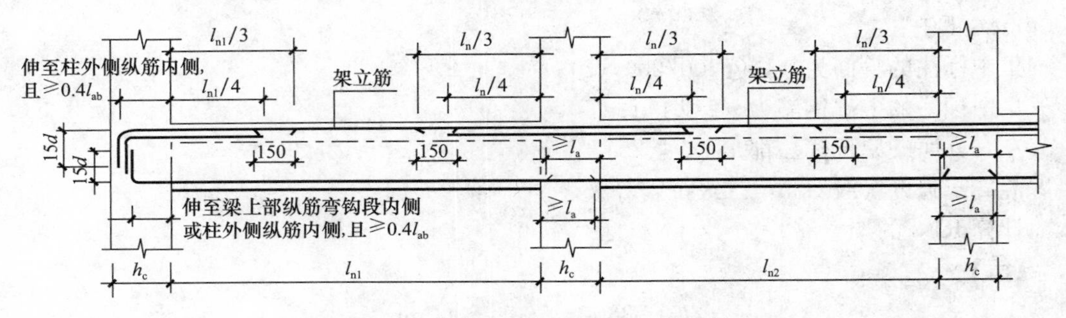

图 4-24　非抗震楼层框架梁 KL 纵向钢筋构造

如果是抗震框架梁，情况比较复杂，在地震作用下，框架梁靠近支座处有可能会成为正弯矩最大的地方。这样看来，抗震框架梁的下部纵筋似乎找不到可供连接的区域（跨中不行、靠近支座处也不行，在支座内更不行）。

所以说，框架梁的下部纵筋一般都是按跨处理，在中间支座锚固。

22　框架梁中间支座的节点构造要求有哪些？

1. 框架梁上部纵筋在中间支座的节点构造

在中间支座的框架梁上部纵筋一般是支座负筋。与支座负筋直径相同的上部通长筋在经过中间支座时，它本身就是支座负筋；与支座负筋直径不同的上部通长筋，在中间支座附近也是通过与支座负筋连接来实现“上部通长筋”功能的。

支座负筋在中间支座上一般有如下做法：

（1）当支座两边的支座负筋直径相同、根数相等时，这些钢筋都是贯通穿过中间支座的。

（2）当支座两边的支座负筋直径相同、根数不相等时，把“根数相等”部分的支座负筋贯通穿过中间支座，而将根数多出来的支座负筋弯锚入柱内。

（3）在施工图设计中要尽量避免出现支座两边的支座负筋直径不相同的情况。

2. 框架梁下部纵筋在中间支座的节点构造

框架梁的下部纵筋一般都是以“直形钢筋”在中间支座锚固。其锚固长度同时满足两个条件：锚固长度不小于 l_{aE}，锚固长度不小于 $0.5h_c+5d$。

前面提到过，框架梁的下部纵筋一般都是按跨处理，在中间支座锚固。然而，在满足钢筋“定尺长度”的前提下，相邻两跨同样直径的框架梁可以而且应该直通贯穿中间支座，这样做既可以节省钢筋，又对降低支座钢筋的密度有好处。

23 无论什么梁，支座负筋延伸长度都是“$l_n/3$”和“$l_n/4$”？

11G101-1图集第79页是“平法梁”一个最重要的图，其中，支座负筋延伸长度“$l_n/3$”和“$l_n/4$”是一项重要内容。

（1）对于框架梁（KL）“支座负筋延伸长度”来说，端支座和中间支座是不同的。

1）端支座负弯矩筋的水平长度：

第一排负弯矩筋从柱（梁）边起延伸至 $l_{n1}/3$ 位置；

第二排负弯矩筋从柱（梁）边起延伸至 $l_{n1}/4$ 位置。

注：l_{n1} 是边跨的净跨长度。

2）中间支座负弯矩筋的水平长度：

第一排负弯矩筋从柱（梁）边起延伸至 $l_n/3$ 位置；

第二排负弯矩筋从柱（梁）边起延伸至 $l_n/4$ 位置。

注：l_n 是支座两边的净跨长度 l_{n1} 和 l_{n2} 的最大值。

从以上内容得知，第一排支座负筋延伸长度从字面上说，似乎都是“三分之一净跨”，但要注意，端支座和中间支座是不一样的，一不小心就会出错。

对于端支座来说，是按“本跨”（边跨）的净跨长度来进行计算的；而中间支座是按“相邻两跨”的跨度最大值来进行计算。

（2）关于“支座负筋延伸长度”，11G101-1图集只给出了第一排钢筋和第二排钢筋的情况，如果发生“第三排”支座负筋，其延伸长度应该由设计师给出。

（3）11G101-1图集第79页关于支座负筋延伸长度的规定，不但对“框架梁”（KL）适用，对“非框架梁”（L）的中间支座同样适用。从11G101-1图集第32页第4.4.1条的文字可以看出：

为方便施工，凡框架梁的所有支座和非框架梁（不包括井字梁）的中间支座上部纵筋的伸出长度 a_0 值在标准构造详图中统一取值为：第一排非通长筋及与跨中直径不同的通长筋从柱（梁）边起伸出至 $l_n/3$ 位置；第二排非通长筋伸出至 $l_n/4$ 位置。l_n 的取值规定为：对于端支座，l_n 为本跨的净跨值；对于中间支座，l_n 为支座两边较大一跨的净跨值。

其中的“（梁）”就是专门针对非框架梁（即次梁）说的，因为非框架梁（次梁）以框架梁（主梁）为支座。

24　框架梁支座负筋如何计算?

【例 4-15】 KL1 在第三个支座右边有原位标注 6 ⌀ 25 4/2，支座左边没有原位标注，如图 4-25 所示。计算支座负筋的长度。

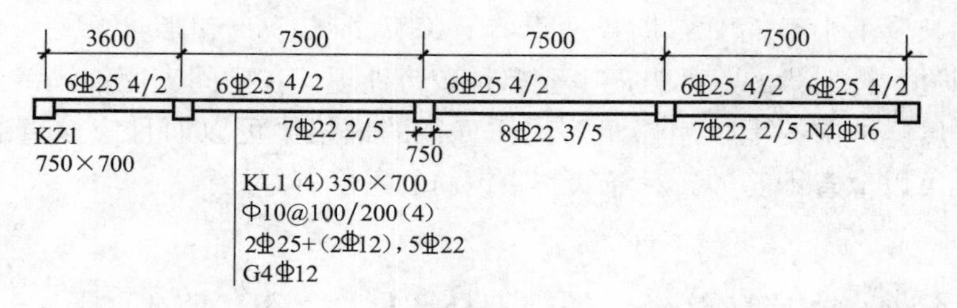

图 4-25　KL1 支座负筋

【解】

由于 KL1 第三个支座的左右两跨梁的跨度（轴线—轴线）均为 7500mm，而且作为支座的框架柱都是 KZ1，并且都按“正中轴线”布置。

此时 KZ1 的截面尺寸为 750mm×700mm，这表示：KZ1 在 b 方向的尺寸为 750mm，在 h 方向的尺寸为 700mm。

由于 KL1 的方向与 KZ1 的 b 方向一致，所以，支座宽度＝750mm

KL1 的这两跨梁的净跨长度＝7500－750＝6750mm

由于 l_n 是中间支座左右两跨的净跨长度的最大值，

所以，l_n＝6750mm

根据原位标注，支座第一排纵筋为 4 ⌀ 25，这包括上部通长筋和支座负筋。KL1 集中标注的上部通长筋为 2 ⌀ 25，按贯通筋设置（在梁截面的角部）。所以，中间支座第一排（非贯通的）支座负筋为 2 ⌀ 25，第一排支座负筋向跨内的延伸长度：

$$l_n/3=6750/3=2250\text{mm}$$

所以，第一排支座负筋的长度＝2250＋750＋2250＝5250mm

根据原位标注，支座第二排纵筋为 2 ⌀ 25，第二排支座负筋向跨内的延伸长度：

$$l_n/4=6750/4=1687.5\text{mm}。$$

所以，第二排支座负筋的长度＝1687.5＋750＋1687.5＝4125mm。

【例 4-16】 KL1 在第二跨的上部跨中有原位标注 6 ⌀ 22 4/2，在第一跨的右支座有原位标注 6 ⌀ 22 4/2，在第三跨的左支座有原位标注 6 ⌀ 22 4/2，如图 4-26 所示。计算 KL1 在第二跨上的支座负筋长度。

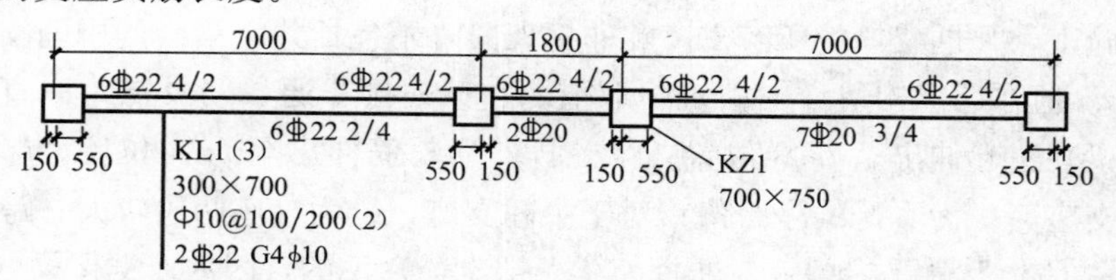

图 4-26　KL1 支座负筋

【解】

（1）计算梁的净跨长度

$l_{n1}=l_{n3}=7000-550-550=5900\text{mm}$

$l_{n2}=1800-150-150=1500\text{mm}$

对于 B 轴线支座来说，左跨跨度 $l_{n1}=5900\text{mm}$，右跨跨度 $l_{n2}=1500\text{mm}$；对于 C 轴线支座来说，左跨跨度 $l_{n1}=1500\text{mm}$，右跨跨度 $l_{n2}=5900\text{mm}$。由于 l_n 是中间支座左右两跨的净跨长度的最大值，即 $l_n=\max(l_{n1}, l_{n2})$

所以对于这两个支座，都是 $l_n=5900\text{mm}$

（2）明确支座负筋的形状和总根数

我们注意到 KL1 第二跨上部纵筋 6Φ22 4/2 为全跨贯通，第一跨的右支座有原位标注 6Φ22 4/2，第三跨的左支座有原位标注 6Φ22 4/2。本着梁的上部纵筋“能通则通”的原则，6Φ22 4/2 的上部纵筋从第一跨右支座—第二跨全跨—第三跨左支座实行贯通；这组贯通纵筋的第一排钢筋为 4Φ22，第二排钢筋为 2Φ22；钢筋形状均为“直形钢筋”。

（3）计算第一排支座负筋的根数及长度

根据原位标注，支座第一排纵筋为 4Φ22，这包括上部通长筋和支座负筋；KL1 集中标注的上部通长筋为 2Φ22，按贯通筋设置（在梁截面的角部）。

所以，中间支座第一排（非贯通的）支座负筋为 2Φ22。

第一排支座负筋向跨内的延伸长度 $l_n/3=5900/3=1967\text{mm}$

所以，

第一排上部纵筋（支座负筋）的长度＝1967＋700＋1500＋700＋1967＝6834mm

（4）计算第二排支座负筋的长度

根据原位标注，支座第二排纵筋为 2Φ22。

第二排支座负筋向跨内的延伸长度 $l_n/4=5900/4=1475\text{mm}$

所以，

第二排支座负筋的长度＝1475＋700＋1500＋700＋1475＝5850mm

【例 4-17】 某建筑 KL2 支座负筋如图 4-27 所示，混凝土强度等级 C30，二级抗震等级，框架梁保护层厚度为 25mm，柱的保护层厚度为 25mm。计算 KL2 支座负筋长度。

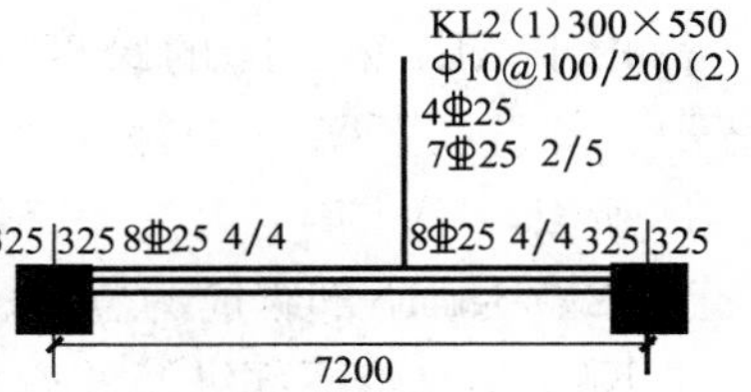

KL2(1) 300×550
Φ10@100/200(2)
4Φ25
7Φ25 2/5
325 | 325 8Φ25 4/4
8Φ25 4/4 325 | 325
7200

图 4-27 支座负筋

【解】

净跨长＝7200－325－325＝6550mm

锚固长度 $l_{aE}=34\times25=850\text{mm}>h_c-$保护层厚度＝625mm，所以是弯锚构造。

h_c-保护层厚度$+15d=650-25+15\times25=1000\text{mm}$

KL2 左支座第一排负筋长度＝6550/3＋1000＝3183mm

KL2 右支座第一排负筋长度＝6550/3＋1000＝3183mm

KL2 左支座第二排负筋长度＝6550/4＋1000＝2638mm

KL2 右支座第二排负筋长度＝6550/4＋1000＝2638mm

【例 4-18】 KL1 中间支座负筋如图 4-28 所示，混凝土强度等级 C30，二级抗震等级，框架梁保护层厚度为 25mm，柱的保护层厚度为 25mm。计算该支座负筋长度。

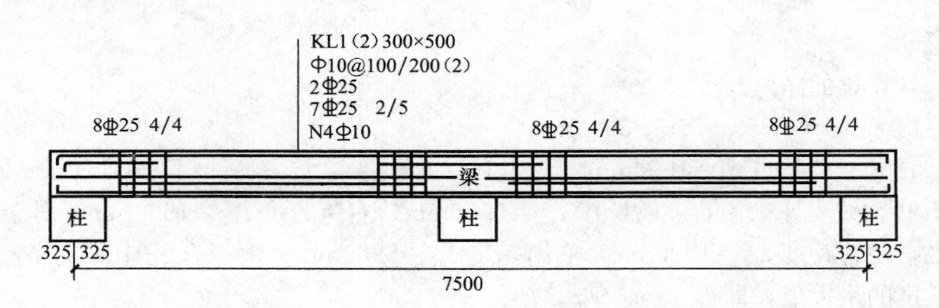

图 4-28 KL1 中间支座负筋

【解】

中间支座第一排负筋长度＝2×(7500－650)/3＋650＝5217mm

中间支座第二排负筋长度＝2×(7500－650)/4＋650＝4075mm

25 框架梁下部纵筋如何计算?

【例 4-19】 KL1 在第二跨的下部有原位标注 7Φ22 2/5，混凝土强度等级 C25，如图 4-29 所示。计算第二跨的下部纵筋长度。

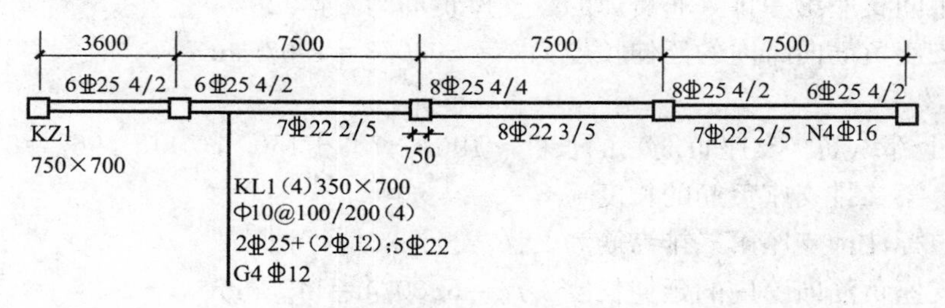

图 4-29 KL1 下部纵筋

【解】

(1) 计算梁的净跨长度

由于 KL1 第二跨的跨度（轴线—轴线）为 7500mm，而且作为支座的框架柱都是 KZ1，并且在 KL1 方向都按“正中轴线”布置。

所以，KL1 第二跨的净跨长度＝7500－750＝6750mm

(2) 明确下部纵筋的位置、形状和总根数

KL1 第二跨下部纵筋的原位标注 7Φ22 2/5，这种钢筋标注表明第一排下部纵筋为 5Φ22，第二排钢筋为 2Φ22。钢筋形状均为“直形钢筋”，并且伸入左右两端支座同样的锚固长度。

(3) 计算第一排下部纵筋长度

梁下部纵筋在中间支座的锚固长度要同时满足下列两个条件：

1) 锚固长度≥l_{aE}

2) 锚固长度≥$0.5h_c+5d$

现在，h_c＝750mm，d＝22mm，因此 $0.5h_c+5d=0.5\times750+5\times22=485$mm

当混凝土强度等级为 C25、HRB400 级钢筋直径不大于 25mm 时，

$$l_{aE}=46d=1012\text{mm}$$

所以，$l_{aE}\geqslant 0.5h_c+5d$

我们取定梁下部纵筋在中间支座的锚固长度为 1012mm，

所以，第一排下部纵筋长度＝1012＋6750＋1012＝8774mm

（4）计算第二排下部纵筋的长度

作为“中间跨”的下部纵筋，由于其左右两端的支座都是“中间支座”，因此，第二排下部纵筋的长度与第一排下部纵筋的长度相同。

所以，第二排下部纵筋长度＝8774mm

【例 4-20】 KL1 下部纵筋如图 4-30 所示，混凝土强度等级 C30，二级抗震等级，框架梁保护层厚度为 25mm，柱的保护层厚度为 25mm。计算 KL1 第二跨下部纵筋长度。

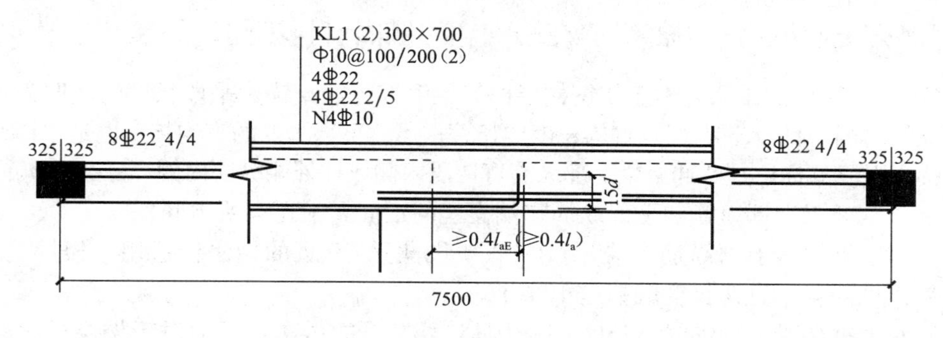

图 4-30　KL1 下部纵筋

【解】

KL1 第二跨下部纵筋长度＝7500－325－325＋34×22＋650－25＋15×22
＝8553mm

26　框架梁纵向钢筋在端支座的锚固长度是 $0.4l_{abE}+15d$，对吗？

这种说法是不正确的。认识“$0.4l_{abE}+15d$”应从两方面考虑：一个是框架梁纵筋在端支座直锚水平段长度的问题，另一个是框架梁纵筋需要弯直钩 15d 的问题。

（1）11G101-1 图集第 79 页框架梁端支座下面的标注：“伸至柱外侧纵筋内侧，且≥$0.4l_{abE}$”，这就是说，直锚水平段长度只可以比 $0.4l_{abE}$ 长，而不能比 $0.4l_{abE}$ 短。

（2）无论框架梁的上部纵筋和下部纵筋，其端部都要弯 $15d$ 的直钩，这是一个构造要求。构造要求是混凝土结构的一种技术要求，构造要求是不需经过计算的，是必须执行的。

27　以剪力墙作为框架梁的端支座，梁纵筋的直锚水平段长度不满足 $0.4l_{abE}$，怎么办？

对于剪力墙结构来说，剪力墙的厚度较小，通常在 200～300mm 之间。当遇到以剪力

墙为支座的框架梁（与剪力墙墙身垂直）时，此时的支座宽度就是剪力墙的厚度，此时的支座宽度太小，很难满足上述锚固长度要求。

这里，我们以11G101-1图集第34页例子工程（图4-2）为例进行说明，其中框架梁KL2以垂直的剪力墙墙身Q1作为支座，Q1的厚度仅有300mm，显然不能满足“纵筋直锚水平段≥0.4l_{abE}”的要求，因此，端支座处增设了端柱GDZ2（截面为600mm×600mm），这就解决了“剪力墙墙身作为支座”而宽度不够的问题。

由此，我们得知，当框架梁端支座为厚度较小的剪力墙时，框架梁纵筋可以采用等强度、等面积代换为较小直径的钢筋，还可以在梁端支座部位设置剪力墙壁柱，当然，最好还是请该工程的结构设计师出示解决方案。当施工图没有明确的解决方案时，施工方应在会审图纸时提出。

28　框架梁上部纵筋和下部纵筋在端支座的锚固有何不同?

11G101-1图集第79页，对于抗震楼层框架梁上部纵筋直锚水平段长度的注明为“伸至柱外侧纵筋内侧，且≥0.4l_{abE}”，直钩长度“15d”；虽然下部纵筋的直钩长度也是“15d”，但是在弯锚水平段的标注是“伸至梁上部纵筋弯钩段内侧或柱外侧纵筋内侧，且≥0.4l_{abE}”。

此外，框架梁上部纵筋和下部纵筋在端支座的锚固要求还有所不同：

（1）对于框架梁上部纵筋来说，11G101-1图集第79页的做法仅适用于楼层框架梁。而对于屋面框架梁，直钩长度就超过15d了。

（2）对于框架梁下部纵筋，11G101-1图集第79页的做法，不但对于楼层框架梁，而且对于屋面框架梁也适用（当然，对于屋面框架梁来说，更加强调框架梁下部纵筋的端部是“伸至梁上部纵筋弯钩段内侧，且≥0.4l_{abE}”）。

29　梁端支座直锚水平段钢筋如何计算?

【例4-21】 11G101-1图集第34页例子工程（图4-2）中KL2的端支座（600mm×600mm的端柱）进行上部两排纵筋和下部两排纵筋的配筋计算，计算这四排纵筋在左端支座的直锚水平段长度。混凝土强度等级C25，二级抗震等级。（第一排纵筋直锚水平段长度二支座宽度－30－d_z－25；第二排纵筋直锚水平段长度二支座宽度－30－d_z－25－d_1－25。其中：d_z是柱外侧纵筋的直径，d_1是第一排梁纵筋的直径，30是柱纵筋的保护层厚度，25是两排纵筋直钩之间的净距。）

【解】

（1）计算第一排上部纵筋的直锚水平段长度

按11G101-1图案第54页关于保护层最小厚度的规定，柱箍筋的保护层厚度为20mm，箍筋直径10mm，则柱纵筋的保护层厚度＝20＋10＝30mm。还要注意一点，就是比较柱纵筋保护层厚度是否大于等于柱纵筋直径，显然，现在是满足要求的。

第一排上部纵筋为4⌽25（包括上部通长筋和支座负筋），伸到柱外侧纵筋的内侧，根据前面介绍的计算公式，

第一排上部纵筋直锚水平段长度＝600－30－25－25＝520mm

（2）计算第二排上部纵筋的直锚水平段长度

第二排上部纵筋2⌀25的直钩段与第一排纵筋直钩段的净距为25mm，根据前面介绍的计算公式，

第二排上部纵筋直锚水平段长度＝520－25－25＝470mm

（3）计算第一排下部纵筋的直锚水平段长度

第一排下部纵筋5⌀25的直钩段是“第三个层次的直钩段”，它与前一个直钩段的净距为25mm，所以，

第一排下部纵筋直锚水平段长度＝470－25－25＝420mm

（4）计算第二排下部纵筋的直锚水平段长度

第二排下部纵筋3⌀25的直钩段是“第四个层次的直钩段”，它与前一个直钩段的净距为25mm，所以，

第二排下部纵筋直锚水平段长度＝420－25－25＝370mm

【例4-22】 试计算KL1端支座（600mm×600mm的端柱）的支座负筋的长度。混凝土强度等级C25，二级抗震等级，如图4-31所示。

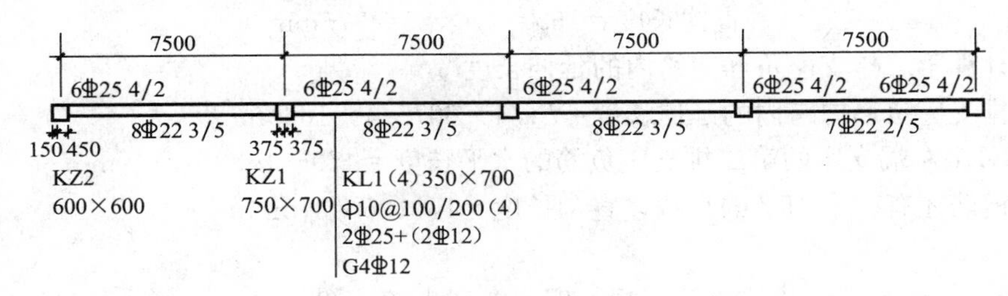

图4-31 KL1端支座的支座负筋

【解】

（1）计算第一排上部纵筋的锚固长度

1）判断这个端支座是不是“宽支座”。

根据“混凝土强度等级C25，二级抗震等级”的条件查表（注意，查出来的是l_{abE}，由于$l_{aE}=\zeta_a l_{abE}$，我们取$\zeta_a=1$）：

$$l_{aE}=46d=46\times25=1150\text{mm}$$

$$0.5h_c+5d=0.5\times600+5\times25=425\text{mm}$$

所以，

$$L_d=\max(l_{aE},\ 0.5h_c+5d)=1150\text{mm}$$

再计算，

$$h_c-30-25=600-30-25=545\text{mm}$$

由于$L_d=1150>h_c-30-25$，所以，这个端支座不是“宽支座”。

2）计算上部纵筋在端支座的直锚水平段长度L_d：

$$L_d=h_c-30-25-25=600-30-25-25=520\text{mm}$$

$$0.4l_{abE}=0.4\times1150=460\text{mm}$$

由于，$L_d=520\text{mm}>0.4l_{abE}$，所以这个直锚水平段长度$L_d$是合适的。

此时，钢筋的左端部是带直钩的，

直钩长度$=15d=15\times25=375$mm

(2) 计算第一排支座负筋向跨内的延伸长度

KL1 第一跨的净跨长度 $l_{n1}=7500-450-375=6675$mm

所以，

第一排支座负筋向跨内的延伸长度$=l_{n1}/3=6675/3=2225$mm

(3) KL1 左端支座的第一排支座负筋的水平长度$=520+2225=2745$mm，这排钢筋还有一个 15d 的直钩，直钩长度$=15\times25=375$mm，所以，

这排钢筋每根长度$=2745+375=3120$mm

(4) 计算第二排上部纵筋的直锚水平段长度

第二排上部纵筋 2Φ25 的直钩段与第一排纵筋直钩段的净距为 25mm，

第二排上部纵筋直锚水平段长度$=520-25-25=470$mm

由于 $L_d=470\text{mm}>0.4l_{abE}=0.4\times1150=460$mm，所以这个直锚水平段长度 L_d 是合适的。

此时，钢筋的左端部是带直钩的，

直钩长度$=15d=15\times25=375$mm

(5) 计算第二排支座负筋向跨内的延伸长度

第二排支座负筋向跨内的延伸长度$=l_{n1}/4=6675/4=1669$mm

(6) KL1 左端支座的第二排支座负筋的水平长度$=470+1669=2139$mm

这排钢筋还有一个 $15d$ 的直钩，直钩长度$=15\times25=375$mm

所以，

这排钢筋每根长度$=2139+375=2514$mm

【例 4-23】 试计算 KL1 第一跨上部纵筋的长度。混凝土强度等级 C25，二级抗震等级，如图 4-32 所示。

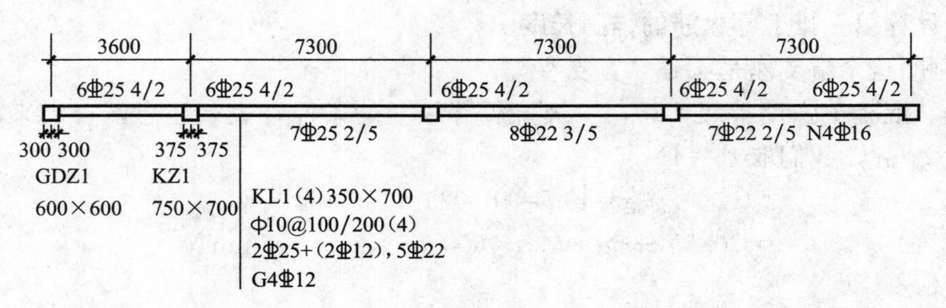

图 4-32 框架梁 KL1

【解】

(1) 计算端支座第一排上部纵筋的直锚水平段长度

第一排上部纵筋为 4Φ25（包括上部通长筋和支座负筋），伸到柱外侧纵筋的内侧，

第一排上部纵筋直锚水平段长度 $L_d=600-30-25-25=520$mm

由于 $L_d=520\text{mm}>0.4l_{abE}=0.4\times1150=460$mm，所以这个直锚水平段长度 L_d 是合适的。

此时，钢筋的左端部是带直钩的，

直钩长度$=15d=15\times25=375$mm

（2）计算第一跨净跨长度和中间支座宽度

第一跨净跨长度＝3600－300－375＝2925mm

中间支座宽度＝750mm

（3）计算第二跨左支座第一排支座负筋向跨内的延伸长度

KL1 第一跨净跨长度 l_{n1}＝2925mm

KL1 第二跨净跨长度 l_{n2}＝7300－375－375＝6550mm

l_n＝max(2925，6550)＝6550mm

所以，

第一排支座负筋向跨内的延伸长度＝l_n/3＝6550/3＝2183mm。

（4）KL1 第一跨第一排上部纵筋的水平长度＝520＋2925＋750＋2183

＝6378mm

这根钢筋还有一个 15d 的直钩，

直钩长度＝15×25＝375mm

所以，

这排钢筋每根长度＝6378＋375＝6753mm

（5）计算端支座第二排上部纵筋的直锚水平段长度

第二排上部纵筋 2⌀25 的直钩段与第一排纵筋直钩段的净距为 25mm，

第二排上部纵筋直锚水平段长度 L_d＝520－25－25＝470mm

由于 L_d＝470mm＞0.4l_{abE}＝0.4×1150＝460mm，所以这个直锚水平段长度 L_d 是合适的。此时，钢筋的左端部是带直钩的，

直钩长度＝15d＝15×25＝375mm

（6）计算第二跨左支座第二排支座负筋向跨内的延伸长度

第二排支座负筋向跨内的延伸长度＝l_n/4＝6550/4＝1638mm

（7）KL1 第一跨第二排上部纵筋的水平长度＝470＋2925＋750＋1638

＝5783mm

这排钢筋还有一个 15d 的直钩

直钩长度＝15×25＝375mm

所以，

这排钢筋每根长度＝5783＋375＝6158mm

【例 4-24】 试计算 KL1 第一跨下部纵筋的长度。混凝土强度等级 C25，二级抗震等级，如图 4-33 所示。

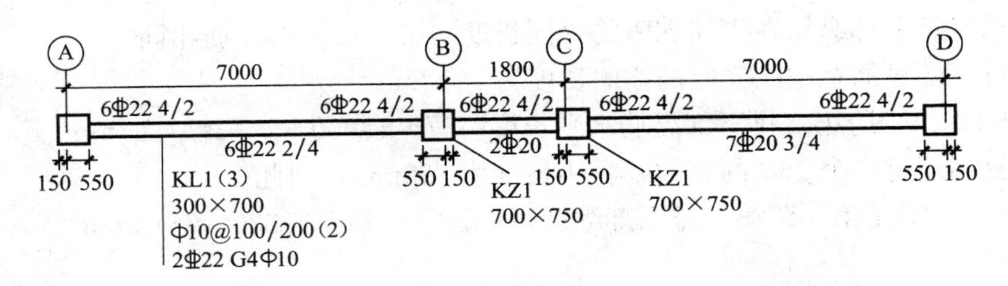

图 4-33　框架梁 KL1

【解】

(1) 计算第一排下部纵筋在(A轴线)端支座的锚固长度

1) 判断这个端支座是不是"宽支座"。

根据"混凝土强度等级C25,二级抗震等级"的条件查表,

$$l_{aE}=46d=46\times22=1012\text{mm}$$

$$0.5h_c+5d=0.5\times700+5\times22=460\text{mm}$$

所以,$L_d=\max(l_{aE},0.5h_c+5d)=1012\text{mm}$

$$h_c-30-25=700-30-25=645\text{mm}$$

由于 $L_d=1012>h_c-30-25$

所以,这个端支座不是"宽支座"。

2) 计算下部纵筋在端支座的直锚水平段长度 L_d:

$$L_d=h_c-30-25-25=700-30-25-25=620\text{mm}$$

$$0.4l_{abE}=0.4\times1012=405\text{mm}$$

由于 $L_d=620\text{mm}>0.4l_{abE}$,所以这个直锚水平段长度 L_d 是合适的。

此时,钢筋的左端部是带直钩的,

$$直钩长度=15d=15\times22=330\text{mm}$$

(2) 计算第一跨净跨长度

$$第一跨净跨长度=7000-550-550=5900\text{mm}$$

(3) 计算第一跨第一排下部纵筋在(B轴线)中间支座的锚固长度

中间支座(即KZ1)的宽度 $h_c=700\text{mm}$,

$$0.5h_c+5d=0.5\times700+5\times22=460\text{mm}$$

$$l_{aE}=46d=46\times22=1012\text{mm}>460\text{mm}$$

所以,第一排下部纵筋在(B轴线)中间支座的锚固长度为1012mm。

(4) KL1第一跨第一排下部纵筋水平长度=620+5900+1012=7532mm

这排钢筋还有一个 $15d$ 的直钩,直钩长度为330mm。

因此,

$$\text{KL1}第一跨第一排下部纵筋每根长度=7532+330=7862\text{mm}$$

(5) 计算第二排下部纵筋在端支座的水锚段平直长度

第二排下部纵筋2⌀22的直钩段与第一排纵筋直钩段的净距为25mm,

第二排下部纵筋直锚水平段长度=620−25−25=570mm

此钢筋的左端部是带直钩的,

$$直钩长度=15d=15\times22=330\text{mm}$$

(6) 第二排下部纵筋在中间支座的锚固长度与第一排下部纵筋相同

第二排下部纵筋在中间支座的锚固长度为1012mm。

(7) KL1第一跨第二排下部纵筋水平长度=570+5900+1012=7482mm

这排钢筋还有一个 $15d$ 的直钩,直钩长度为330mm,因此,

$$\text{KL1}第一跨第二排下部纵筋每根长度=7482+330=7812\text{mm}$$

【讨论】

第三跨第一排下部纵筋为4⌀20,其中两根⌀20钢筋(设置在箍筋角部的那两根)是

可以与第二跨的下部纵筋（2⏀20）贯通的。

现在计算一下当第二、三跨第一排下部纵筋实行贯通的时候这根钢筋的长度。

(1) 计算第一排下部纵筋在（D轴线）端支座的直锚水平段长度

第一排下部纵筋（2⏀20），伸到柱外侧纵筋的内侧，

第一排下部纵筋直锚水平段长度＝700－30－25－25＝620mm

(2) 计算第二、三跨净跨长度

第三跨净跨长度＝7000－550－550＝5900mm

中间支座宽度＝700mm

第二跨净跨长度＝1800－150－150＝1500mm

(3) 计算第二跨第一排下部纵筋在（B轴线）中间支座的锚固长度

中间支座（即KZ1）宽度＝700mm

$$0.5h_c+5d=0.5\times700+5\times22=460\text{mm}$$

$$l_{aE}=46d=46\times20=920\text{mm}>460\text{mm}$$

所以，第一排下部纵筋在（B轴线）中间支座的锚固长度为920mm。

(4) 计算KL1第二、三跨第一排下部贯通纵筋水平长度

钢筋水平长度＝(B轴线）中间支座锚固长度＋第二跨净跨长度

＋(C轴线）中间支座宽度＋第三跨净跨长度

＋(D轴线）端支座锚固长度

钢筋水平长度＝920＋1500＋700＋5900＋620＝9640mm

这排钢筋还有一个15d的直钩，

直钩长度＝15×20＝300mm

所以，

这排钢筋每根长度＝9640＋300＝9940mm

30 框架梁侧面纵筋的构造措施有哪些?

梁侧面纵筋俗称腰筋，包括梁侧面构造钢筋和侧面抗扭钢筋。梁侧面纵向构造筋和拉筋，如图4-34所示。

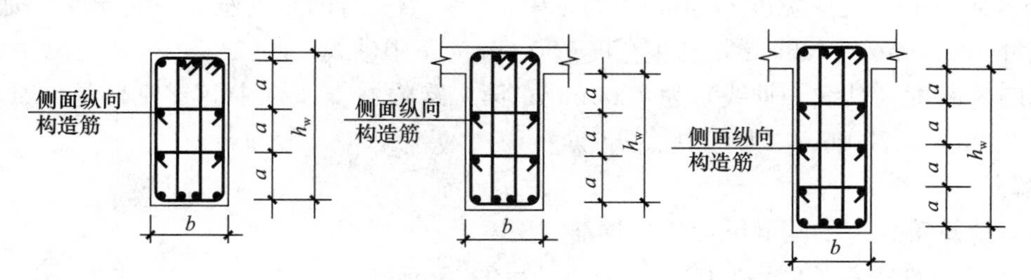

图4-34 梁侧面纵向构造筋和拉筋

a—纵向构造筋间距；b—梁宽；h_w—梁腹板高度

(1) 当$h_w\geqslant450$mm时，在梁的两个侧面应沿高度配置纵向构造筋；纵向构造筋间距$a\leqslant200$mm。

（2）当梁侧面配有直径不小于构造纵筋的受扭纵筋时，受扭钢筋可以替代构造钢筋。

（3）梁侧面构造纵筋的搭接与锚固长度可取 $15d$。梁侧面受扭纵筋的搭接长度为 l_{lE} 或 l_l，其锚固长度为 l_{aE} 或 l_a，锚固方式同框架梁下部纵筋。

（4）当梁宽 $b \leqslant 350$mm 时，拉筋直径为 6mm；梁宽 $b > 350$mm 时，拉筋直径为 8mm。拉筋间距为非加密区箍筋间距的 2 倍。当设有多排拉筋时，上下两排拉筋竖向错开设置。

31 拉筋弯钩有哪些构造做法?

11G101-1 图集第 56 页给出了拉筋弯钩的三种构造做法，如图 4-35 所示。

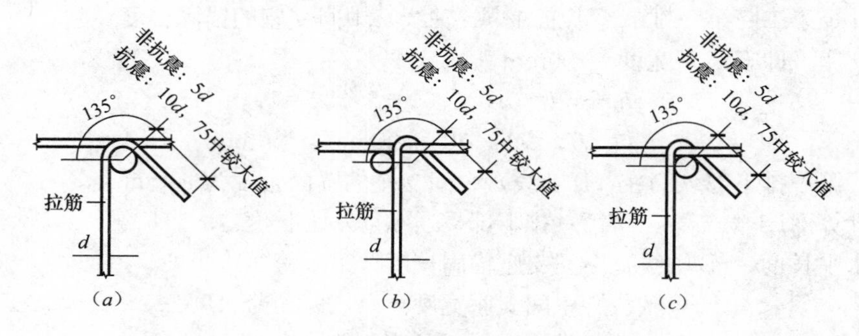

图 4-35 拉筋弯钩的三种构造做法

（a）拉筋紧靠箍筋并钩住纵筋；（b）拉筋紧靠纵向钢筋并钩住箍筋；（c）拉筋同时钩住纵筋和箍筋

图 4-35 中拉筋弯钩构造做法采用何种形式由设计指定。

32 侧面纵向构造钢筋如何计算?

【例 4-25】 11G101-1 图集第 34 页例子工程（图 4-2）中，KL1 集中标注的侧面纵向构造钢筋为 G4Φ10，计算第一跨和第二跨侧面纵向构造钢筋的尺寸（混凝土强度等级 C25，二级抗震等级）。

第一跨跨度（轴线—轴线）为 3600mm；左端支座是剪力墙端柱 GDZ1，截面尺寸为 600mm×600mm，支座宽度 600mm，为正中轴线；第一跨的右支座（中间支座）是 KZ1，截面尺寸为 750mm×700mm，支座宽度 750mm 为正中轴线。

第二跨跨度（轴线—轴线）为 7200mm；第二跨的右支座（中间支座）是 KZl，截面尺寸为 750mm×700mm，为正中轴线。

【解】

（1）计算第一跨的侧面纵向构造钢筋

KL1 第一跨净跨长度＝3600－300－375＝2925mm

所以，

第一跨侧面纵向构造钢筋长度＝2925＋2×15×10＝3225mm

由于该钢筋为 HPB300 级钢筋，所以在钢筋的两端设置 180°的小弯钩（这两个小弯钩的展开长度为 12.5d）。

所以，

每根钢筋长度＝3225＋12.5×10＝3350mm

（2）计算第二跨的侧面纵向构造钢筋

KL1第二跨净跨长度＝7200－375－375＝6450mm

所以，

第二跨侧面纵向构造钢筋长度＝6450＋2×15×10＝6750mm

由于该钢筋为HPB300级钢筋，所以在钢筋的两端设置180°的小弯钩。

所以，

每根钢筋长度＝6750＋12.5×10＝6875mm

33 如何计算拉筋？

【例4-26】 KL1的截面尺寸是300mm×700mm，箍筋为Φ10@100/200（2），集中标注的侧面纵向构造钢筋为G4Φ10，混凝土强度等级C25。计算侧面纵向构造钢筋的拉筋规格和尺寸。

【解】

（1）拉筋的规格

因为KL1的截面宽度为300mm<350mm，所以拉筋直径为6mm。

（2）拉筋的尺寸

拉筋水平长度＝梁箍筋外围宽度＋2×拉筋直径

而　梁箍筋外围宽度＝梁截面宽度－2×保护层厚度＝300－2×20＝260mm

所以，

拉筋水平长度＝260＋2×6＝272mm

（3）拉筋的两端各有一个135°的弯钩，弯钩平直段为$10d$，

每根拉筋长度＝拉筋水平长度＋$26d$

所以，

每根拉筋长度＝272＋26×6＝428mm

【例4-27】 KL1截面尺寸为300mm×700mm，箍筋为Φ8@100/200（2），集中标注的侧面纵向构造钢筋为G4Φ8，混凝土强度等级C25。计算侧面纵向构造钢筋的拉筋规格和尺寸。

【解】

（1）拉筋的规格

因为KL1的截面宽度为300mm<350mm，所以拉筋直径为6mm。

（2）拉筋的尺寸

拉筋水平长度＝梁箍筋宽度＋2×箍筋直径＋2×拉筋直径

梁箍筋外围宽度＝梁截面宽度－2×保护层厚度＝300－2×25＝250mm

所以，

拉筋水平长度＝250＋2×6＝262mm

（3）拉筋的两端各有一个135°的弯钩，弯钩平直段为$8d$，

$$每根拉筋长度=拉筋水平长度+26d$$

所以，

$$每根拉筋长度=262+26\times6=418mm$$

34 框架梁侧面抗扭钢筋构造做法有哪些?

梁侧面抗扭钢筋和梁侧面纵向构造钢筋类似，都是梁的腰筋。在11G101-1图集中没有给出专门的梁侧面抗扭钢筋构造图，而只给出了梁侧面纵向构造钢筋和拉筋的构造(11G101-1图集第87页)。可见，梁侧面抗扭钢筋在梁截面中的位置及其拉筋的构造可参考梁侧面纵向构造钢筋的构造做法。

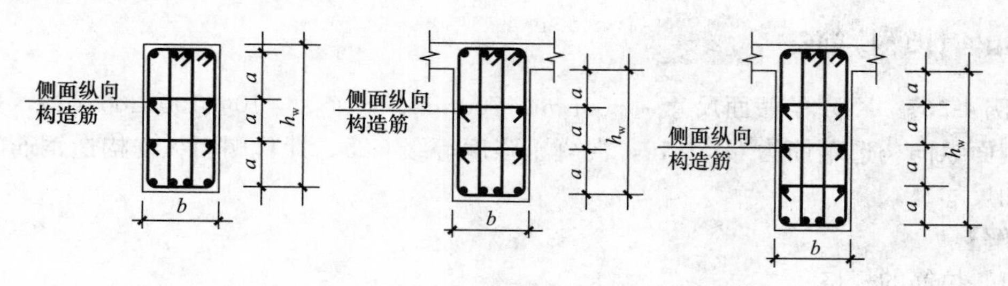

图4-36 梁侧面纵向构造钢筋和拉筋

两者有什么不同呢?

梁侧面抗扭钢筋是需要设计人员进行抗扭计算才能确定其钢筋规格和根数的，这与梁侧面纵向构造钢筋是按构造设置的有很大的不同。

11G101-1图集第87页对梁侧面抗扭钢筋提出了明确要求：

(1) 梁侧面抗扭纵向钢筋的锚固长度为l_{aE}(抗震)或l_a(非抗震)，锚固方式同框架梁下部纵筋。

(2) 梁侧面抗扭纵向钢筋的搭接长度为l_{lE}(抗震)或l_l(非抗震)。

(3) 梁的抗扭箍筋要做成封闭式，当梁箍筋为多肢箍时，要做成“大箍套小箍”的形式。

对抗扭构件的箍筋有比较严格的要求。《混凝土结构设计规范》(GB 50010—2010)第9.2.10条指出：受扭所需的箍筋应做成封闭式，且应沿截面周边布置。当采用复合箍筋时，位于截面内部的箍筋不应计入受扭所需的箍筋面积。受扭所需箍筋的末端应做成135°弯钩，弯钩端头平直段长度不应小于10d，d为箍筋直径。

即使是普通梁的箍筋，也要做成“大箍套小箍”的形式。03G101-1图集第62～65页的注1指出：当箍筋为多肢复合箍时，应采用大箍套小箍的形式。

在施工图中，最简单的区分方式是：一个梁的侧面纵筋是构造钢筋还是抗扭钢筋，完全由设计师来给定：“G”打头的钢筋是构造钢筋，“N”打头的钢筋是抗扭钢筋。

35 框架梁侧面抗扭钢筋如何计算?

【例4-28】 KL1集中标注的侧面纵向构造钢筋为G4Φ10，KL1第四跨原位标注的侧面抗扭钢筋为 N4 ⌀ 16，混凝土强度等级 C25，二级抗震等级，如图 4-37 所示。计算第四跨侧面抗扭钢筋的形状和尺寸。

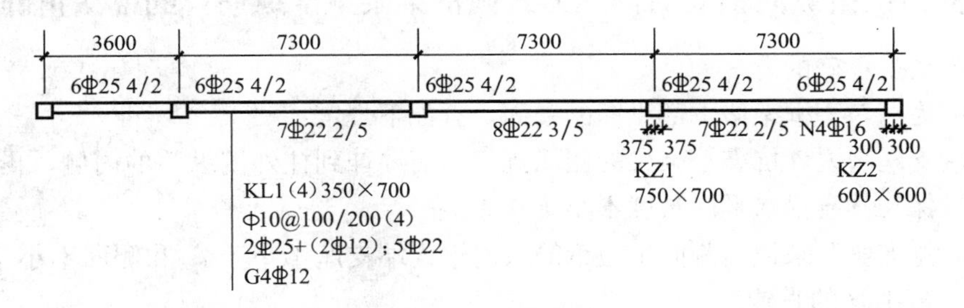

图 4-37　KL1 侧面抗扭钢筋

【解】

（1）计算 KL1 第四跨抗扭纵筋在左支座（中间支座）的锚固长度

$$0.5h_c+5d=0.5\times750+5\times16=455\text{mm}$$

根据“混凝土强度等级 C25，二级抗震等级”的条件查表，

$$l_{aE}=46d=46\times16=736\text{mm}>0.5h_c+5d$$

于是，KL1 第四跨抗扭纵筋在左支座的锚固长度为 736mm（端部的钢筋形状为直筋）。

（2）计算 KL1 第四跨的净跨长度

$$净跨长度=7300-375-300=6625\text{mm}$$

（3）计算 KL1 第四跨抗扭纵筋在右支座（端支座）的锚固长度

1）判断这个端支座是不是“宽支座”。

$$l_{aE}=736\text{mm}$$

$$0.5h_c+5d=0.5\times600+5\times16=380\text{mm}$$

所以，$L_d=\max(l_{aE}，0.5h_c+5d)=736\text{mm}$

$$h_c-30-25=600-30-25=545\text{mm}$$

由于 $L_d=736\text{mm}>h_c-30-25$

所以，这个端支座不是“宽支座”。

2）计算抗扭纵筋在端支座的直锚水平段长度 L_d：

$$L_d=h_c-30-25-25=600-30-25-25=520\text{mm}$$

$$0.4l_{abE}=0.4\times736=294\text{mm}$$

由于 $L_d=520\text{mm}>0.4l_{abE}$，所以这个直锚水平段长度 L_d 是合适的。

此时，钢筋的右端部是带直钩的，

$$直钩长度=15d=15\times16=240\text{mm}$$

（4）所以，

$$\text{KL1 第四跨抗扭纵筋水平长度}=736+6625+520=7881\text{mm}$$

钢筋的右端部是带直钩的，直钩长度为 240mm，

因此，

$$\text{KL1 第四跨抗扭纵筋每根长度}=7881+240=8121\text{mm}$$

36 “梁侧面抗扭纵向钢筋的锚固方式同框架梁下部纵筋”的说法正确吗？

这种说法是正确的。

（1）因为，对于框架梁下部纵筋的锚固，有如下规定：

对于端支座来说，抗震框架梁的侧面抗扭钢筋要伸到柱外侧纵筋的内侧，再弯 15d 的直钩，并且保证其直锚水平段长度不小于 $0.4l_{abE}$。

对于“宽支座”来说，侧面抗扭钢筋只需锚入端支座不小于 l_{aE} 和侧面不小于 $0.5h_c+5d$，不需要弯 $15d$ 的直钩。

对于中间支座来说，梁的抗扭纵筋要锚入支座不小于 l_{aE} 并且超过柱中心线 $5d$。

（2）对于楼层框架梁的上部纵筋，其锚固长度的规定与框架梁下部纵筋是基本相同的。

（3）但是，对于屋面框架梁的上部纵筋，其锚固长度的规定就大不相同了：当采用“柱插梁”的做法时，屋面框架梁上部纵筋在端支座的直钩长度就不是 $15d$，而是一直伸到梁底；当采用“梁插柱”的做法时，屋面框架梁上部纵筋在端支座的直钩长度就更加长了，达到 $1.7l_{abE}$。

然而，屋面框架梁下部纵筋在端支座上锚固的规定，与楼层框架梁下部纵筋在端支座上的锚固是一样的，其做法具有稳定性和一致性。所以，规定“梁侧面抗扭纵向钢筋的锚固方式同框架梁下部纵筋”，更具有易掌握性和做法的一致性。

37 框架梁水平、竖向加腋构造措施有哪些？

11G101-1 图集第 83 页给出了框架梁水平、竖向加腋构造，如图 4-38 所示。

需要注意以下几点内容：

（1）括号内为非抗震梁纵筋的锚固长度。

（2）当梁结构平法施工图中，水平加腋部位的配筋设计未给出时，其梁腋上下部斜纵筋（仅设置第一排）直径分别同梁内上下纵筋，水平间距不宜大于 200mm；水平加腋部

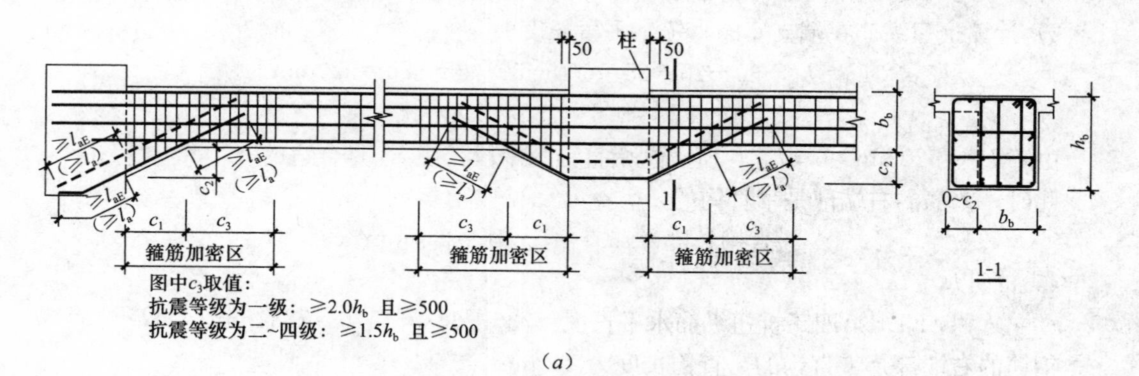

图 4-38 框架梁水平、竖向加腋构造（一）

（a）框架梁水平加腋构造

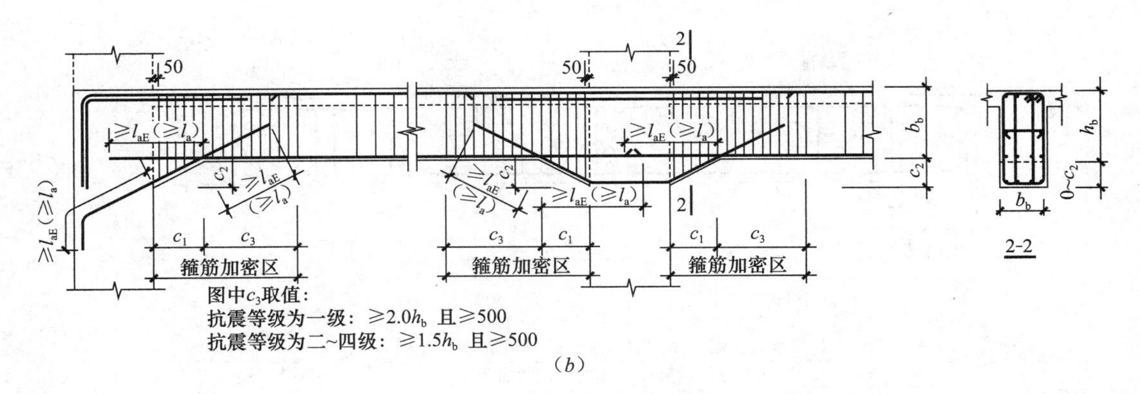

图 4-38　框架梁水平、竖向加腋构造（二）

（b）框架梁竖向加腋构造

l_{aE}（l_a）—受拉钢筋锚固长度，抗震设计时锚固长度用 l_{aE}表示，非抗震设计用 l_a 表示；

c_1、c_2、c_3—加密区长度；h_b—框架梁截面高度；b_b—框架梁截面宽度

位侧面纵向构造筋的设置及构造要求同梁内侧面纵向构造筋，见 11G101-1 图集第 87 页。

（3）图 4-38 中框架梁竖向加腋构造适用于加腋部分参与框架梁计算，配筋由设计标注；其他情况设计应另行给出做法。

（4）加腋部位箍筋规格及肢距与梁端部的箍筋相同。

38　抗震框架梁和屋面框架梁箍筋构造做法有哪些?

抗震框架梁和屋面框架梁箍筋构造，如图 4-39 所示。

（1）图 4-39 中抗震框架梁箍筋加密区范围同样适用于框架梁与剪力墙平面内连接的情况。

（2）梁中附加箍筋、吊筋构造见 11G101-1 图集第 87 页附加箍筋、吊筋的构造。

（3）当梁纵筋（不包括侧面 G 打头的构造筋及架立筋）采用绑扎搭接接长时，搭接区内箍筋直径不小于 $d/4$（d 为搭接钢筋最大直径），间距不应大于 100mm 及 $5d$（d 为搭接钢筋最小直径）。

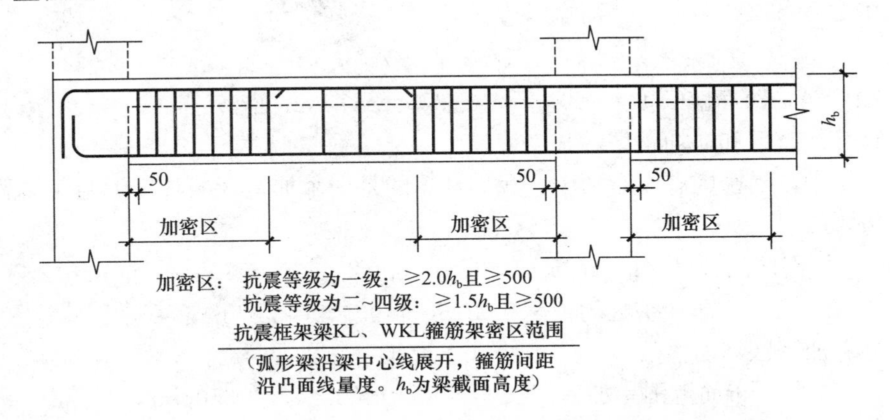

图 4-39　抗震框架梁和屋面框架梁箍筋构造（一）

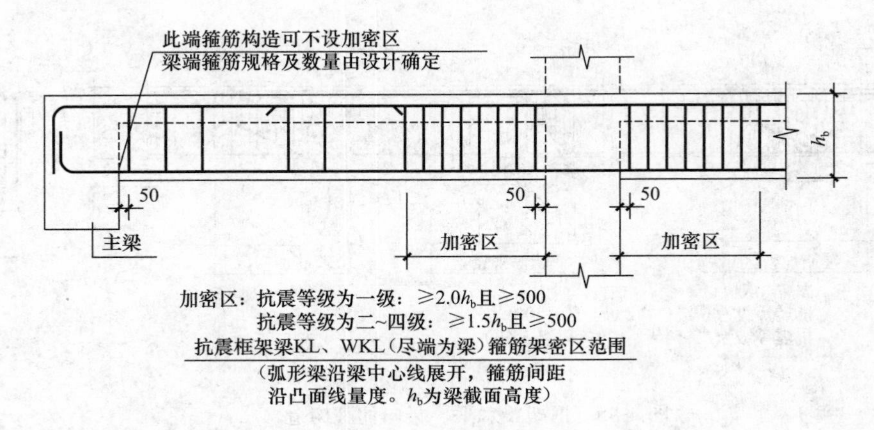

图 4-39　抗震框架梁和屋面框架梁箍筋构造（二）

39　抗震框架梁箍筋如何计算?

【例 4-29】 计算 11G101-1 图集第 34 页例子工程（图 4-2）的抗震框架梁 KL2 第一跨的箍筋根数。KL2 的截面尺寸为 300mm×700mm，箍筋集中标注为Φ 10@100/200（2）。一级抗震等级，如图 4-40 所示。

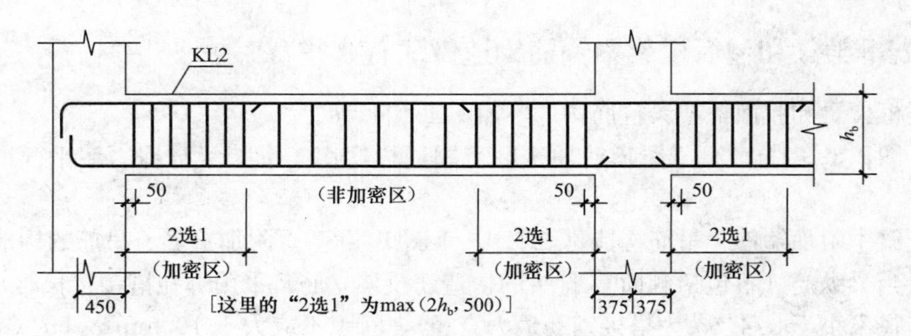

图 4-40　抗震框架梁 KL2

【解】

（1）KL2 第一跨净跨长度＝7200－450－375＝6375mm

（2）计算加密区和非加密区的长度

在一跨梁中，加密区有左右两个，我们计算的是一个加密区的长度。由于本题例是一级抗震等级，所以，

加密区的长度＝max($2h_b$，500)＝max(2×700，500)＝1400mm

非加密区的长度＝6375－1400×2＝3575mm

（3）计算加密区箍筋根数

布筋范围＝加密区长度－50＝1400－50＝1350mm

计算“布筋范围除以间距”：1350/100＝13.5，取整为 14。

所以，

一个加密区的箍筋根数＝“布筋范围除以间距”＋1＝14＋1＝15根

KL2第一跨有两个加密区，

其箍筋根数＝2×15＝30根

（4）重新调整非加密区长度

现在不能以3575mm作为非加密区长度来计算箍筋根数，而要根据上述在加密区箍筋根数计算中作出过的范围调整，来修正非加密区长度。

实际的一个加密区长度＝50＋14×100＝1450mm

所以，

实际的非加密区长度＝6375－1450×2＝3475mm

（5）计算非加密区箍筋根数

布筋范围＝3475mm

计算“布筋范围除以间距”：3475/200＝17.375，取整为18。

可不可以说：非加密区箍筋根数＝“布筋范围除以间距”＋1＝18＋1＝19根？

不可以。因为，在这个“非加密区”两端的“加密区”计算箍筋时已经执行过“根数加1”了，所以，在计算“非加密区”箍筋根数的过程中，不应该执行“根数加1”，而应该执行“根数减1”。

所以，

非加密区箍筋根数＝“布筋范围除以间距”－1＝18－1＝17根

（6）计算KL2第一跨的箍筋总根数

KL2第一跨的箍筋总根数＝加密区箍筋根数＋非加密区箍筋根数

＝30＋17＝47根

40　非抗震楼层框架梁纵向钢筋构造做法有哪些？

非抗震楼层框架梁KL纵向钢筋构造，如图4-24所示，还有如图4-41～图4-44所示的构造示意图。

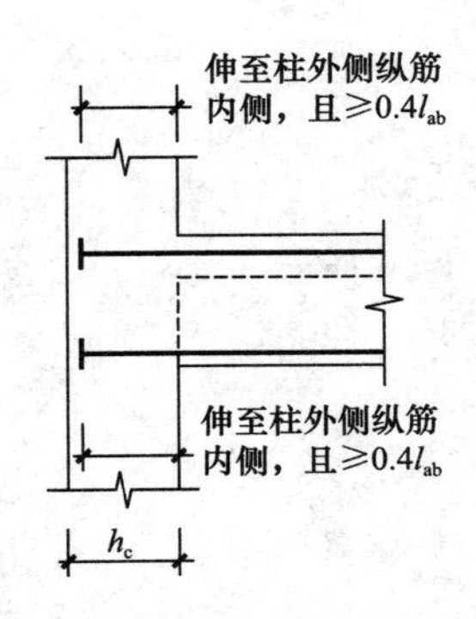

图4-41　端支座加锚头（锚板）锚固

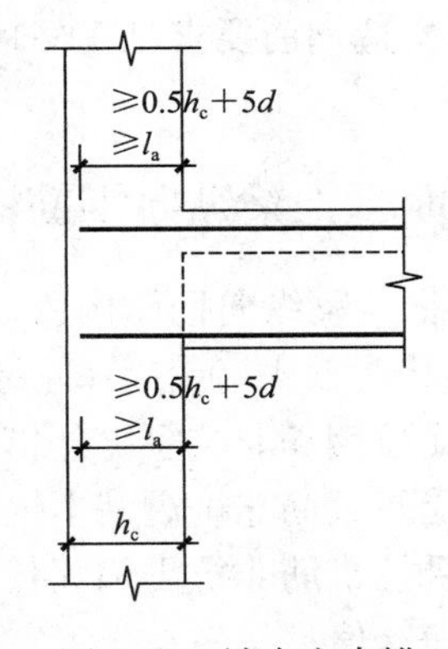

图4-42　端支座直锚

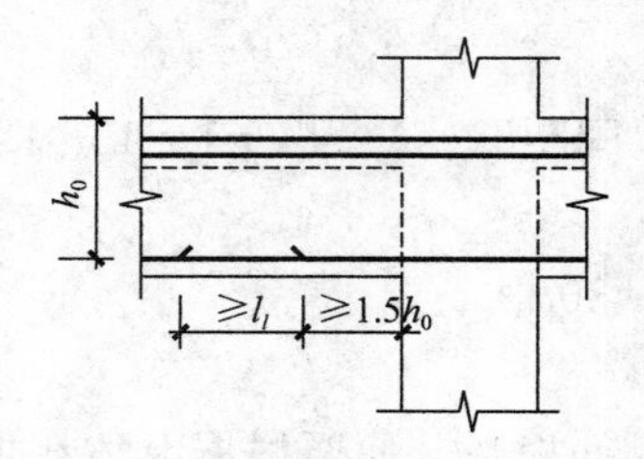

图 4-43　中间层中间节点梁下部筋在节点外搭接

注：梁下部钢筋不能在柱内锚固时，可在节点外搭接。
相邻跨钢筋直径不同时，搭接位置位于较小直径一跨。

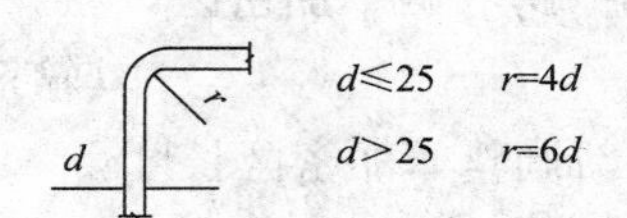

图 4-44　纵向钢筋弯折要求

其中，图 4-24、图 4-41～图 4-44 中字母所代表的含义如下：

l_l——纵向受拉钢筋非抗震绑扎搭接长度；

l_{ab}——纵向受拉钢筋非抗震基本锚固长度；

l_a——纵向受拉钢筋非抗震锚固长度；

l_{n1}——左跨净跨值；

l_{n2}——右跨净跨值；

l_n——左跨 l_{ni} 和右跨 l_{ni+1} 之较大值，其中 $i=1，2，3，\cdots$；

d——纵向钢筋直径；

h_c——柱截面沿框架方向高度；

h_0——梁截面高度。

需要注意以下几点内容：

（1）当梁上部有通长钢筋时，连接位置宜位于跨中 $l_{ni}/3$ 范围内；梁下部钢筋连接位置宜位于支座 $l_{ni}/3$ 范围内；且在同一连接区段内钢筋接头面积百分率不宜大于 50%。

（2）钢筋连接要求见 11G101-1 图集第 55 页。

（3）当具体工程对框架梁下部纵筋在中间支座或边支座的锚固长度要求不同时，应由设计者指定。

（4）当梁纵筋（不包括侧面 G 打头的构造筋及架立筋）采用绑扎搭接接长时，搭接区内箍筋直径不小于 $d/4$（d 为搭接钢筋最大直径），间距不应大于 100mm 及 $5d$（d 为搭接钢筋最小直径）。

（5）梁侧面构造钢筋要求见 11G101-1 图集第 87 页。

41　非抗震屋面框架梁纵向钢筋构造做法有哪些？

非抗震屋面框架梁纵向钢筋构造，如图 4-45～图 4-49 所示。

其中，图 4-45～图 4-49 中字母所代表的含义如下：

l_l——纵向受拉钢筋非抗震绑扎搭接长度；

l_{ab}——纵向受拉钢筋非抗震基本锚固长度；

l_a——纵向受拉钢筋非抗震锚固长度；

l_{n1}——左跨净跨值；

l_{n2}——右跨净跨值；

l_n——左跨 l_{ni} 和右跨 l_{ni+1} 之较大值，其中 $i=1，2，3，\cdots$；

d——纵向钢筋直径；

h_c——柱截面沿框架方向高度；

h_0——梁截面高度。

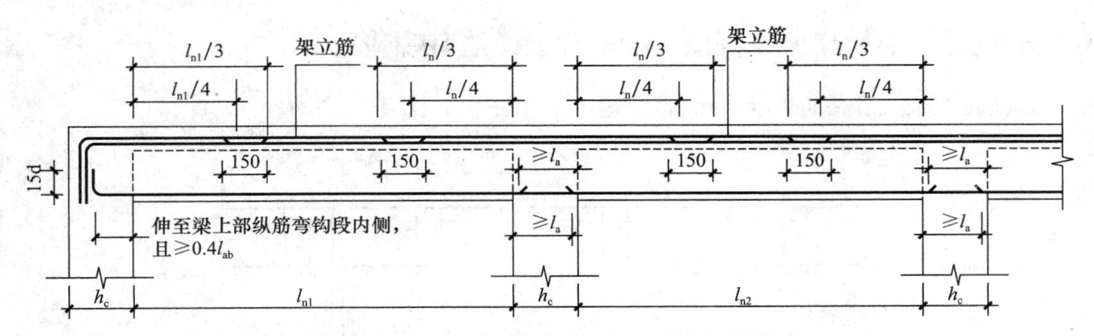

图 4-45　非抗震屋面框架梁 WKL 纵向钢筋构造

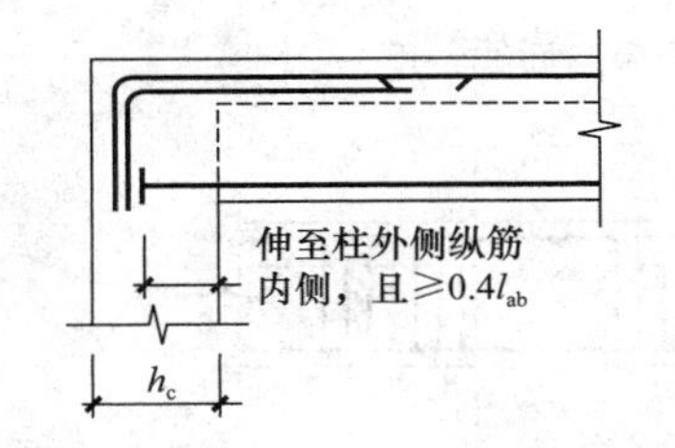

图 4-46　顶层端节点梁下部钢筋端头加锚头（锚板）锚固

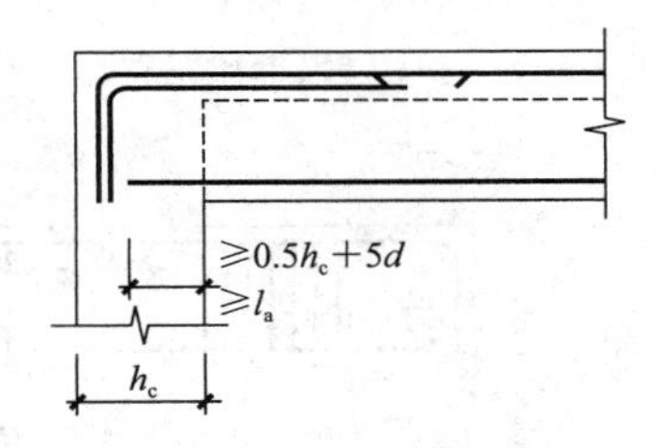

图 4-47　顶层端支座梁下部钢筋直锚

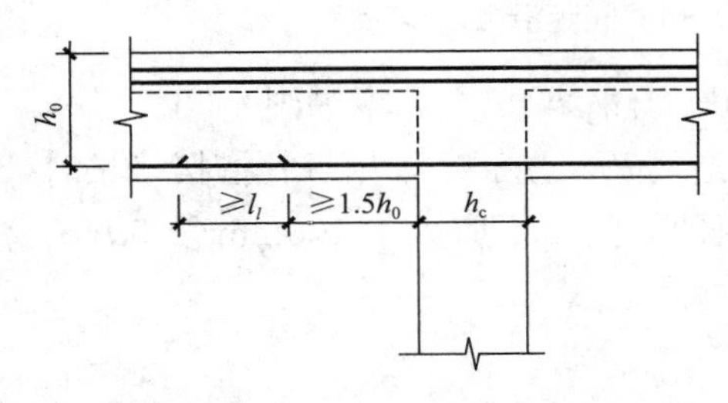

图 4-48　顶层中间节点梁下部筋在节点外搭接

注：梁下部钢筋不能在柱内锚固时，可在节点外搭接。相邻跨钢筋直径不同时，搭接位置位于较小直径一跨。

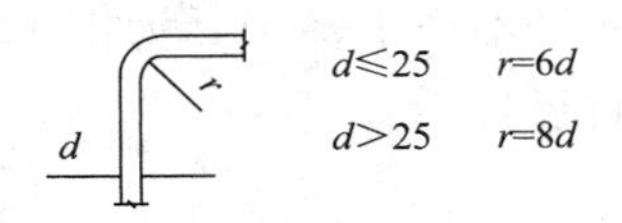

图 4-49　纵向钢筋弯折要求

构造图解析：

（1）当梁上部有通长钢筋时，连接位置宜位于跨中 $l_{ni}/3$ 范围内；梁下部钢筋连接位置宜位于支座 $l_{ni}/3$ 范围内；且在同一连接区段内钢筋接头面积百分率不宜大于 50%。

（2）钢筋连接要求见 11G101-1 图集第 55 页。

（3）当具体工程对框架梁下部纵筋在中间支座或边支座的锚固长度要求不同时，应由设计者指定。

（4）当梁纵筋（不包括侧面 G 打头的构造筋及架立筋）采用绑扎搭接接长时，搭接区内箍筋直径不小于 $d/4$（d 为搭接钢筋最大直径），间距不应大于 100mm 及 $5d$（d 为搭接钢筋最小直径）。

（5）梁侧面构造钢筋要求见 11G101-1 图集第 87 页，本书图 4-34。

（6）顶层端节点处梁上部钢筋与附加角部钢筋构造见 11G101-1 图集第 64 页。

42 非抗震框架梁和屋面框架梁箍筋构造做法有哪些?

非抗震框架梁和屋面框架梁箍筋构造，如图 4-50、图 4-51 所示。

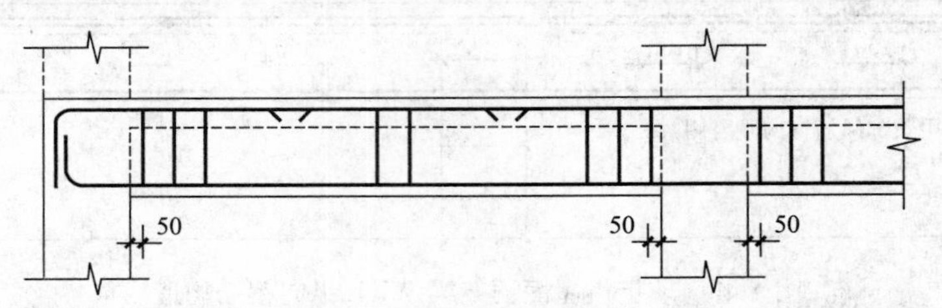

图 4-50 非抗震框架梁 KL、非抗震屋面梁 WKL（一种箍筋间距）
（弧形梁沿梁中心线展开，箍筋间距沿凸面线量度）

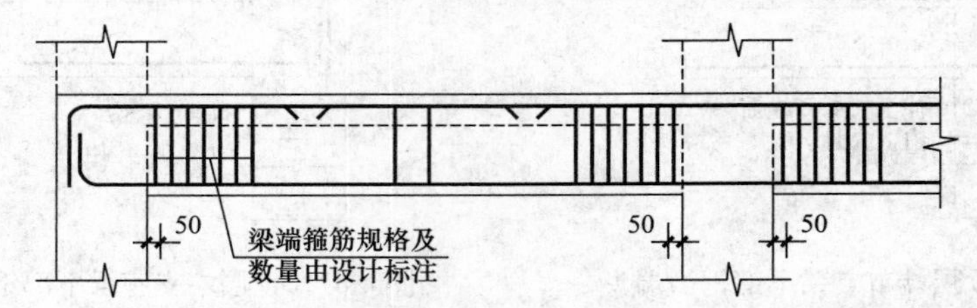

图 4-51 非抗震框架梁 KL、非抗震屋面梁 WKL（两种箍筋间距）
（弧形梁沿梁中心线展开，箍筋间距沿凸面线量度）

（1）梁中附加箍筋、吊筋构造见 11G101-1 图集第 87 页，本书图 4-56。

（2）当梁纵筋（不包括侧面 G 打头的构造筋及架立筋）采用绑扎搭接接长时，搭接区内箍筋直径不小于 $d/4$(d 为搭接钢筋最大直径)，间距不应大于 100mm 及 $5d$(d 为搭接钢筋最小直径)。

43 非框架梁箍筋如何计算?

【例 4-30】 非框架梁 L3 的箍筋集中标注为Φ 8@200（2），KL5 截面宽度为 250mm（正中），如图 4-52 所示。计算非框架梁 L3 的箍筋根数。

【解】

（1）L3 净跨长度＝7500－250＝7250mm

（2）布筋范围＝净跨长度－50×2＝7250－50×2＝7150mm

（3）计算“布筋范围除以间距”：7150/200＝35.75，取整为 36。

（4）箍筋根数＝“布筋范围除以间距”＋1＝36＋1＝37 根

【例 4-31】 非框架梁 L2 第一跨（弧形梁）的箍筋集中标注为Φ 10@100（2），如图 4-53 所示。计算非框架梁 L2 第一跨（弧形梁）的箍筋根数。

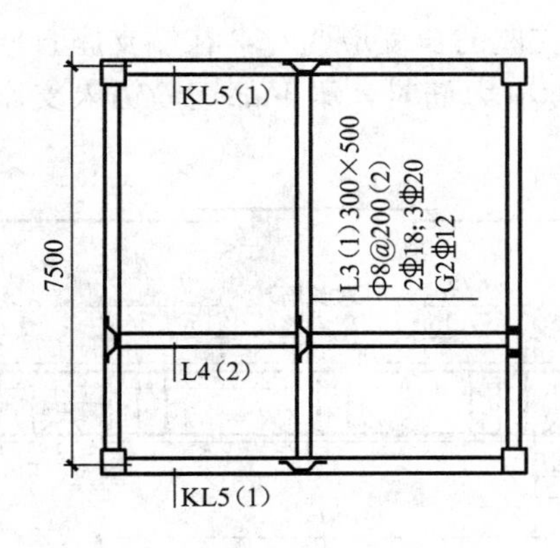

图 4-52 非框架梁 L3

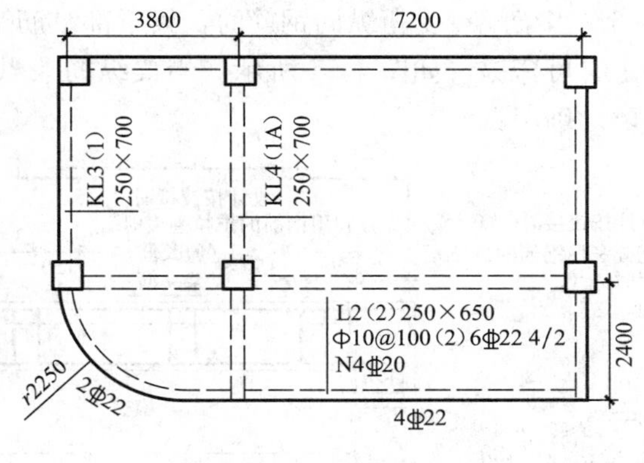

图 4-53 非框架梁 L2

【解】

（1）L2 第一跨净跨长度＝3800－250＝3550mm

所以，

$$直段长度＝3550－(2250－250)＝1550mm$$

（2）"直段长度"的"布筋范围除以间距"＝(1550－50×2)/100＝15

（3）"直段长度"的箍筋根数＝15＋1＝16 根

（4）"弧形段"的外边线长度＝3.14×2250/2＝3533mm

（5）由于"弧形段"与"直段长度"相连，而"直段长度"已经两端减去 50mm，而且进行了"加 1"计算，所以，"弧形段"不要减去 50mm，也不执行"加 1"计算。（但是，当"布筋范围除以间距"商数取整时，当小数点后第一位数字非零的时候，也要把商数加 1。）

"布筋范围除以间距"＝3533/100＝35.33，取整为 36。

因此，"弧形段"的箍筋根数为 36 根。

（6）非框架梁 L2 第一跨的箍筋根数＝16＋36＝52 根

44 非框架梁 L 配筋的构造做法有哪些？

11G101-1 图集第 86 页给出了非框架梁 L 配筋的构造做法，如图 4-54 所示。

构造要求如下：

（1）跨度值 l_n 为左跨 l_{ni} 和右跨 l_{ni+1} 之较大值，其中 i＝1，2，3，…。

（2）当端支座为柱、剪力墙（平面内连接）时，梁端部应设箍筋加密区，设计应确定加密区长度。设计未确定时取该工程框架梁加密区长度。梁端与柱斜交，或与圆柱相交时的箍筋起始位置见 11G101-1 图集第 85 页。

（3）当梁上部有通长钢筋时，连接位置宜位于跨中 $l_{ni}/3$ 范围内；梁下部钢筋连接位置宜位于支座 $l_{ni}/4$ 范围内；且在同一连接区段内钢筋接头面积百分率不宜大于 50％。

（4）钢筋连接要求见 11G101-1 图集第 55 页。

（5）当梁纵筋（不包括侧面 G 打头的构造筋及架立筋）采用绑扎搭接接长时，搭接区内箍筋直径及间距要求见 11G101-1 图集第 54 页。

（6）当梁配有受扭纵向钢筋时，梁下部纵筋锚入支座的长度应为 l_a，在端支座直锚长度不足时可弯锚，如图 4-54 所示。当梁纵筋兼做温度应力筋时，梁下部钢筋锚入支座长度由设计确定。

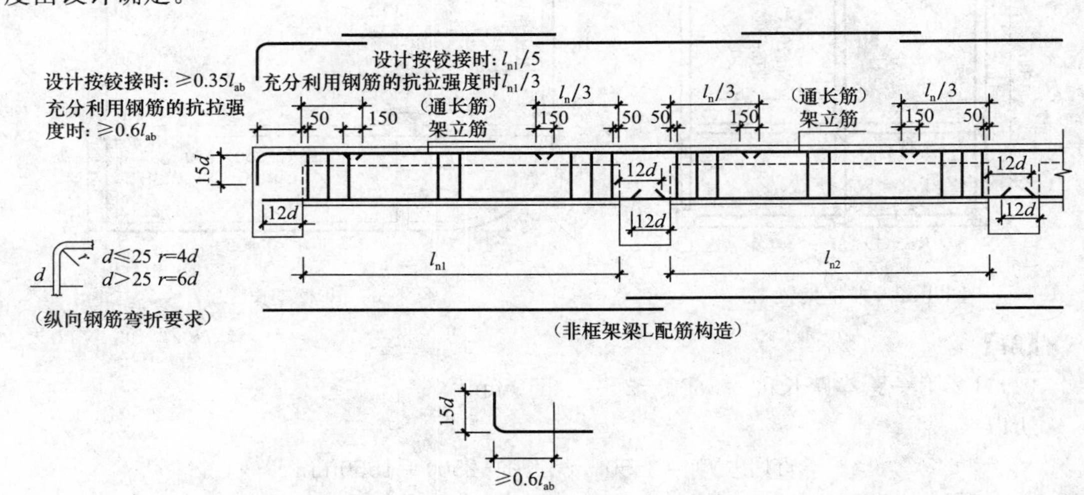

图 4-54　非框架梁 L 配筋的构造做法

（7）纵筋在端支座应伸至主梁外侧纵筋内侧后弯折，当直段长度不小于 l_a 时可不弯折。

（8）当梁中纵筋采用光面钢筋时，图 4-54 中 12d 应改为 15d。

（9）梁侧面构造钢筋要求见 11G101-1 图集第 87 页。

（10）图中“设计按铰接时”、“充分利用钢筋的抗拉强度时”由设计指定。

（11）弧形非框架梁的箍筋间距沿梁凸面线度量。

45　非框架梁和次梁是一回事吗？

非框架梁是相对于框架梁而言，次梁是相对于主梁而言，这是两个不同的概念。

在框架结构中，次梁一般是非框架梁。因为次梁以主梁为支座，非框架梁以框架或非框架梁为支座。但是，也有特殊情况，例如图 4-55 左图的框架梁 KL3 就以 KL2 为中间支座，因此 KL2 就是主梁，而框架梁 KL3 就成为次梁了。

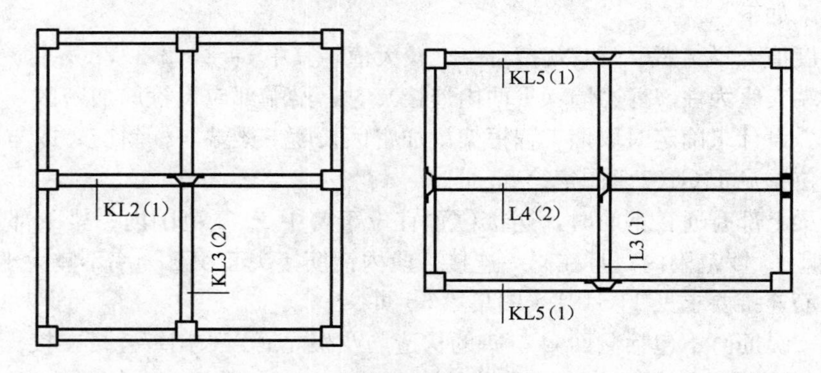

图 4-55　非框架梁与次梁的区分

此外，次梁也有一级次梁和二级次梁之分。例图 4-55 右图的 L3 是一级次梁，它以框架梁 KL5 为支座；而 L4 为二级次梁，它以 L3 为支座。

46 如何理解“设计按铰接时”、“充分利用钢筋的抗拉强度时”由设计决定?

“铰接”是一个结构上使用的术语。钢结构中，梁与柱的连接通常采用柔性连接（铰接）、半刚性连接、刚性连接。砖混结构的“简支梁”的两端支座就是“铰接”的最好实例，尤其是“简支梁”直接支承在没有圈梁的砖墙上。当“简支梁”支承在圈梁上的时候，也是按“铰接”模型来处理的，此时“简支梁”也许会设置上部纵筋，也是按构造来设置的（即“简支梁”的梁端不承受负弯矩）。

当非框架梁支承在别的梁上时，此时的端支座是否为“铰接”，从混凝土的外表上是看不出来的，只有通过非框架梁内部的配筋才能知道，即只有设计师才知道。如果这个非框架梁是“铰接”的，则端支座的上部纵筋只作为构造配筋来处理；反之，则端支座需要计算梁端承受的负弯矩，根据钢筋所能承受的抗拉能力来配置上部纵筋——这就是“充分利用钢筋的抗拉强度”。

所以，当“设计按铰接时”、“充分利用钢筋的抗拉强度时”，应该由设计师在施工图上加以说明。如果施工图上没有说明，则应在会审图纸时咨询设计师。

47 附加箍筋、吊筋的构造做法是什么?

当次梁作用在主梁上，由于次梁集中荷载的作用，使得主梁上易产生裂缝。为防止裂缝的产生，在主次梁节点范围内，主梁的箍筋（包括加密区与非加密区）正常设置，除此以外，再设置上相应的构造钢筋：附加箍筋或附加吊筋，其构造要求如图 4-56 所示。

（1）附加箍筋：第一根附加箍筋距离次梁边缘的距离为 50mm，布置范围为 $s=3b+2h_1$。

（2）附加吊筋：梁高不大于 800mm 时，吊筋弯折的角度为 45°，梁高大于 800mm 时，吊筋弯折的角度为 60°；吊筋在次梁底部的宽度为 $b+2\times50$，在次梁两边的水平段长度为 $20d$。

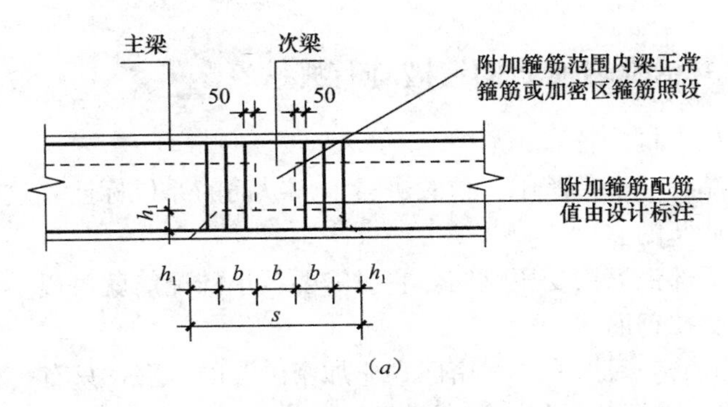

图 4-56 附加箍筋、吊筋的构造（一）

（*a*）附加箍筋

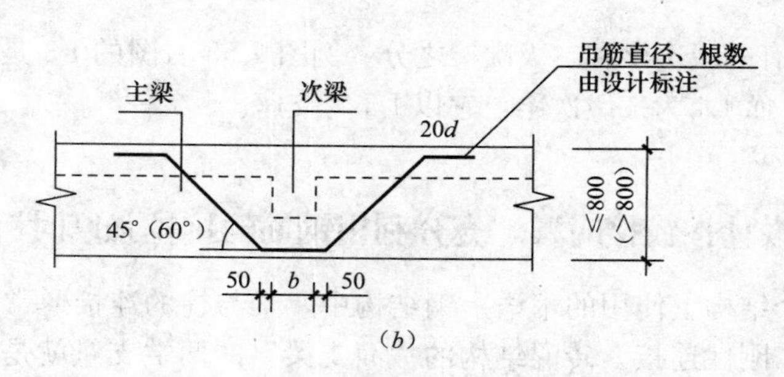

图 4-56　附加箍筋、吊筋的构造（二）

（b）附加吊筋

b—次梁宽；h_1—主次梁高差；s—附加箍筋布置范围；d—吊筋直径

48　不伸入支座梁下部纵向钢筋构造做法是什么？

当梁（不包括框支梁）下部纵筋不全部伸入支座时，不伸入支座的梁下部纵筋截断点距支座边的距离，统一取为 $0.1l_{ni}$，如图 4-57 所示。

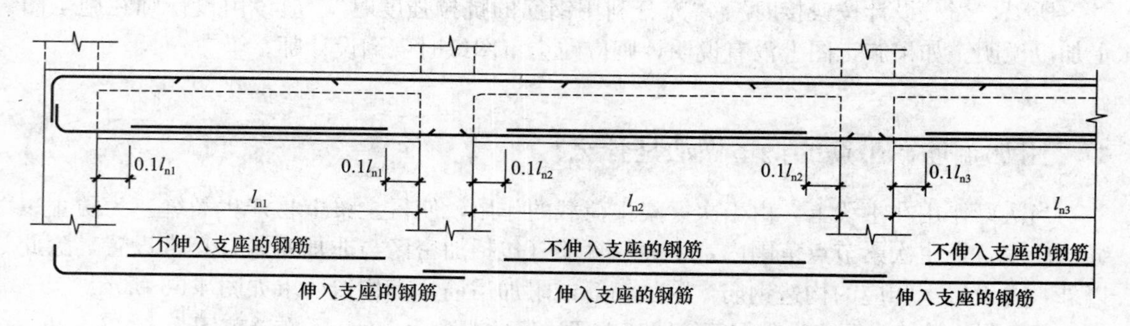

图 4-57　不伸入支座梁下部纵向钢筋断点位置

l_{n1}、l_{n2}、l_{n3}—水平跨净跨值

图 4-57 不适用于框支梁。

49　悬挑梁与各类悬挑端配筋构造措施有哪些？

梁悬挑端具有如下构造特点：

（1）梁的悬挑端在“上部跨中”位置进行上部纵筋的原位标注，这是因为悬挑端的上部纵筋是“全跨贯通”的。

（2）悬挑端的下部钢筋为受压钢筋，它只需要较小的配筋就可以了，不同于框架梁第一跨的下部纵筋（受拉钢筋）。

（3）悬挑端的箍筋一般没有“加密区和非加密区”的区别，只有一种间距。

（4）在悬挑端进行梁截面尺寸的原位标注。

悬挑梁与各类悬挑端配筋构造如表 4-3 所示。

悬挑梁与各类悬挑端配筋构造 **表 4-3**

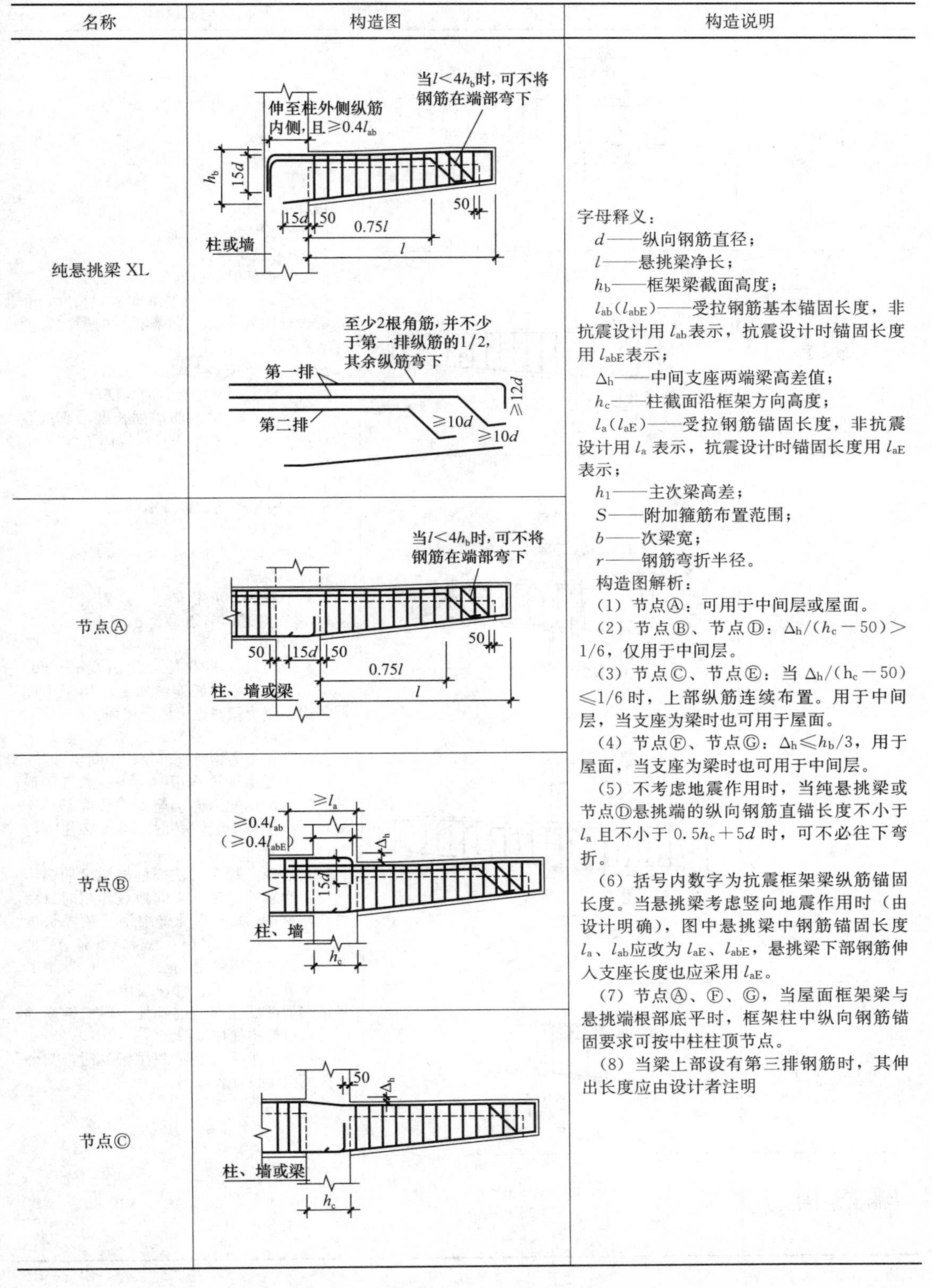

名称	构造图	构造说明
纯悬挑梁 XL		字母释义： d——纵向钢筋直径； l——悬挑梁净长； h_b——框架梁截面高度； l_{ab}（l_{abE}）——受拉钢筋基本锚固长度，非抗震设计用 l_{ab}表示，抗震设计时锚固长度用 l_{abE}表示； Δ_h——中间支座两端梁高差值； h_c——柱截面沿框架方向高度； l_a（l_{aE}）——受拉钢筋锚固长度，非抗震设计用 l_a 表示，抗震设计时锚固长度用 l_{aE} 表示； h_1——主次梁高差； S——附加箍筋布置范围； b——次梁宽； r——钢筋弯折半径。 构造图解析： （1）节点Ⓐ：可用于中间层或屋面。 （2）节点Ⓑ、节点Ⓓ：$\Delta_h/(h_c-50)>1/6$，仅用于中间层。 （3）节点Ⓒ、节点Ⓔ：当 $\Delta_h/(h_c-50)\leqslant 1/6$ 时，上部纵筋连续布置。用于中间层，当支座为梁时也可用于屋面。 （4）节点Ⓕ、节点Ⓖ：$\Delta_h \leqslant h_b/3$，用于屋面，当支座为梁时也可用于中间层。 （5）不考虑地震作用时，当纯悬挑梁或节点Ⓓ悬挑端的纵向钢筋直锚长度不小于 l_a 且不小于 $0.5h_c+5d$ 时，可不必往下弯折。 （6）括号内数字为抗震框架梁纵筋锚固长度。当悬挑梁考虑竖向地震作用时（由设计明确），图中悬挑梁中钢筋锚固长度 l_a、l_{ab}应改为 l_{aE}、l_{abE}，悬挑梁下部钢筋伸入支座长度也应采用 l_{aE}。 （7）节点Ⓐ、Ⓕ、Ⓖ，当屋面框架梁与悬挑端根部底平时，框架柱中纵向钢筋锚固要求可按中柱柱顶节点。 （8）当梁上部设有第三排钢筋时，其伸出长度应由设计者注明
节点Ⓐ		
节点Ⓑ		
节点Ⓒ		

续表

名称	构造图	构造说明
节点Ⓓ	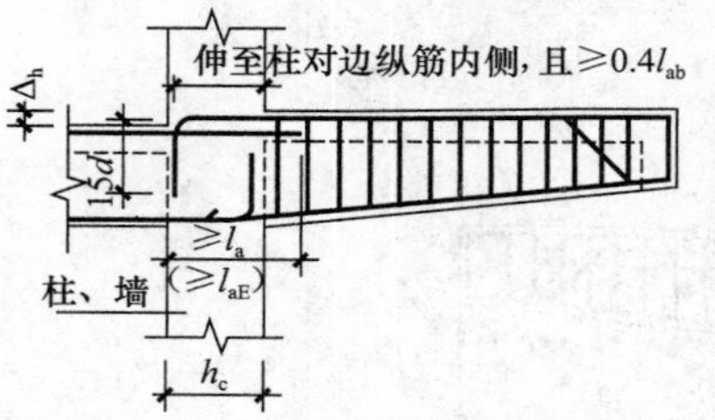 伸至柱对边纵筋内侧，且$\geqslant 0.4l_{ab}$；Δ_h；$15d$；$\geqslant l_a$（$\geqslant l_{aE}$）；柱、墙；h_c	字母释义： d——纵向钢筋直径； l——悬挑梁净长； h_b——框架梁截面高度； l_{ab}（l_{abE}）——受拉钢筋基本锚固长度，非抗震设计用l_{ab}表示，抗震设计时锚固长度用l_{abE}表示； Δ_h——中间支座两端梁高差值； h_c——柱截面沿框架方向高度； l_a（l_{aE}）——受拉钢筋锚固长度，非抗震设计用l_a表示，抗震设计时锚固长度用l_{aE}表示； h_1——主次梁高差； S——附加箍筋布置范围； b——次梁宽； r——钢筋弯折半径。 构造图解析： （1）节点Ⓐ：可用于中间层或屋面。 （2）节点Ⓑ、节点Ⓓ：$\Delta_h/(h_c-50)>1/6$，仅用于中间层。 （3）节点Ⓒ、节点Ⓔ：当$\Delta_h/(h_c-50)\leqslant 1/6$时，上部纵筋连续布置。用于中间层，当支座为梁时也可用于屋面。 （4）节点Ⓕ、节点Ⓖ：$\Delta_h\leqslant h_b/3$，用于屋面，当支座为梁时也可用于中间层。 （5）不考虑地震作用时，当纯悬挑梁或节点Ⓓ悬挑端的纵向钢筋直锚长度不小于l_a且不小于$0.5h_c+5d$时，可不必往下弯折。 （6）括号内数字为抗震框架梁纵筋锚固长度。当悬挑梁考虑竖向地震作用时（由设计明确），图中悬挑梁中钢筋锚固长度l_a、l_{ab}应改为l_{aE}、l_{abE}，悬挑梁下部钢筋伸入支座长度也应采用l_{aE}。 （7）节点Ⓐ、Ⓕ、Ⓖ，当屋面框架梁与悬挑端根部底平时，框架柱中纵向钢筋锚固要求可按中柱柱顶节点。 （8）当梁上部设有第三排钢筋时，其伸出长度应由设计者注明
节点Ⓔ	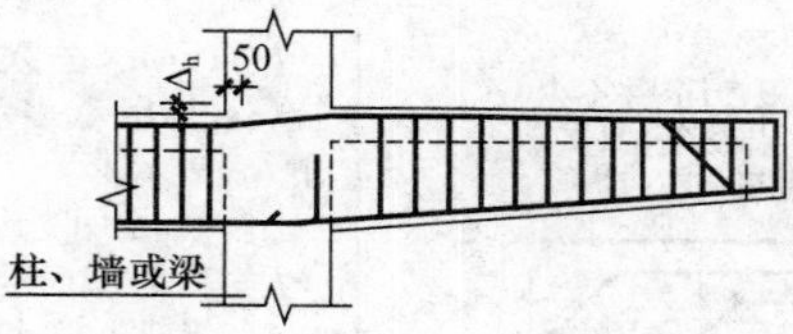 50；Δ_h；柱、墙或梁	
节点Ⓕ	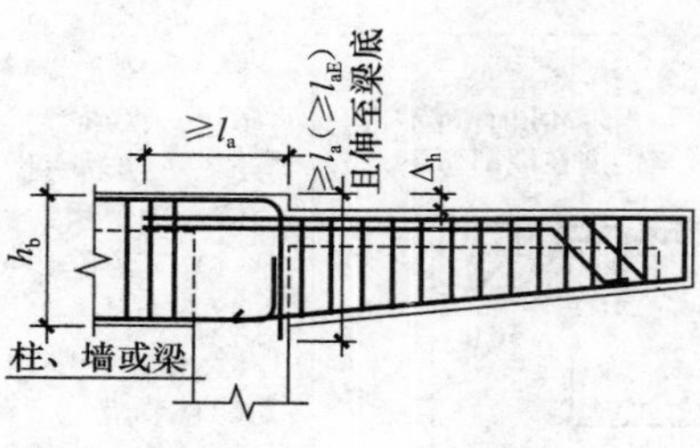 $\geqslant l_a$；$\geqslant l_a$（$\geqslant l_{aE}$）且伸至梁底；Δ_h；h_b；柱、墙或梁	
节点Ⓖ	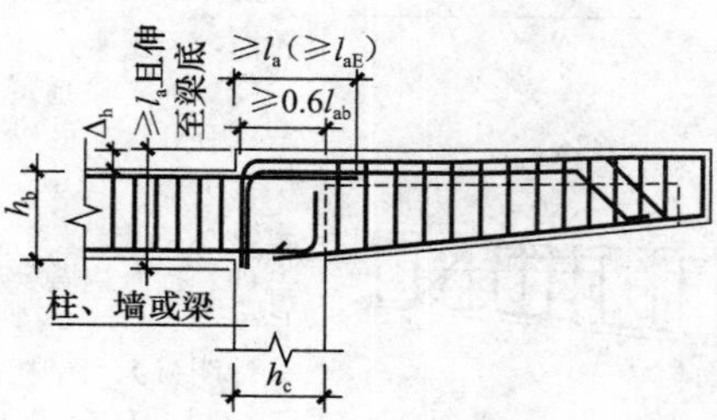 $\geqslant l_a$且伸至梁底；$\geqslant l_a$（$\geqslant l_{aE}$）；$\geqslant 0.6l_{ab}$；Δ_h；h_b；柱、墙或梁；h_c	
悬挑梁端附加箍筋范围	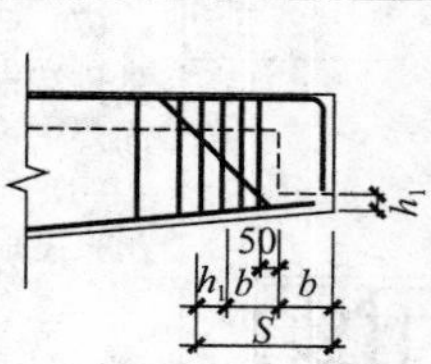 h_1；50；h_1 b b；S	
纵向钢筋弯折要求	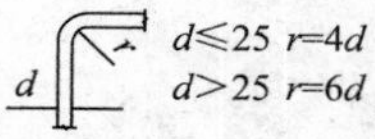 $d\leqslant 25$ $r=4d$ $d>25$ $r=6d$	

50 井字梁有哪些特点?

(1) 井字梁楼盖近似正方形，如果楼盖平面为长方形，那就可能要分成两块“井字梁楼盖”。例如：11G101-1 图集第 91 页右下角图，就是由中间的框架梁 KL2 把这块长方形面积划分成左右两块“井字梁楼盖”。

(2) 井字梁并不是主次梁。构成井字梁纵横各梁截面高度通常是相等的。在一块“井字梁楼盖”中，相交的纵横各梁不互相打断。井字梁的跨度按大跨计算，而不是按彼此断开的小跨计算。

(3) 井字梁在施工中，通常是短向的梁放在下面，长向的梁放在上面：梁的下部纵筋是短向梁的放在下面，长向梁的放在上面；梁的上部纵筋也是短向梁的放在下面，长向梁的放在上面（在设计时考虑放在上面的梁的有效高度的扣减）。

(4) 至于纵横交叉两种梁的箍筋，可以做成一样的，也可以做成不一样的。可以仿照主次梁的关系来制作和安装箍筋。

51 井字梁的构造措施有哪些?

11G101-1 图集第 91 页给出了井字梁 JZL 配筋构造，如图 4-58 所示。

从图 4-58 得知：

(1) 井字梁上部纵筋在端支座弯锚，弯折段 $15d$，弯锚水平段长度：

设计按铰接时：$\geqslant 0.35l_{ab}$；

充分利用钢筋的抗拉强度时：$\geqslant 0.6l_{ab}$。

图中“设计按铰接时”、“充分利用钢筋的抗拉强度时”由设计指定。

(2) 施工时，井字梁支座上部纵筋外伸长度的具体数值，梁的几何尺寸与配筋数值详见具体工程设计。另外，在纵横两个方向的井字梁相交位置，两根梁位于同一层面钢筋的上下交错关系以及两方向井字梁在该相交处的箍筋布置要求，亦详见具体工程说明。

(3) 架立筋与支座负筋的搭接长度为 150mm。

(4) 下部纵筋在端支座直锚 $12d$，当梁中纵筋采用光面钢筋时为 $15d$。

(5) 下部纵筋在中间支座直锚 $12d$，当梁中纵筋采用光面钢筋时为 $15d$。

(6) 从距支座边缘 50mm 处开始布置第一个箍筋。

(7) 设计无具体说明时，井字梁上、下部纵筋均短跨在下，长跨在上；短跨梁箍筋在相交范围内通长设置；相交处两侧各附加 3 道箍筋，间距 50mm，箍筋直径及肢数同梁内箍筋。

(8) 纵筋在端支座应伸至主梁外侧纵筋内侧后弯折，当直段长度不小于 l_a 时可不弯折。

(9) 当梁上部有通长钢筋时，连接位置宜位于跨中 $l_{ni}/3$ 范围内；梁下部钢筋连接位置宜位于支座 $l_{ni}/4$ 范围内；且在同一连接区段内钢筋接头面积百分率不宜大于 50%。

(10) 井字梁的集中标注和原位标注方法同非框架梁。

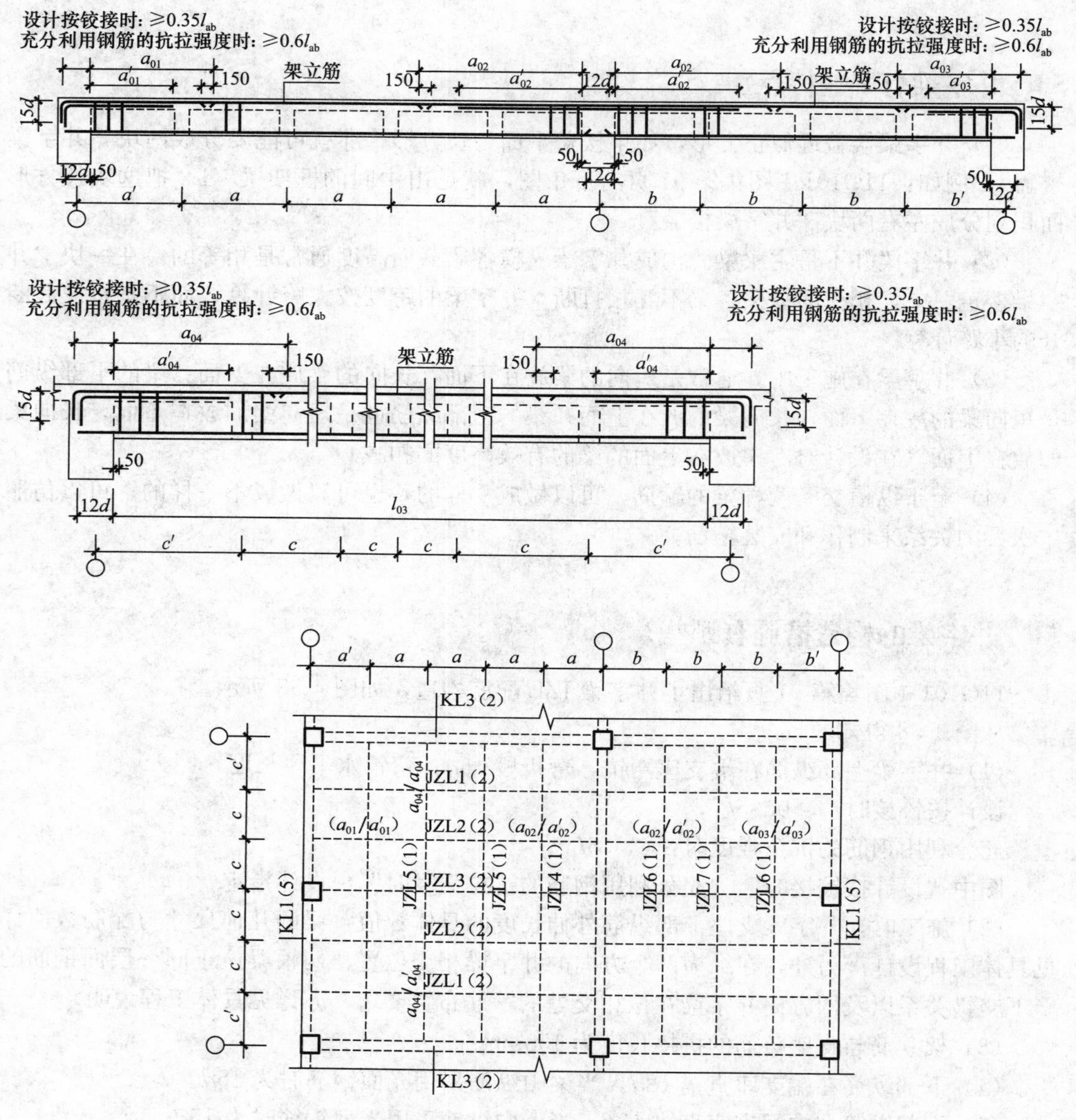

图 4-58 井字梁 JZL 配筋构造

52 框支梁和框支柱的构造措施有哪些？

底层大空间剪力墙结构由落地剪力墙和框支剪力墙组成。当高层剪力墙结构的底层要求有较大空间时，可将部分剪力墙设计为框支剪力墙，但还应设置足够的落地剪力墙。这种框支剪力墙下部是柱（当然还有梁），上部是墙（剪力墙）。当然，下部的柱和梁已经不是框架柱和框架梁了，而变成框支柱（KZZ）和框支梁（KZL）。这里，就成为一个结构转换层。换句话说，这个结构转换层上的框支柱和框支梁就成为上部剪力墙的基础。

11G101-1 图集第 90 页给出了 KZZ、KZL 配筋构造，如图 4-59 所示。

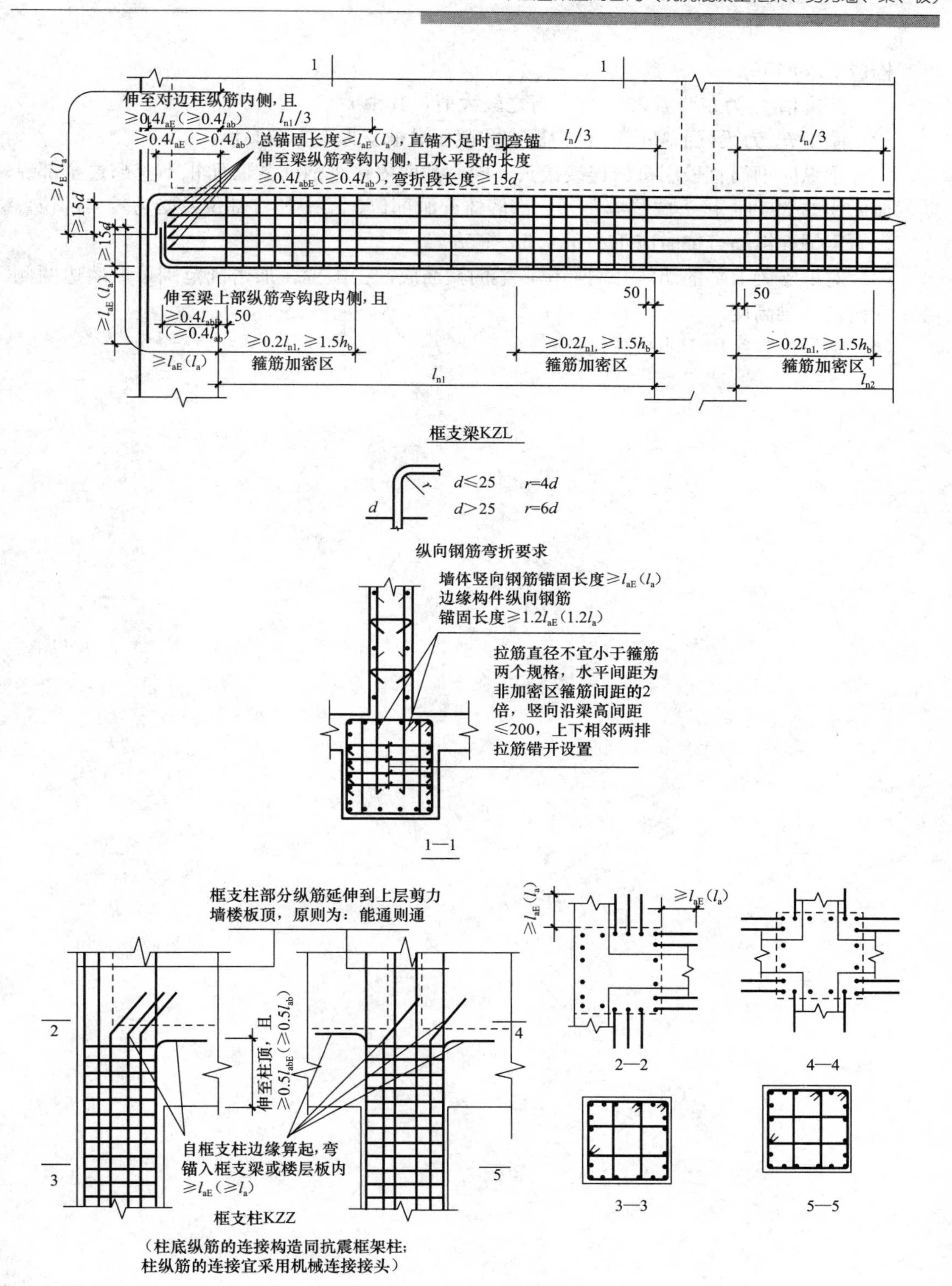

图 4-59　KZZ、KZL 配筋构造

构造要求如下：

(1) 跨度值 l_n 为左跨 l_{ni} 和右跨 l_{ni+1} 之较大值，其中 $i=1$，2，3，…。

(2) 图中 h_b 为梁截面高度，h_c 为框支柱截面沿框支框架方向高度。

(3) 梁纵向钢筋宜采用机械连接接头，同一截面内接头钢筋截面面积不应超过全部纵筋截面面积的50%，接头位置应避开上部墙体开洞部位、梁上托柱部位及受力较大部位。

(4) 梁侧面纵筋直锚时应不小于 $0.5h_c+5d$。

(5) 对框支梁上部的墙体开洞部位，梁的箍筋应加密配置，加密区范围可取墙边两侧各1.5倍转换梁高度。

(6) 括号内数字用于非抗震设计。

第 5 章　板　构　件

1　板有哪些分类方式?

板有以下几种划分方式:

(1) 按施工方法划分:有现浇板和预制板两种。预制板又可分为平板、空心板、槽形板、大型屋面板等。但现在的民用建筑已经大量采用现浇板,而很少采用预制板。

(2) 按板的力学特征划分:有悬臂板和楼板两种。悬臂板是一面支承的板。挑檐板、阳台板、雨篷板等都是悬臂板。我们说的楼板是两面支承或四面支承的板,不管它是铰接的还是刚接的,是单跨的还是连续的。

(3) 按配筋特点划分:

1) 有单向板和双向板两种。

单向板是在一个方向上布置主筋,而在另一个方向上布置分布筋。双向板是在两个互相垂直的方向上都布置主筋。

此外,配筋的方式有单层布筋和双层布筋两种。

楼板的单层布筋就是在板的下部布置贯通纵筋,在板的周边布置扣筋(即非贯通纵筋)。楼板的双层布筋就是板的上部和下部都布置贯通纵筋。

2) 悬挑板都是单向板,布筋方向与悬挑方向一致。

2　不同种类板的钢筋如何配置?

1. 楼板的下部钢筋

双向板:在两个受力方向上都布置贯通纵筋。

单向板:在受力方向上布置贯通纵筋,另一个方向上布置分布筋。

在实际工程中,楼板一般都采用双向布筋。当板的(长边长度/短边长度)≤2.0,应按双向板计算;2.0<(长边长度/短边长度)≤3.0的,宜按双向板计算。

2. 楼板的上部钢筋

双层布筋:设置上部贯通纵筋。

单层布筋:不设上部贯通纵筋,而设置上部非贯通纵筋(即扣筋)。

对于上部贯通纵筋来说,同样存在双向布筋和单向布筋的区别。

对于上部非贯通纵筋(即扣筋)来说,需要布置分布筋。

3. 悬挑板纵筋

顺着悬挑方向设置上部纵筋。悬挑板又可分为两种:

(1) 延伸悬挑板

悬挑板的上部纵筋与相邻跨内的上部纵筋贯通布置。

(2) 纯悬挑板

悬挑板的上部纵筋单独布置。

3 有梁楼盖平法施工图制图规则包括哪些?

有梁楼盖的制图规则适用于以梁为支座的楼面与屋面板平法施工图设计。

1. 有梁楼盖板平法施工图的表示方法

(1) 有梁楼盖板平法施工图是在楼面板和屋面板布置图上，采用平面注写的表达方式。板平面注写主要包括板块集中标注和板支座原位标注。

(2) 为方便设计表达和施工识图，规定结构平面的坐标方向如下：

1) 当两向轴网正交布置时，图面从左至右为 X 向，从下至上为 Y 向。

2) 当轴网转折时，局部坐标方向顺轴网转折角度做相应转折。

3) 当轴网向心布置时，切向为 X 向，径向为 Y 向。

此外，对于平面布置比较复杂的区域，例如轴网转折交界区域、向心布置的核心区域等，其平面坐标方向应由设计者另行规定并且在图上明确表示。

2. 板块集中标注

(1) 板块集中标注的内容包括：板块编号、板厚、贯通纵筋以及当板面标高不同时的标高高差。

对于普通楼面，两向均以一跨为一板块；对于密肋楼盖，两向主梁（框架梁）均以一跨为一板块（非主梁密肋不计）。所有板块应逐一编号，相同编号的板块可择其一做集中标注，其他仅注写置于圆圈内的板编号，以及当板面标高不同时的标高高差。

板块编号应符合表 5-1 的规定。

板块编号 **表 5-1**

板类型	代　号	序　号
楼面板	LB	××
屋面板	WB	××
悬挑板	XB	××

板厚注写为 h=×××（h 为垂直于板面的厚度）；当悬挑板的端部改变截面厚度时，用斜线分隔根部与端部的高度值，注写为 h=×××/×××；当设计已在图注中统一注明板厚时，此项可不注。

贯通纵筋按板块的下部和上部分别注写（当板块上部不设贯通纵筋时则不注），并以 B 代表下部，以 T 代表上部，B&T 代表下部与上部；X 向贯通纵筋以 X 打头，Y 向贯通纵筋以 Y 打头，两向贯通纵筋配置相同时则以 X&Y 打头。

当为单向板时，分布筋可不必注写，而在图中统一注明。

当在某些板内（例如在悬挑板 XB 的下部）配置有构造钢筋时，则 X 向以 Xc，Y 向以 Yc 打头注写。

当 Y 向采用放射配筋时（切向为 X 向，径向为 Y 向），设计者应注明配筋间距的定位尺寸。

当贯通筋采用两种规格钢筋“隔一布一”方式时，表达为Φ xx/yy@xxx，表示直径为 xx 的钢筋和直径为 yy 的钢筋二者之间间距为 xxx，直径 xx 的钢筋的间距为 xxx 的 2 倍，直径 yy 的钢筋的间距为 xxx 的 2 倍。

板面标高高差是指相对于结构层楼面标高的高差，应将其注写在括号内，并且有高差则注，无高差不注。

【例 5-1】 B：XΦ 10@150　YΦ 10@180，表示双向配筋，X 和 Y 向均有底部贯通纵筋；单层配筋，底部贯通纵筋 X 向为Φ 10@150，Y 向为Φ 10@180，板上部未配置贯通纵筋。

【例 5-2】 B：X&YΦ 10@150，表示双向配筋，X 和 Y 向均有底部贯通纵筋；单层配筋，只是底部贯通纵筋，没有板顶部贯通纵筋；底部贯通纵筋 X 向和 Y 向配筋相同，均为Φ 10@150。

【例 5-3】 B：X&YΦ 10@150　T：X&YΦ 10@150，表示双向配筋，底部和顶部均为双向配筋；双层配筋，既有板底贯通纵筋，又有板顶贯通纵筋；底部贯通纵筋 X 向和 Y 向配筋相同，均为Φ 10@150；顶部贯通纵筋 X 向和 Y 向配筋相同，均为Φ 10@150。

【例 5-4】 B：X&YΦ 10@150　T：XΦ 10@150，表示双层配筋，既有板底贯通纵筋，又有板顶贯通纵筋；板底为双向配筋，底部贯通纵筋 X 向和 Y 向配筋相同，均为Φ 10@150；板顶部为单向配筋，顶部贯通纵筋 X 向为Φ 10@150。

（2）同一编号板块的类型、板厚和贯通纵筋均应相同，但是板面标高、跨度、平面形状以及板支座上部非贯通纵筋可以不同，若同一编号板块的平面形状可为矩形、多边形及其他形状等。施工预算时，应根据其实际平面形状，分别计算各块板的混凝土与钢材用量。

设计与施工应注意：单向或双向连续板的中间支座上部同向贯通纵筋，不应在支座位置连接或分别锚固。当相邻两跨的板上部贯通纵筋配置相同，且跨中部位有足够空间连接时，可在两跨任意一跨的跨中连接部位连接；当相邻两跨的上部贯通纵筋配置不同时，应将配置较大者越过其标注的跨数终点或起点伸至相邻跨的跨中连接区域连接。

设计应注意板中间支座两侧上部贯通纵筋的协调配置，施工及预算应按具体设计和相应标准构造要求实施。等跨与不等跨板上部贯通纵筋的连接有特殊要求时，其连接部位及方式应由设计者注明。

3. 板支座原位标注

（1）板支座原位标注的内容包括：板支座上部非贯通纵筋和悬挑板上部受力钢筋。

板支座原位标注的钢筋，应在配置相同跨的第一跨表达（当在梁悬挑部位单独配置时则在原位表达）。在配置相同跨的第一跨（或梁悬挑部位），垂直于板支座（梁或墙）绘制一段适宜长度的中粗实线（当该筋通长设置在悬挑板或短跨板上部时，实线段应画至对边或贯通短跨），以该线段代表支座上部非贯通纵筋，并在线段上方注写钢筋编号（例如①、②等）、配筋值、横向连续布置的跨数（注写在括号内，并且当为一跨时可不注），以及是否横向布置到梁的悬挑端。

【例 5-5】 （××）为横向布置的跨数，（××A）为横向布置的跨数及一端的悬挑梁部位，（××B）为横向布置的跨数及两端的悬挑梁部位。

板支座上部非贯通筋自支座中线向跨内的伸出长度，注写在线段的下方位置。

当中间支座上部非贯通纵筋向支座两侧对称伸出时，可仅在支座一侧线段下方标注伸出长度，另一侧不注，如图 5-1 所示。

当向支座两侧非对称伸出时，应分别在支座两侧线段下方注写伸出长度，如图 5-2 所示。

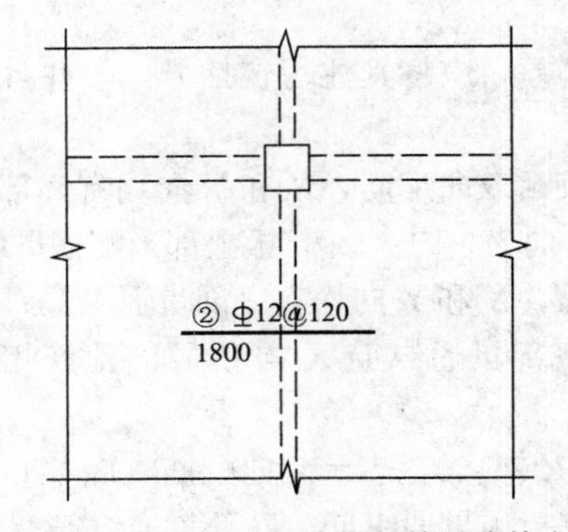

图 5-1 板支座上部非贯通筋对称伸出

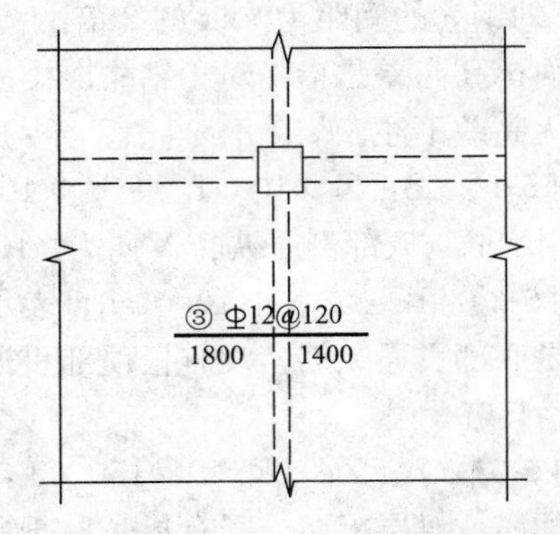

图 5-2 板支座上部非贯通筋非对称伸出

对线段画至对边贯通全跨或贯通全悬挑长度的上部通长纵筋，贯通全跨或伸出至全悬挑一侧的长度值不注，只注明非贯通筋另一侧的伸出长度值，如图 5-3 所示。

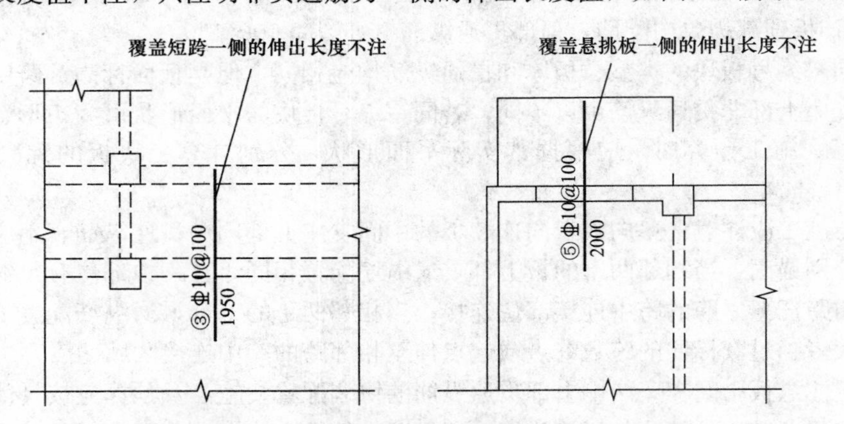

图 5-3 板支座非贯通筋贯通全跨或伸出至悬挑端

当板支座为弧形，支座上部非贯通纵筋呈放射状分布时，设计者应注明配筋间距的度量位置并加注“放射分布”四字，必要时应补绘平面配筋图，如图 5-4 所示。

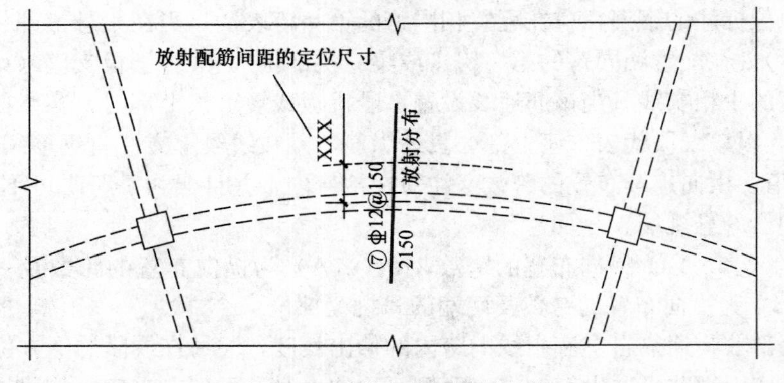

图 5-4 弧形支座处放射配筋

关于悬挑板的注写方式如图 5-5 所示。当悬挑板端部厚度不小于 150mm 时，设计者应指定板端部封边构造方式，当采用 U 形钢筋封边时，尚应指定 U 形钢筋的规格、直径。

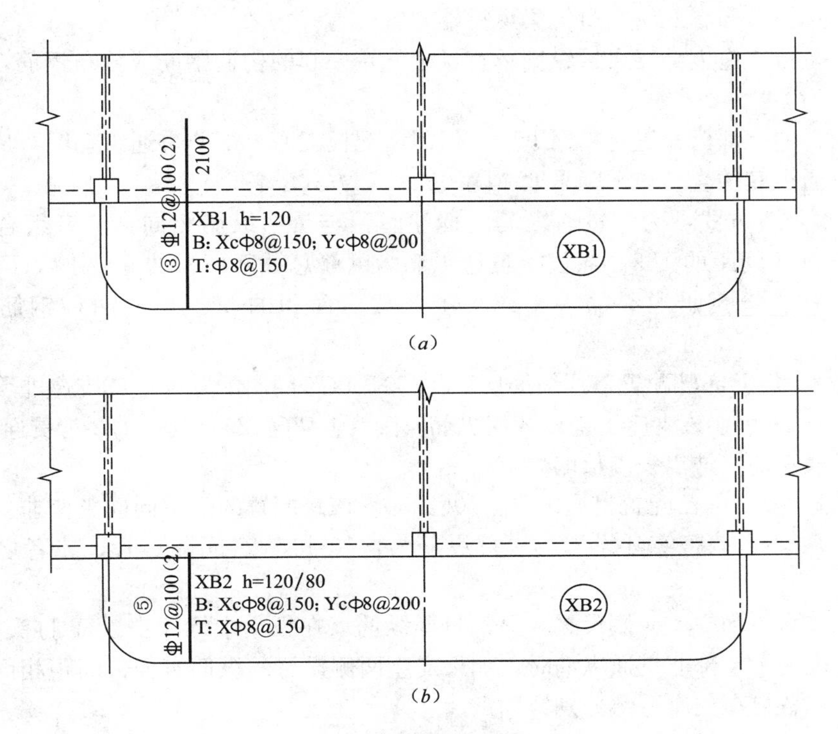

图 5-5　悬挑板支座非贯通筋

此外，悬挑板的悬挑阳角上部放射钢筋的表示方法，如图 5-6 所示。

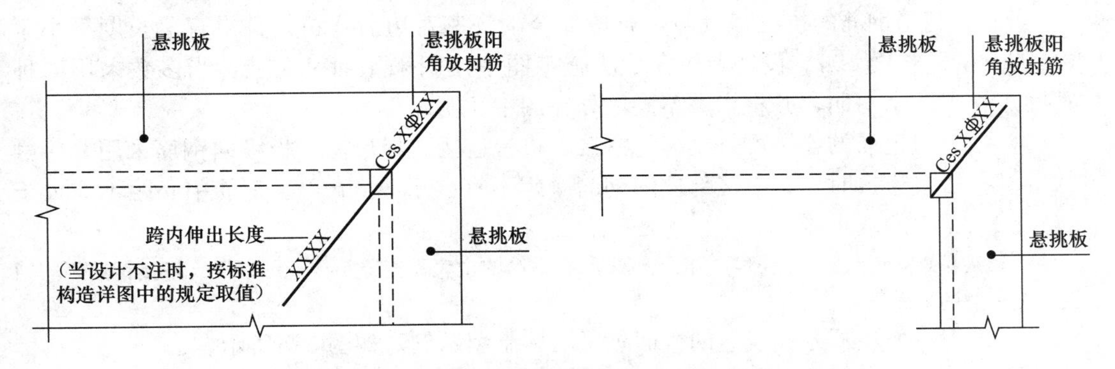

图 5-6　悬挑板阳角附加筋 Ces 引注图示

在板平面布置图中，不同部位的板支座上部非贯通纵筋及悬挑板上部受力钢筋，可仅在一个部位注写，对其他相同者则仅需在代表钢筋的线段上注写编号及按本条规则注写横向连续布置的跨数即可。

【例 5-6】 在板平面布置图某部位，横跨支承梁绘制的对称线段上注有⑦Φ 12@100

(5A) 和 1500，表示支座上部⑦号非贯通纵筋为⌀12@100，从该跨起沿支承梁连续布置 5 跨加梁一端的悬挑端，该筋自支座中线向两侧跨内的伸出长度均为 1500mm，在同一板平面布置图的另一部位横跨梁支座绘制的对称线段上注有⑦ (2) 者，系表示该筋同⑦号纵筋，沿支承梁连续布置 2 跨，且无梁悬挑端布置。

此外，与板支座上部非贯通纵筋垂直且绑扎在一起的构造钢筋或分布钢筋，应由设计者在图中注明。

(2) 当板的上部已配置有贯通纵筋，但需增配板支座上部非贯通纵筋时，应结合已配置的同向贯通纵筋的直径与间距采取"隔一布一"方式配置。

"隔一布一"方式，为非贯通纵筋的标注间距与贯通纵筋相同，两者组合后的实际间距为各自标注间距的 1/2。当设定贯通纵筋为纵筋总截面面积的 50%时，两种钢筋应取相同直径；当设定贯通纵筋大于或小于总截面面积的 50%时，两种钢筋则取不同直径。

【例 5-7】 板上部已配置贯通纵筋⌀12@250，该跨同向配置的上部支座非贯通纵筋为⑤⌀12@250，表示在该支座上部设置的纵筋实际为⌀12@125，其中 1/2 为贯通纵筋，1/2 为⑤号非贯通纵筋（伸出长度值略）。

【例 5-8】 板上部已配置贯通纵筋⌀10@250，该跨配置的上部同向支座非贯通纵筋为③⌀12@250，表示该跨实际设置的上部纵筋为⌀10 和⌀12 间隔布置，二者之间间距为 125mm。

施工应注意：当支座一侧设置了上部贯通纵筋（在板集中标注中以 T 打头），而在支座另一侧仅设置了上部非贯通纵筋时，如果支座两侧设置的纵筋直径、间距相同，应将二者连通，避免各自在支座上部分别锚固。

4. 其他

(1) 板上部纵向钢筋在端支座（梁或圈梁）的锚固要求：当设计按铰接时，平直段伸至端支座对边后弯折，且平直段长度不小于 $0.35l_{ab}$，弯折段长度 $15d$（d 为纵向钢筋直径）；当充分利用钢筋的抗拉强度时，直段伸至端支座对边后弯折，且平直段长度不小于 $0.6l_{ab}$，弯折段长度 $15d$。设计者应在平法施工图中注明采用何种构造，当多数采用同种构造时可在图注中写明，并将少数不同之处在图中注明。

(2) 板纵向钢筋的连接可采用绑扎搭接、机械连接或焊接。当板纵向钢筋采用非接触方式的绑扎搭接连接时，其搭接部位的钢筋净距不宜小于 30mm，且钢筋中心距不应大于 $0.2l_l$ 及 150mm 的较小者。

注：非接触搭接使混凝土能够与搭接范围内所有钢筋的全表面充分粘接，可以提高搭接钢筋之间通过混凝土传力的可靠度。

(3) 采用平面注写方式表达的楼面板平法施工图示例，如图 5-7 所示。

4 无梁楼盖平法施工图制图规则包括哪些？

1. 无梁楼盖平法施工图的表示方法

(1) 无梁楼盖平法施工图是在楼面板和屋面板布置图上，采用平面注写的表达方式。

(2) 板平面注写主要有板带集中标注、板带支座原位标注两部分内容。

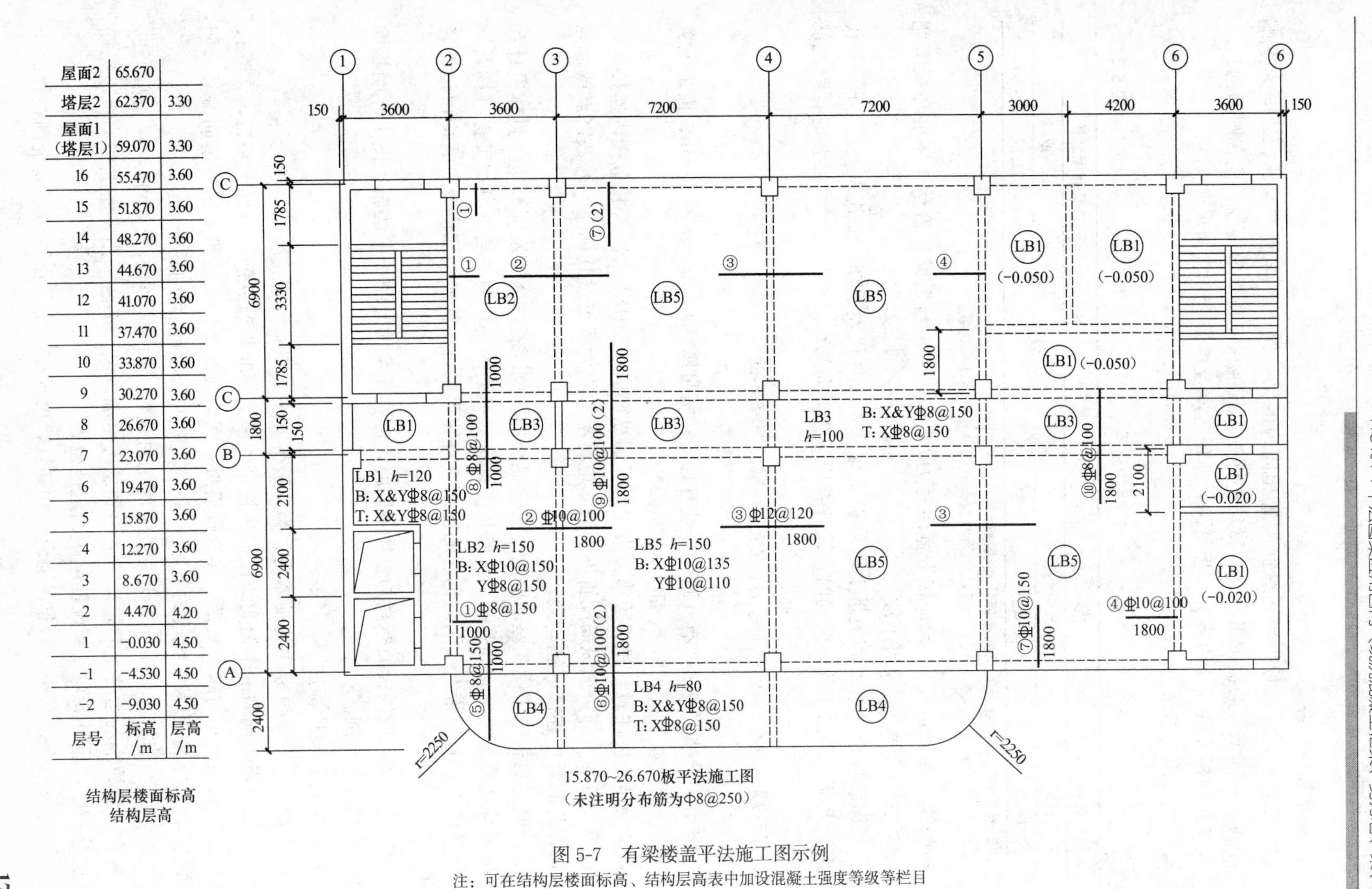

层号	标高/m	层高/m
屋面2	65.670	
塔层2	62.370	3.30
屋面1（塔层1）	59.070	3.30
16	55.470	3.60
15	51.870	3.60
14	48.270	3.60
13	44.670	3.60
12	41.070	3.60
11	37.470	3.60
10	33.870	3.60
9	30.270	3.60
8	26.670	3.60
7	23.070	3.60
6	19.470	3.60
5	15.870	3.60
4	12.270	3.60
3	8.670	3.60
2	4.470	4.20
1	−0.030	4.50
−1	−4.530	4.50
−2	−9.030	4.50

结构层楼面标高
结构层高

15.870~26.670板平法施工图
（未注明分布筋为Φ8@250）

图 5-7　有梁楼盖平法施工图示例

注：可在结构层楼面标高、结构层高表中加设混凝土强度等级等栏目

2. 板带集中标注

(1) 集中标注应在板带贯通纵筋配置相同跨的第一跨（X 向为左端跨，Y 向为下端跨）注写。相同编号的板带可择其一做集中标注，其他仅注写板带编号（注在圆圈内）。

板带集中标注的具体内容为：板带编号、板带厚及板带宽和贯通纵筋。

板带编号应符合表 5-2 的规定。

板带编号 **表 5-2**

板带类型	代　号	序　号	跨数及有无悬挑
柱上板带	ZSB	××	(××)、(××A) 或 (××B)
跨中板带	KZB	××	(××)、(××A) 或 (××B)

注：1. 跨数按柱网轴线计算（两相邻柱轴线之间为一跨）。
2. (××A) 为一端有悬挑，(××B) 为两端有悬挑，悬挑不计入跨数。

板带厚注写为 h=×××，板带宽注写为 b=×××。当无梁楼盖整体厚度和板带宽度已在图中注明时，此项可不注。

贯通纵筋按板带下部和板带上部分别注写，并以 B 代表下部，T 代表上部，B&T 代表下部和上部。当采用放射配筋时，设计者应注明配筋间距的度量位置，必要时补绘配筋平面图。

【例 5-9】 设有一板带注写为：ZSB2 (5A)　h=300　b=3000
B=ф 16@100；T ф 18@200

系表示 2 号柱上板带，有 5 跨且一端有悬挑；板带厚 300mm，宽 3000mm；板带配置贯通纵筋下部为ф 16@100，上部为ф 18@200。

设计与施工应注意：相邻等跨板带上部贯通纵筋应在跨中 1/3 净跨长范围内连接；当同向连续板带的上部贯通纵筋配置不同时，应将配置较大者越过其标注的跨数终点或起点伸至相邻跨的跨中连接区域连接。

设计应注意板带中间支座两侧上部贯通纵筋的协调配置，施工及预算应按具体设计和相应标准构造要求实施。等跨与不等跨板上部贯通纵筋的连接构造要求见相关标准构造详图；当具体工程对板带上部纵向钢筋的连接有特殊要求时，其连接部位及方式应由设计者注明。

(2) 当局部区域的板面标高与整体不同时，应在无梁楼盖的板平法施工图上注明板面标高高差及分布范围。

3. 板带支座原位标注

(1) 板带支座原位标注的具体内容为：板带支座上部非贯通纵筋。

以一段与板带同向的中粗实线段代表板带支座上部非贯通纵筋；对柱上板带，实线段贯穿柱上区域绘制；对跨中板带：实线段横贯柱网轴线绘制。在线段上注写钢筋编号（例如①、②等）、配筋值及在线段的下方注写自支座中线向两侧跨内的伸出长度。

当板带支座非贯通纵筋自支座中线向两侧对称伸出时，其伸出长度可仅在一侧标注；当配置在有悬挑端的边柱上时，该筋伸出到悬挑尽端，设计不注。当支座上部非贯通纵筋呈放射分布时，设计者应注明配筋间距的定位位置。

不同部位的板带支座上部非贯通纵筋相同者，可仅在一个部位注写，其余则在代表非贯通纵筋的线段上注写编号。

【例 5-10】 设有平面布置图的某部位，在横跨板带支座绘制的对称线段上注有⑦ф 18@250，在线段一侧的下方注有1500，系表示支座上部⑦号非贯通纵筋为ф 18@250，自支座中线向两侧跨内的伸出长度均为1500mm。

（2）当板带上部已经配有贯通纵筋，但需增加配置板带支座上部非贯通纵筋时，应结合已配同向贯通纵筋的直径与间距，采取“隔一布一”的方式配置。

【例 5-11】 设有一板带上部已配置贯通纵筋ф 18@240，板带支座上部非贯通纵筋为⑤ф 18@240，则板带在该位置实际配置的上部纵筋为ф 18@120，其中1/2为贯通纵筋，1/2为⑤号非贯通纵筋（伸出长度略）。

【例 5-12】 设有一板带上部已配置贯通纵筋ф 18@240，板带支座上部非贯通纵筋为③ф 20@240，则板带在该位置实际配置的上部纵筋为ф 18和ф 20间隔布置，二者之间间距为120mm（伸出长度略）。

4. 暗梁的表示方法

（1）暗梁平面注写包括暗梁集中标注、暗梁支座原位标注两部分内容。施工图中在柱轴线处画中粗虚线表示暗梁。

（2）暗梁集中标注包括暗梁编号、暗梁截面尺寸（箍筋外皮宽度×板厚）、暗梁箍筋、暗梁上部通长筋或架立筋四部分内容。暗梁编号应符合表5-3的规定，其他注写方式详见梁平面注写方式。

暗梁编号 **表 5-3**

构件类型	代　号	序　号	跨数及有无悬挑
暗梁	AL	××	(××)、(××A)或(××B)

注：1. 跨数按柱网轴线计算（两相邻柱轴线之间为一跨）。
2. (××A)为一端有悬挑，(××B)为两端有悬挑，悬挑不计入跨数。

（3）暗梁支座原位标注包括梁支座上部纵筋、梁下部纵筋。当在暗梁上集中标注的内容不适用于某跨或某悬挑端时，则将其不同数值标注在该跨或该悬挑端，施工时按原位注写取值。注写方式详见梁平面注写方式。

（4）当设置暗梁时，柱上板带及跨中板带标注方式与上述“2. 板带集中标注”“3. 板带支座原位标注”。柱上板带标注的配筋仅设置在暗梁之外的柱上板带范围内。

（5）暗梁中纵向钢筋连接、锚固及支座上部纵筋的伸出长度等要求同轴线处柱上板带中纵向钢筋。

5. 其他

（1）无梁楼盖跨中板带上部纵向钢筋在端支座的锚固要求详见“3　有梁楼盖平法施工图制图规则包括哪些?”第4条第（1）款。

（2）板纵向钢筋的连接可采用绑扎搭接、机械连接或焊接，其要求详见“3　有梁楼盖平法施工图制图规则包括哪些?”第4条第（2）款。

（3）上述关于无梁楼盖的板平法制图规则，同样适用于地下室内无梁楼盖的平法施工图设计。

（4）采用平面注写方式表达的无梁楼盖柱上板带、跨中板带及暗梁标注图示，如图5-8所示。

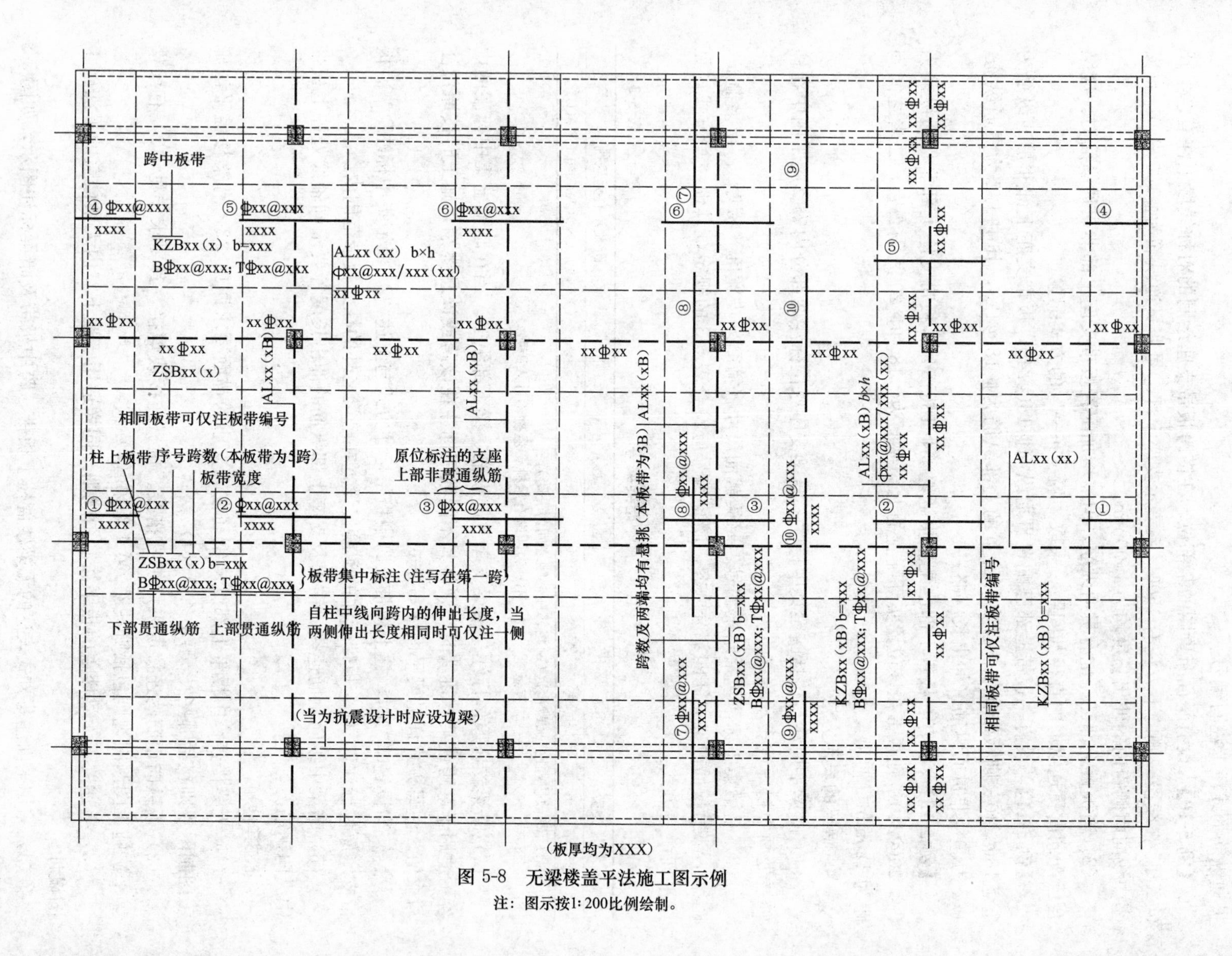

（板厚均为XXX）

图 5-8　无梁楼盖平法施工图示例

注：图示按1:200比例绘制。

5　楼板相关构造制图规则包括哪些？

1. 楼板相关构造类型与表示方法

（1）楼板相关构造的平法施工图设计，是在板平法施工图上采用直接引注方式表达。

（2）楼板相关构造编号应符合表5-4的规定。

楼板相关构造类型与编号　　表5-4

构造类型	代　号	序　号	说　明
纵筋加强带	JQD	××	以单向加强纵筋取代原位置配筋
后浇带	HJD	××	有不同的留筋方式
柱帽	ZMx	××	适用于无梁楼盖
局部升降板	SJB	××	板厚及配筋与所在板相同，构造升降高度不大于300mm
板加腋	JY	××	腋高与腋宽可选注
板开洞	BD	××	最大边长或直径小于1m，加强筋长度有全跨贯通和自洞边锚固两种
板翻边	FB	××	翻边高度不大于300mm
角部加强筋	Crs	××	以上部双向非贯通加强钢筋取代原位置的非贯通配筋
悬挑板阳角放射筋	Ces	××	板悬挑阳角上部放射筋
抗冲切箍筋	Rh	××	通常用于无柱帽无梁楼盖的柱顶
抗冲切弯起筋	Rb	××	

2. 楼板相关构造直接引注

（1）纵筋加强带JQD的引注

纵筋加强带的平面形状及定位由平面布置图表达，加强带内配置的加强贯通纵筋等由引注内容表达。

纵筋加强带设单向加强贯通纵筋，取代其所在位置板中原配置的同向贯通纵筋。根据受力需要，加强贯通纵筋可在板下部配置，也可在板下部和上部均设置。纵筋加强带的引注如图5-9所示。

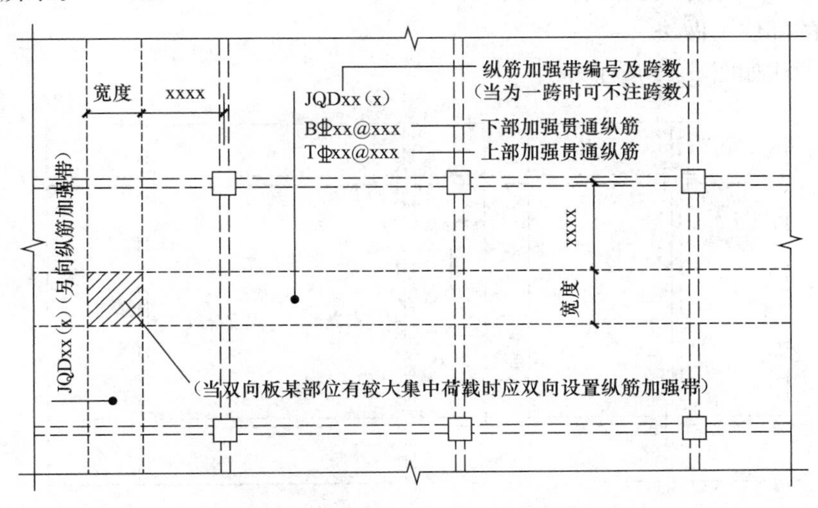

图5-9　纵筋加强带JQD引注图示

当板下部和上部均设置加强贯通纵筋，而板带上部横向无配筋时，加强带上部横向配筋应由设计者注明。

当将纵筋加强带设置为暗梁形式时应注写箍筋，其引注如图5-10所示。

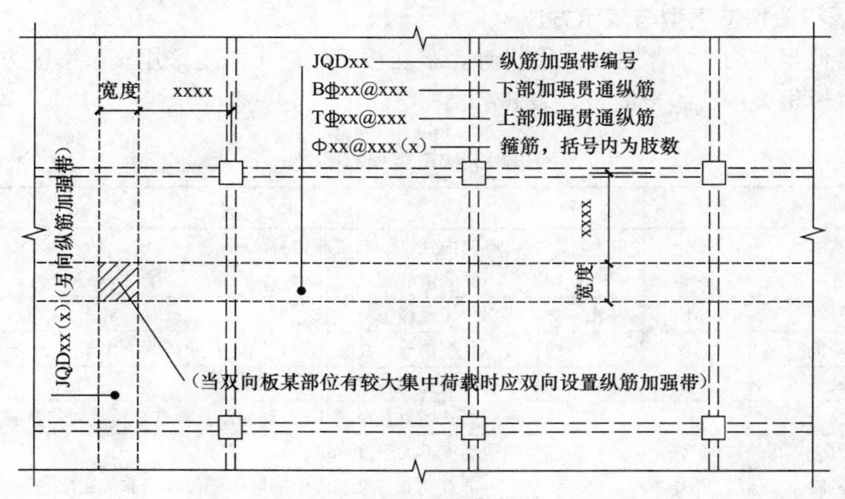

图5-10　纵筋加强带JQD引注图示（暗梁形式）

（2）后浇带HJD的引注

后浇带的平面形状以及定位由平面布置图表达，后浇带留筋方式等由引注内容表达，主要包括：

1）后浇带编号以及留筋方式代号。11G101-1图集提供了贯通留筋（代号GT）和100％搭接留筋（代号100％）两种留筋方式。

贯通留筋的后浇带宽度通常取大于或等于800mm；100％搭接留筋的后浇带宽度通常取800mm与（l_l＋60mm）的较大值（l_l为受拉钢筋的搭接长度）。

2）后浇混凝土的强度等级Cxx。宜采用补偿收缩混凝土，设计应注明相关施工要求。

3）当后浇带区域留筋方式或后浇混凝土强度等级不一致时，设计者应在图中注明与图示不一致的部位及做法。

后浇带引注如图5-11所示。

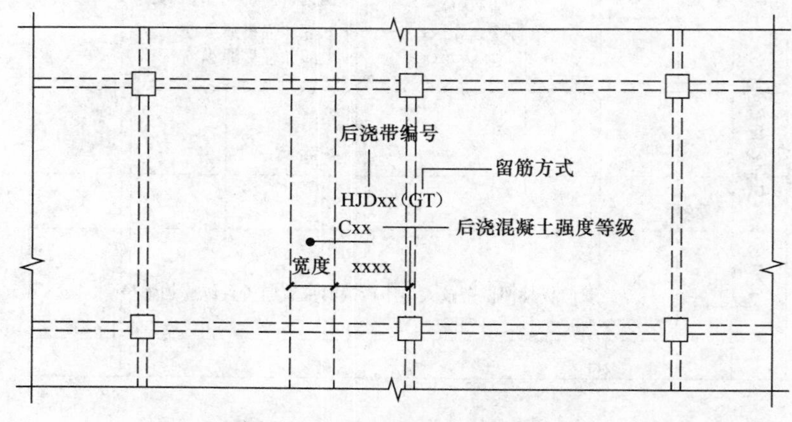

图5-11　后浇带HJD引注图示

（3）柱帽 ZMx 的引注

柱帽 ZMx 的引注如图 5-12～图 5-15 所示。柱帽的平面形状包括矩形、圆形或多边形等，其平面形状由平面布置图表达。

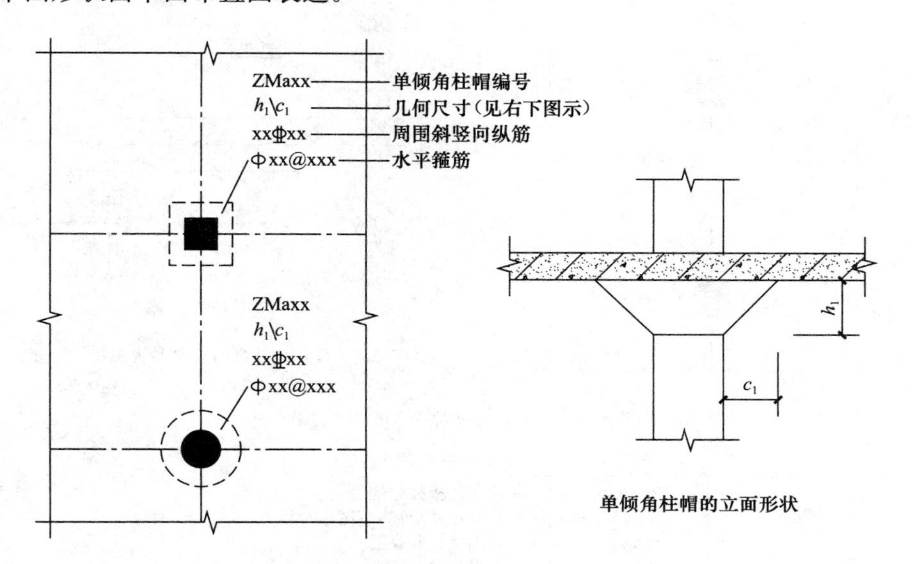

图 5-12 单倾角柱帽 ZMa 引注图示

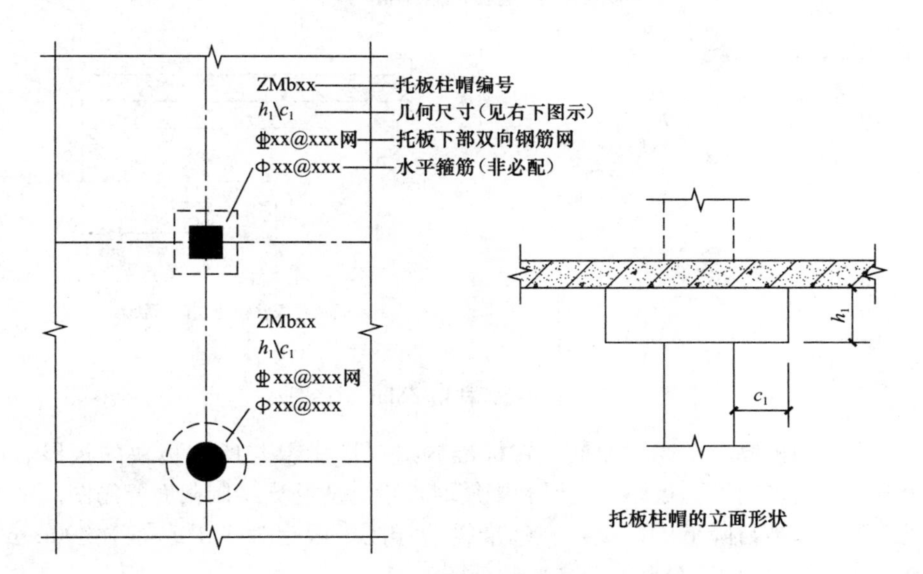

图 5-13 托板柱帽 ZMb 引注图示

柱帽的立面形状有单倾角柱帽 ZMa、托板柱帽 ZMb、变倾角柱帽 ZMc 和倾角托板柱帽 ZMab 等，如图 5-12～图 5-15 所示，其立面几何尺寸和配筋由具体的引注内容表达。图中 c_1、c_2 当 X、Y 方向不一致时，应标注（$c_{1,X}$，$c_{1,Y}$）、（$c_{2,X}$，$c_{2,Y}$）。

（4）局部升降板 SJB 的引注

局部升降板 SJB 的引注如图 5-16 所示。局部升降板的平面形状及定位由平面布置图表达，其他内容由引注内容表达。

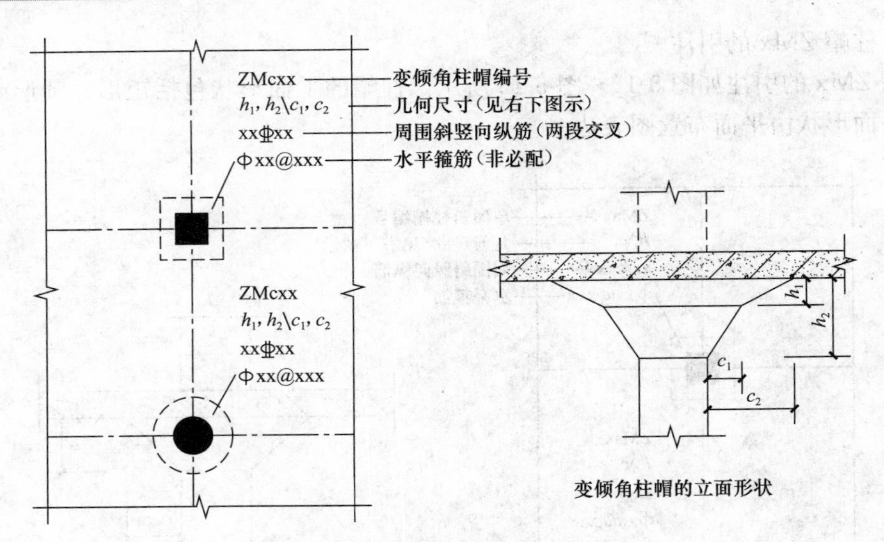

图 5-14　变倾角柱帽 ZMc 引注图示

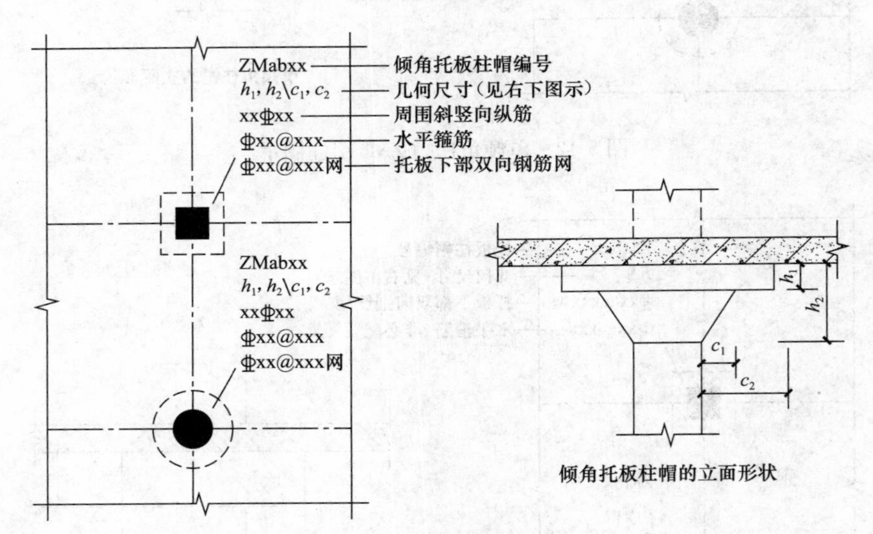

图 5-15　倾角托板柱帽 ZMab 引注图示

局部升降板的板厚、壁厚和配筋，在标准构造详图中取与所在板块的板厚和配筋相同，设计不注；当采用不同板厚、壁厚和配筋时，设计应补充绘制截面配筋图。

局部升降板升高与降低的高度，在标准构造详图中限定为小于或等于 300mm，当高度大于 300mm 时，设计应补充绘制截面配筋图。

设计应注意：局部升降板的下部与上部配筋均应设计为双向贯通纵筋。

（5）板加腋 JY 的引注

板加腋 JY 的引注如图 5-17 所示。板加腋的位置与范围由平面布置图表达，腋宽、腋高及配筋等由引注内容表达。

当为板底加腋时，腋线应为虚线，当为板面加腋时，腋线应为实线；当腋宽与腋高同板厚时，设计不注。加腋配筋按标准构造，设计不注；当加腋配筋与标准构造不同时，设计应补充绘制截面配筋图。

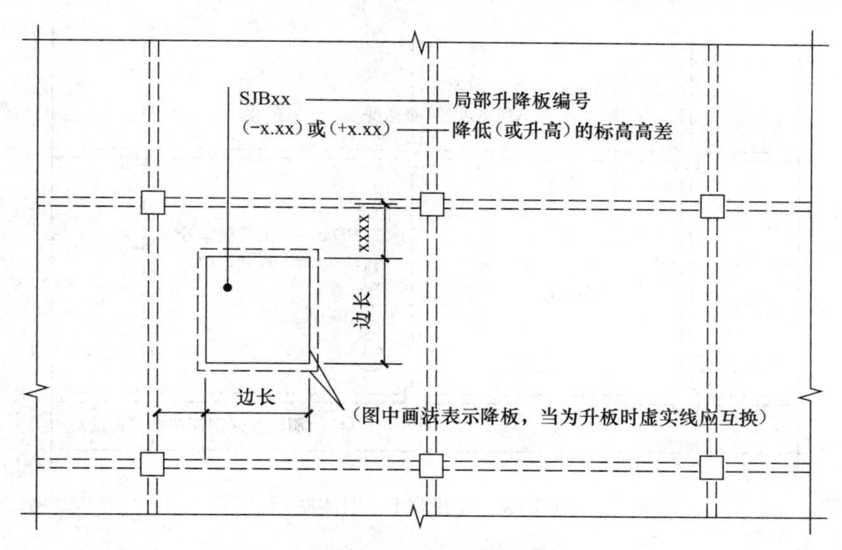

图 5-16　局部升降板 SJB 引注图示

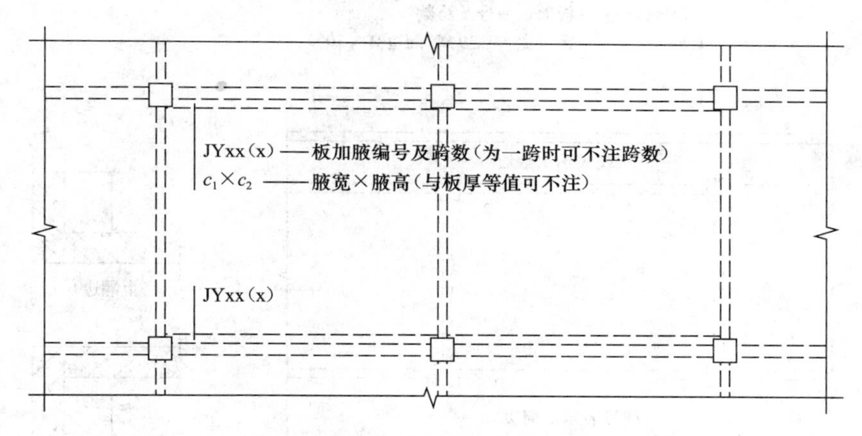

图 5-17　板加腋 JY 引注图示

（6）板开洞 BD 的引注

板开洞 BD 的引注如图 5-18 所示。板开洞的平面形状及定位由平面布置图表达，洞的几何尺寸等由引注内容表达。

当矩形洞口边长或圆形洞口直径小于或等于 1000mm，并且当洞边无集中荷载作用时，洞边补强钢筋可按标准构造的规定设置，设计不注；当洞口周边加强钢筋不伸至支座时，应在图中画出所有加强钢筋，并且标注不伸至支座的钢筋长度。当具体工程所需要的补强钢筋与标准构造不同时，设计应加以注明。

当矩形洞口边长或圆形洞口直径大于 1000mm，或虽小于或等于 1000mm 但是洞边有集中荷载作用时，设计应根据具体情况采取相应的处理措施。

（7）板翻边 FB 的引注

板翻边 FB 的引注如图 5-19 所示。板翻边可为上翻也可为下翻，翻边尺寸等在引注内容中表达，翻边高度在标准构造详图中为小于或等于 300mm。当翻边高度大于 300mm 时，由设计者自行处理。

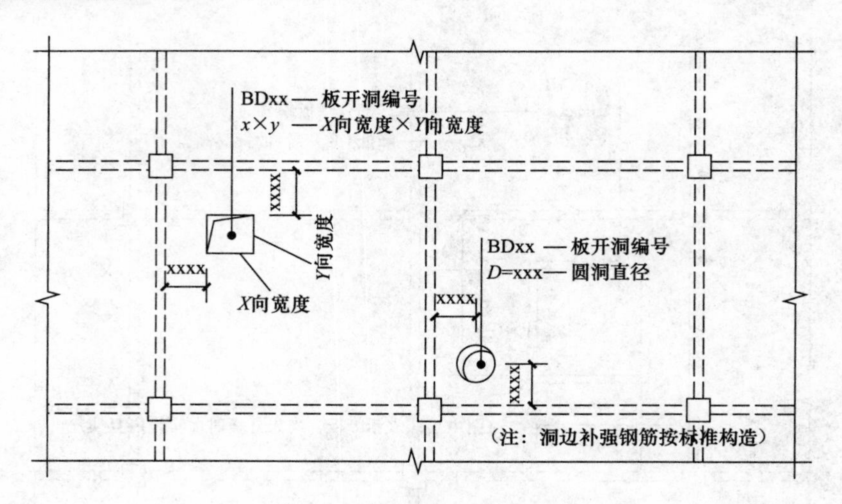

图 5-18　板开洞 BD 引注图示

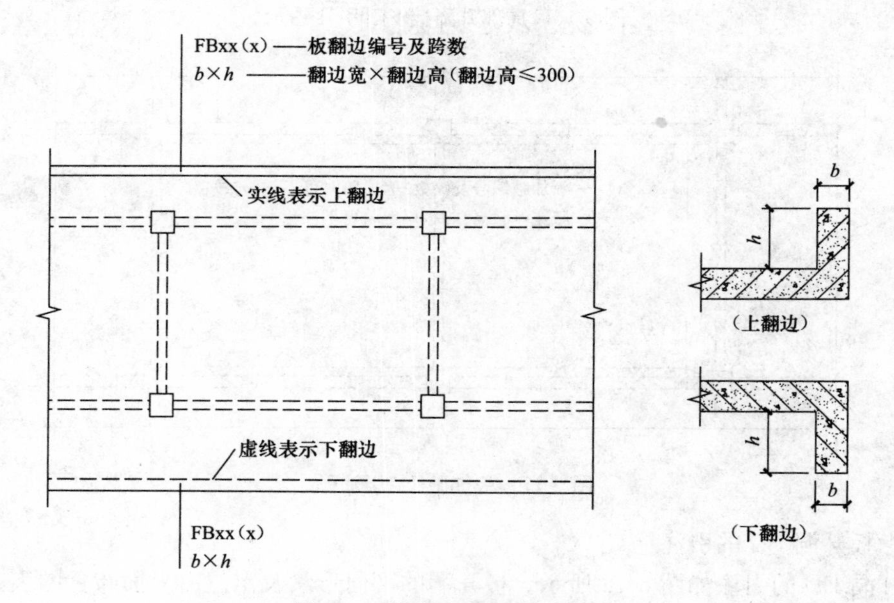

图 5-19　板翻边 FB 引注图示

(8) 角部加强筋 Crs 的引注

角部加强筋 Crs 的引注如图 5-20 所示。角部加强筋一般用于板块角区的上部，根据规范规定的受力要求选择配置。角部加强筋将在其分布范围内取代原配置的板支座上部非贯通纵筋，且当其分布范围内配有板上部贯通纵筋时则间隔布置。

(9) 悬挑板阳角附加筋 Ces 的引注

悬挑板阳角附加筋 Ces 的引注如图 5-6 所示。

(10) 抗冲切箍筋 Rh 的引注

抗冲切箍筋 Rh 的引注如图 5-21 所示。抗冲切箍筋一般在无柱帽无梁楼盖的柱顶部位设置。

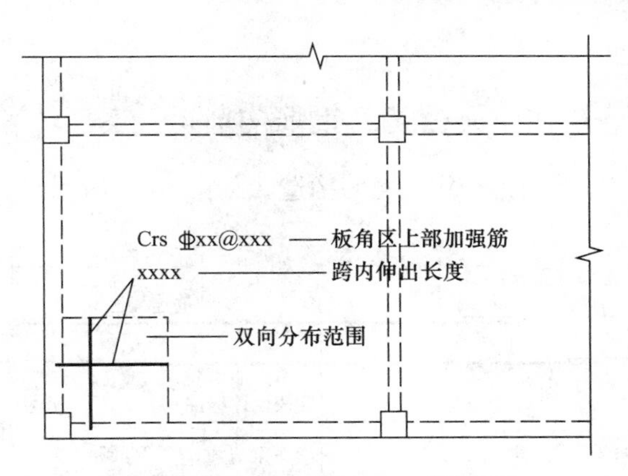

图 5-20 角部加强筋 Crs 引注图示

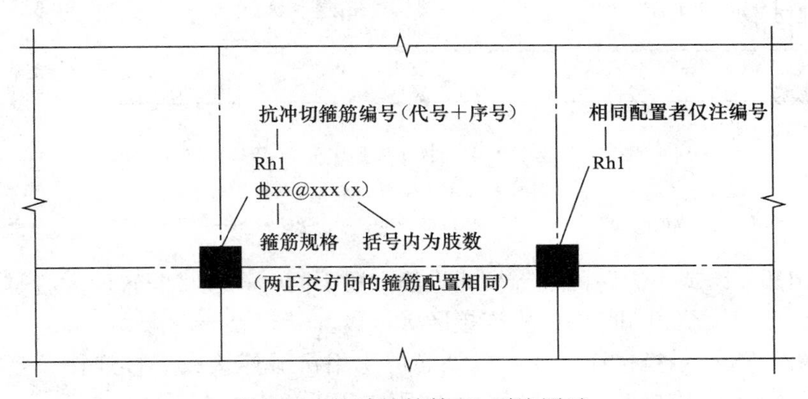

图 5-21 抗冲切箍筋 Rh 引注图示

（11）抗冲切弯起筋 Rb 的引注

抗冲切弯起筋 Rb 的引注如图 5-22 所示。抗冲切弯起筋一般也在无柱帽无梁楼盖的柱顶部位设置。

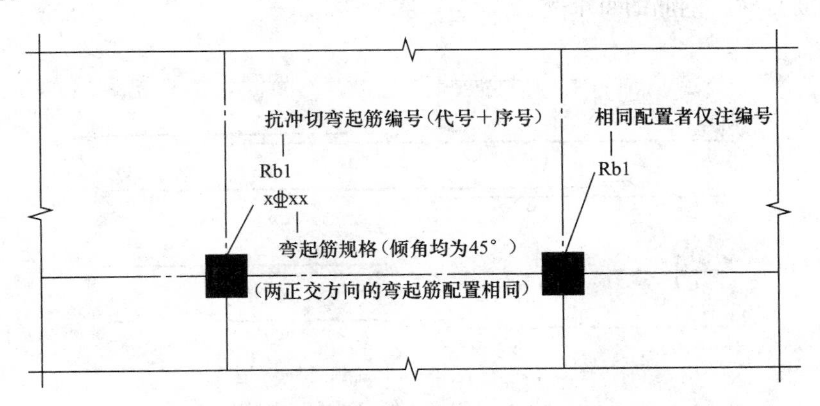

图 5-22 抗冲切弯起筋 Rb 引注图示

3. 其他

11G101-1 图集未包括的其他构造，应由设计者根据具体工程情况按照规范要求进行设计。

6 有梁楼盖楼面板 LB 和屋面板 WB 钢筋构造

有梁楼盖楼面板 LB 和屋面板 WB 钢筋构造，如图 5-23 所示。

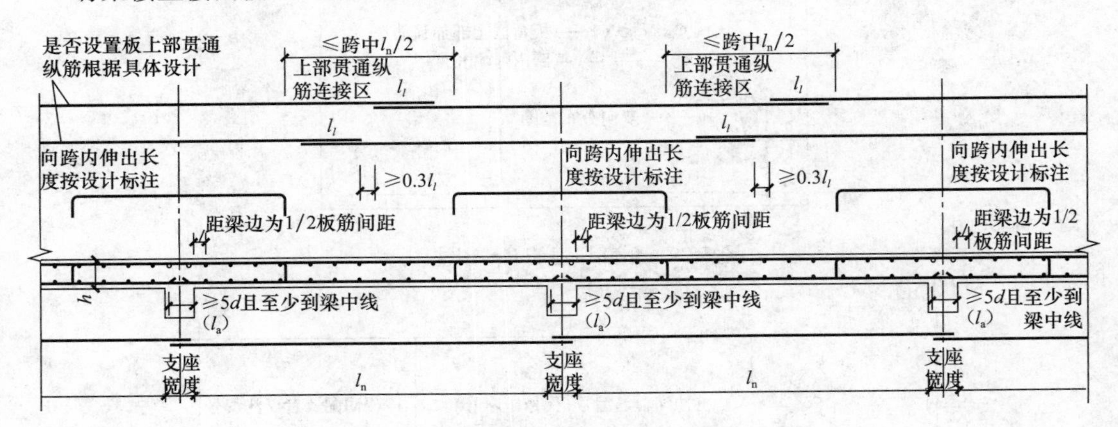

图 5-23 有梁楼盖楼面板 LB 和屋面板 WB 钢筋构造

注：括号内的锚固长度 l_a 用于梁板式转换层的板。

l_n—水平跨净跨值；l_l—纵向受拉钢筋非抗震绑扎搭接长度；l_a—受拉钢筋非抗震锚固长度；d—受拉钢筋直径

（1）当相邻等跨或不等跨的上部贯通纵筋配置不同时，应将配置较大者越过其标注的跨数终点或起点伸出至相邻跨的跨中连接区域连接。

（2）除图 5-23 所示搭接连接外，板纵筋可采用机械连接或焊接连接。接头位置：上部钢筋如图 5-23 所示连接区，下部钢筋宜在距支座 1/4 净跨内。

（3）板贯通纵筋的连接要求见 11G101-1 图集第 55 页，并且同一连接区段内钢筋接头百分率不宜大于 50%。

（4）当采用非接触方式的绑扎搭接连接时，要求如图 5-24 所示。在搭接范围内，相互搭接的纵筋与横向钢筋的每个交叉点均应进行绑扎。

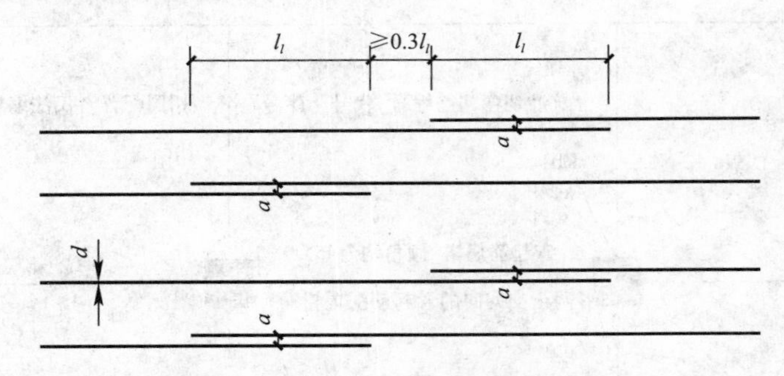

图 5-24 纵向钢筋非接触搭接构造

注：$30+d \leqslant a < 0.2l_l$ 及 150mm 的较小值。

（5）板位于同一层面的两向交叉纵筋何向在下何向在上，应按具体设计说明。

（6）图 5-23 中板的中间支座均按梁绘制，当支座为混凝土剪力墙、砌体墙或圈梁时，其构造相同。

7 有梁楼盖楼面板与屋面板在端部支座的锚固构造要求

有梁楼盖楼面板与屋面板在端部支座的锚固构造要求，如图 5-25 所示。

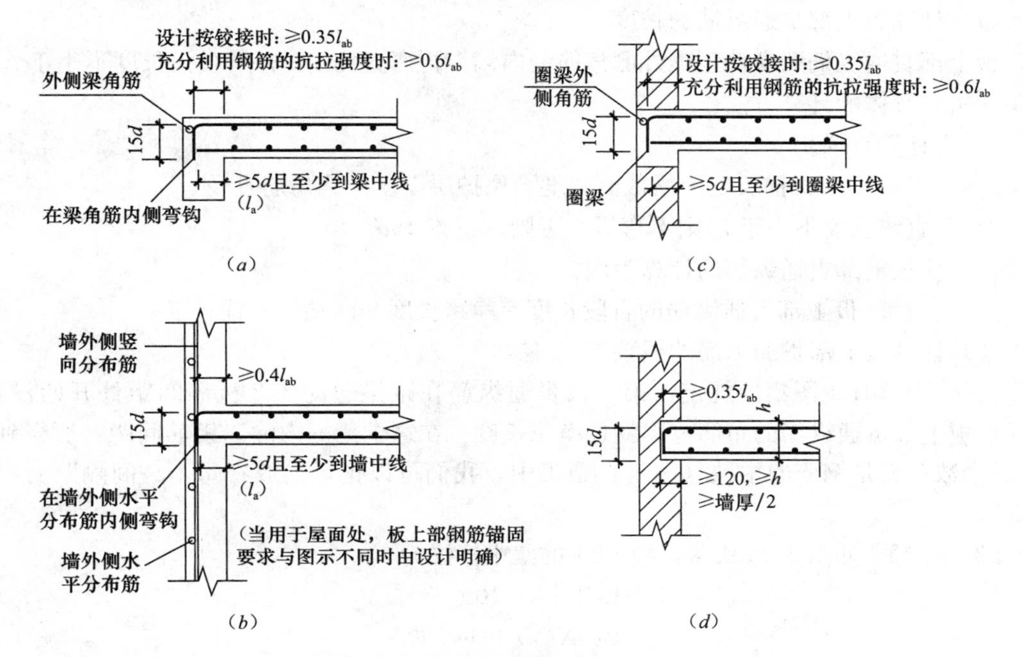

图 5-25 板在端部支座的锚固构造

注：括号内的锚固长度 l_a 用于梁板式转换层的板。

(a) 端部支座为梁；(b) 端部支座为剪力墙；(c) 端部支座为砌体墙的圈梁；(d) 端部支座为砌体墙

l_{ab}—受拉钢筋非抗震基本锚固长度；l_a—受拉钢筋非抗震锚固长度；d—受拉钢筋直径

(1) 纵筋在端支座应伸至支座（梁、圈梁或剪力墙）外侧纵筋内侧后弯折，当直段长度不小于 l_a 时可不弯折。

(2) 图中“设计按铰接时”、“充分利用钢筋的抗拉强度时”由设计指定。

8 板在端部支座的锚固构造中，为什么采用 l_{ab}，而不是 l_{abE}？

那是因为在板的设计中不考虑抗震的因素。

在房屋结构设计中是这样考虑抗震因素的：当水平地震力到来的时候，框架柱和剪力墙是第一道防线；框架梁起到化解地震能量的作用，相当于一个缓冲区；到了非框架梁（次梁）这一层次，已经不需要考虑地震作用了；再到了板这一层次，就更不需要考虑地震作用了。

考虑到这种原因，即使整个房屋考虑抗震作用（例如是一、二级抗震等级），对于板而言，都是不考虑地震影响的，所以，在板上部贯通纵筋弯锚长度的计算中，是采用 l_{ab}而不是 l_{abE}。

9　端支座为梁时，板上部贯通纵筋如何计算？

端支座为梁时，板上部贯通纵筋的计算方法如下：

（1）计算板上部贯通纵筋的长度

板上部贯通纵筋两端伸至梁外侧角筋的内侧，再弯直钩 $15d$；当直锚长度不小于 l_a 时可不弯折。具体的计算方法：

1）先计算直锚长度。

直锚长度＝梁截面宽度－保护层厚度－梁角筋直径

2）若直锚长度不小于 l_a 则不弯折，否则弯直钩 $15d$。

以单块板上部贯通纵筋的计算为例：

板上部贯通纵筋的直段长度＝净跨长度＋两端的直锚长度

（2）计算板上部贯通纵筋的根数

按照11G101-1图集的规定，第一根贯通纵筋在距梁边为1/2板筋间距处开始设置。这样，板上部贯通纵筋的布筋范围就是净跨长度。在这个范围内除以钢筋间距，所得到的“间隔个数”就是钢筋的根数（因为在施工中，我们可以把钢筋放在每个“间隔”的中央位置）。

【例5-13】　如图5-26所示，板LB1的集中标注为

LB1　h＝100
B：X&YΦ8@150
T：X&YΦ8@150

板LB1的尺寸为7500mm×7000mm，X方向的梁宽度为300mm，Y方向的梁宽度为250mm，均为正中轴线。X方向的KL1上部纵筋直径为25mm，Y方向的KL2上部纵筋直径为22mm，梁箍筋直径为10mm。混凝土强度等级C30，二级抗震等级。计算该板的上部贯通纵筋。

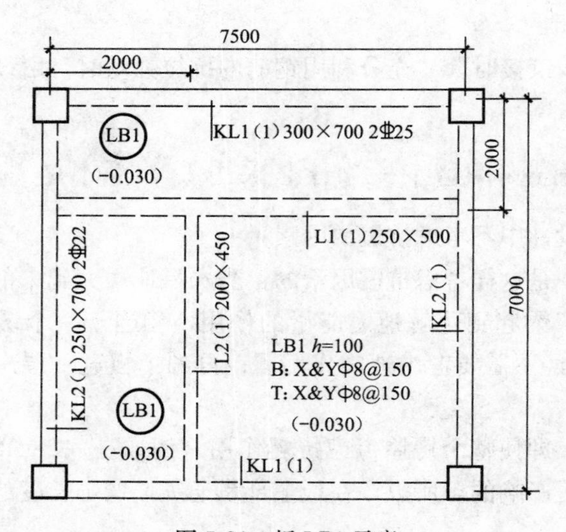

图5-26　板LB1示意

【解】

梁纵筋保护层厚度＝梁箍筋保护层厚度＋梁箍筋直径＝20＋10＝30mm

（1）LB1 板 X 方向的上部贯通纵筋长度

1）支座直锚长度＝梁宽－纵筋保护层厚度－梁角筋直径＝250－30－22＝198mm

2）上部贯通纵筋的直段长度＝净跨长度＋两端的直锚长度

＝(7500－250)＋198×2＝7646mm

（2）LB1 板 X 方向的上部贯通纵筋根数

板上部贯通纵筋的布筋范围＝6450mm

X 方向的上部贯通纵筋根数＝6450/150＝43 根

（3）LB1 板 Y 方向的上部贯通纵筋长度

1）支座直锚长度＝梁宽－纵筋保护层厚度－梁角筋直径＝300－30－25＝245mm

2）l_a＝30d＝30×8＝240mm

在 1）计算出来的支座长度为 245mm，已经大于 l_a（240mm），所以，这根上部贯通纵筋在支座的直锚长度就取定为 240mm，不设弯钩。

3）上部贯通纵筋的直段长度＝净跨长度＋两端的直锚长度

＝(7000－300)＋240×2＝7180mm

（4）LB1 板 Y 方向的上部贯通纵筋根数

板上部贯通纵筋的布筋范围＝净跨长度＝7500－250＝7250mm

Y 方向的上部贯通纵筋的根数＝7250/150＝49 根

【例 5-14】 如图 5-27 所示，板 LB1 的集中标注为

LB1 h＝100

B：X&Y⌀8@150

T：X&Y⌀8@150

板 LB1 的尺寸为 7500mm×7000mm，X 方向的梁宽度为 320mm，Y 方向的梁宽度为 220mm，均为正中轴线。X 方向的 KL1 上部纵筋直径为 25mm，Y 方向的 KL5 上部纵筋直径为 22mm。混凝土强度等级 C25，二级抗震等级。计算板上部贯通纵筋。

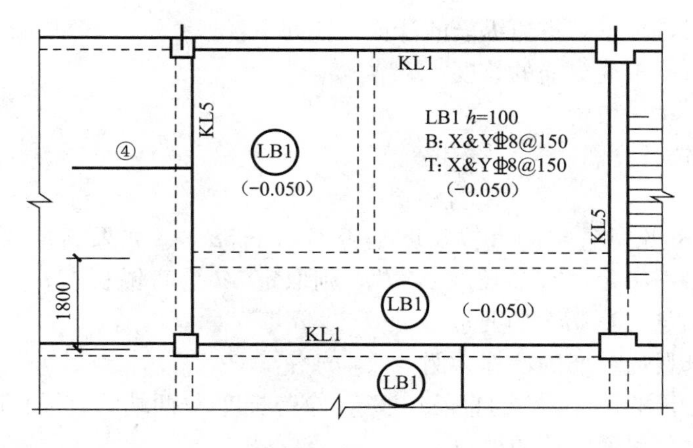

图 5-27 板 LB1 示意

【解】

（1）LB1 板 X 方向的上部贯通纵筋长度

1）支座直锚长度＝梁宽－保护层厚度－梁角筋直径＝220－25－22＝173mm

2）弯钩长度＝l_a－直锚长度＝$27d$－173＝27×8－173＝43mm

3）上部贯通纵筋的直段长度＝净跨长度＋两端的直锚长度

＝(7500－220)＋173×2＝7626mm

（2）LB1 板 X 方向的上部贯通纵筋根数

梁 KL1 角筋中心到混凝土内侧的距离＝25/2＋25＝37.5mm

板上部贯通纵筋的布筋范围＝净跨长度＋37.5×2＝7000－320＋37.5×2

＝6755mm

X 方向的上部贯通纵筋根数＝6755/150＝45 根

（3）LB1 板 Y 方向的上部贯通纵筋长度

1）支座直锚长度＝梁宽－保护层厚度－梁角筋直径＝320－25－25＝270mm

2）弯钩长度＝l_a－直锚长度＝$27d$－270＝27×8－270＝－54mm

注：弯钩长度为负数，说明该计算是错误的，即此钢筋不应有弯钩。

因为，在 1）中计算支座长度＝270mm＞l_a（27×8＝216mm），所以，这根上部贯通纵筋在支座的直锚长度取 216mm，不设弯钩。

3）上部贯通纵筋的直段长度＝净跨长度＋两端的直锚长度

＝(7000－320)＋216×2＝7112mm

（4）LB1 板 Y 方向的上部贯通纵筋根数

梁 KL5 角筋中心到混凝土内侧的距离＝22/2＋25＝36mm

板上部贯通纵筋的布筋范围＝净跨长度＋36×2＝7500－220＋36×2

＝7352mm

Y 方向的上部贯通纵筋根数＝7352/150＝49 根

10　端支座为梁时，板下部贯通纵筋如何计算？

端支座为梁时，板下部贯通纵筋的计算方法如下：

（1）计算板下部贯通纵筋的长度

具体的计算方法一般为：

1）先选定直锚长度。

直锚长度 ＝ 梁宽 /2

2）再验算一下此时选定的直锚长度是否不小于 $5d$——如果满足“直锚长度≥$5d$”，则没有问题；如果不满足“直锚长度≥$5d$”，则取定 $5d$ 为直锚长度。（实际工程中，1/2 梁厚一般都能够满足“≥$5d$”的要求。）

以单块板下部贯通纵筋的计算为例：

板下部贯通纵筋的直段长度 ＝ 净跨长度 ＋ 两端的直锚长度

（2）计算板下部贯通纵筋的根数

计算方法和前面介绍的板上部贯通纵筋根数算法是一致的。即：

按照11G101-1图集的规定，第一根贯通纵筋在距梁边为1/2板筋间距处开始设置。这样，

板上部贯通纵筋的布筋范围＝净跨长度

在这个范围内除以钢筋间距，所得到的“间隔个数”就是钢筋的根数（因为在施工中，我们可以把钢筋放在每个“间隔”的中央位置）。

【例5-15】 如图5-28所示，板LB1的集中标注为

LB1　h＝100
B：X&YΦ8@150
T：X&YΦ8@150

LB1的尺寸为7500mm×7000mm，X方向的梁宽度为300mm，Y方向的梁宽度为250mm，均为正中轴线。混凝土强度等级C25，二级抗震等级。计算板的下部贯通纵筋。

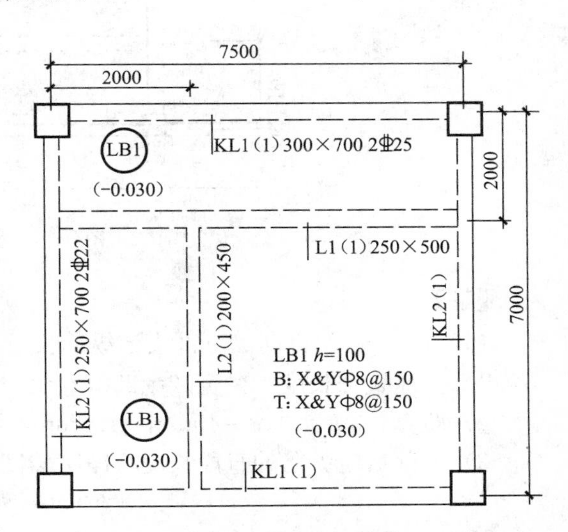

图5-28　板LB1示意

【解】

（1）LB1板X方向的下部贯通纵筋长度

1）直锚长度＝梁宽/2＝250/2＝125mm

2）验算：$5d$＝5×8＝40mm，显然，直锚长度＝125mm＞40mm，满足要求。

3）下部贯通纵筋的直段长度＝净跨长度＋两端的直锚长度
＝(7500－250)＋125×2＝7500mm

（2）LB1板X方向的下部贯通纵筋根数

板下部贯通纵筋的布筋范围＝净跨长度＝7000－300＝6700mm

X方向的下部贯通纵筋的根数＝6700/150＝45根

（3）LB1板Y方向的下部贯通纵筋长度

直锚长度＝梁宽/2＝300/2＝150mm

下部贯通纵筋的直段长度＝净跨长度＋两端的直锚长度
＝(7000－300)＋150×2＝7000mm

（4）LB1板Y方向的下部贯通纵筋根数

板下部贯通纵筋的布筋范围＝净跨长度＝7500－250＝7250mm

Y方向的下部贯通纵筋的根数＝7250/150＝49根

【例5-16】 如图5-29所示，板LB1的集中标注为

LB1　h＝100
B：X&YΦ8@150
T：X&YΦ8@150

板LB1的尺寸为7300mm×7000mm，X方向的梁宽300mm，Y方向的梁宽250mm，均为正中轴线。混凝土强度等级C25，二级抗震等级。计算板的下部贯通纵筋。

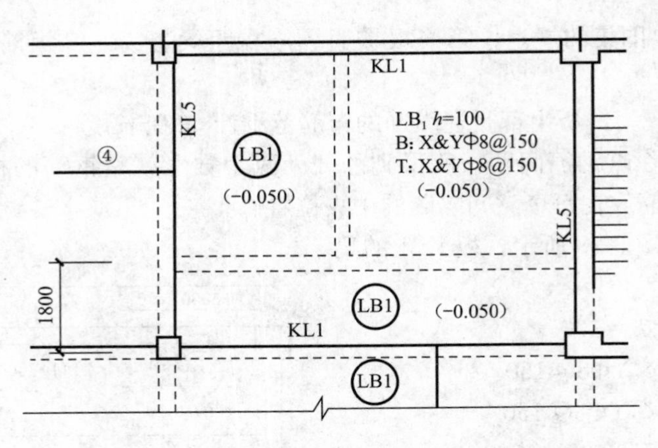

图 5-29　板 LB1 示意

【解】

（1）LB1 板 *X* 方向的下部贯通纵筋长度

1）支座直锚长度＝梁宽/2＝250/2＝125mm

2）验算：$5d$＝5×8＝40mm＜125mm，满足要求。

3）下部贯通纵筋的直段长度＝净跨长度＋两端的直锚长度

＝(7300－250)＋125×2＝7300mm

（2）LB1 板 *X* 方向的下部贯通纵筋根数

梁 KL1 角筋中心到混凝土内侧的距离＝25/2＋25＝37.5mm

板下部贯通纵筋的布筋范围＝净跨长度＋37.5×2＝7000－300＋37.5×2＝6775mm

X 方向的下部贯通纵筋根数＝6775/150＝46 根

（3）LB1 板 *Y* 方向的下部贯通纵筋长度

直锚长度＝梁宽/2＝300/2＝150mm

下部贯通纵筋的直段长度＝净跨长度＋两端的直锚长度

＝(7000－300)＋150×2＝7000mm

（4）LB1 板 *Y* 方向的下部贯通纵筋根数

梁 KL5 角筋中心到混凝土内侧的距离＝22/2＋25＝36mm

板下部贯通纵筋的布筋范围＝净跨长度＋36×2＝7300－250＋36×2＝7122mm

Y 方向的下部贯通纵筋根数＝7122/150＝48 根

11　端支座为剪力墙时，板上部贯通纵筋如何计算?

端支座为剪力墙时，板上部贯通纵筋的计算方法如下：

（1）计算板上部贯通纵筋的长度

板上部贯通纵筋两端伸至剪力墙外侧水平分布筋的内侧，弯锚长度为 l_a。具体的计算方法：

1）先计算直锚长度。

直锚长度＝墙厚度－保护层厚度－墙身水平分布筋直径

2）再计算弯钩长度。

弯钩长度＝l_a－直锚长度

以单块板上部贯通纵筋的计算为例：

板上部贯通纵筋的直段长度＝净跨长度＋两端的直锚长度

（2）计算板上部贯通纵筋的根数

按照 11G101-1 图集的规定，第一根贯通纵筋在距墙边为 1/2 板筋间距处开始设置。这样，

板上部贯通纵筋的布筋范围＝净跨长度

在这个范围内除以钢筋间距，所得到的“间隔个数”就是钢筋的根数（因为在施工中，我们可以把钢筋放在每个“间隔”的中央位置）。

【例 5-17】 如图 5-30 所示，板 LB1 的集中标注为

LB1　h＝100

B：X&YΦ8@150

T：X&YΦ8@150

LB1 板尺寸为 3800mm×7000mm，板左边的支座为框架梁 KL1（250mm×700mm），板的其余三边均为剪力墙结构（厚度为 300mm），在板中距上边梁 2100mm 处有一道非框架梁 L1（250mm×450mm）。混凝土强度等级 C30，二级抗震等级。墙身水平分布筋直径为 12mm，KL1 上部纵筋直径为 22mm，梁箍筋直径 10mm。计算其上部贯通纵筋。

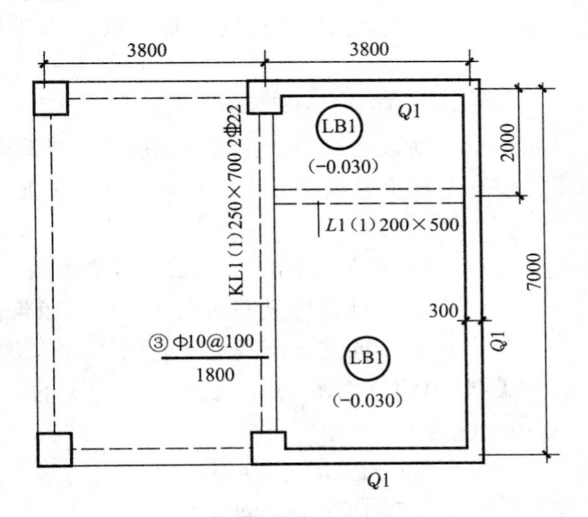

图 5-30　板 LB1 示意

【解】

（1）LB1 板 X 方向的上部贯通纵筋长度

1）由于左支座为框架梁、右支座为剪力墙，所以两个支座锚固长度分别计算。

左支座直锚长度＝梁宽－纵筋保护层厚度－梁角筋直径＝250－30－22＝198mm

右支座直锚长度＝墙厚度－保护层厚度－墙身水平分布筋直径

＝300－15－12＝273mm

2）由于在 1）中计算出来的右支座直锚长度为 273mm，已经大于 l_a（30×8＝240mm），所以，这根上部贯通纵筋在右支座的直锚长度就取定为 240mm，不设弯钩。

左支座直锚长度（198mm）小于 l_a（240mm），所以，

弯直钩＝15d＝15×8＝120mm

3）上部贯通纵筋的直段长度＝净跨长度＋两端的直锚长度

＝(3800－125－150)＋198＋240＝3963mm

（2）LB1 板 X 方向的上部贯通纵筋根数

板上部贯通纵筋的布筋范围＝净跨长度＝7000－300＝6700mm

X 方向的上部贯通纵筋根数＝6700/150＝45 根

【讨论】

以上算法是将 LB1 板 X 方向上部贯通纵筋的分布范围——即"板的 Y 方向"按一块整板考虑的，实际上这块板的中部存在一道非框架梁 L1，所以准确地计算就应该按两块板进行计算。这两块板的跨度分别为 4900mm 和 2100mm，这两块板的钢筋根数：

左板根数 =（4900 − 150 − 125）/150 = 31 根

右板根数 =（2100 − 125 − 150）/150 = 13 根

所以，

LB1 板 X 方向的上部贯通纵筋根数＝31＋13＝44 根

（3）LB1 板 Y 方向的上部贯通纵筋长度

1）左、右支座均为剪力墙，则：

支座直锚长度＝ 墙厚度 − 保护层厚度 − 墙身水平分布筋直径

= 300 − 15 − 12 = 273mm

2）由于在 1）中计算出来的右支座直锚长度为 273mm，已经大于 l_a（30×8＝240mm），所以，这根上部贯通纵筋在右支座的直锚长度就取定为 240mm，不设弯钩。

3）上部贯通纵筋的直段长度＝净跨长度＋两端的直锚长度

＝(7000−150−150)＋240×2＝7180mm

（4）LB1 板 Y 方向的上部贯通纵筋根数

板上部贯通纵筋的布筋范围＝净跨长度＝3800−125−150＝3525mm

Y 方向的上部贯通纵筋根数＝3525/150＝24 根

【例 5-18】 如图 5-31 所示，板 LB1 的集中标注为

LB1　h＝100

B：X&YΦ8@150

T：X&YΦ8@150

LB1 是一块"刀把形"的楼板，板的大边尺寸为 3600mm×7000mm，在板的左下角有两个并排的电梯井（尺寸为 2400mm×4800mm）。该板上边的支座为框架梁 KL1（300mm×700mm），右边的支座为框架梁 KL2（250mm×600mm），板的其余各边均为剪力墙（厚度为 300mm）。混凝土强度等级 C30，二级抗震等级。墙身水平分布筋直径为 12mm，KL2 上部纵筋直径为 22mm，梁箍筋直径 10mm。计算其上部贯通纵筋。

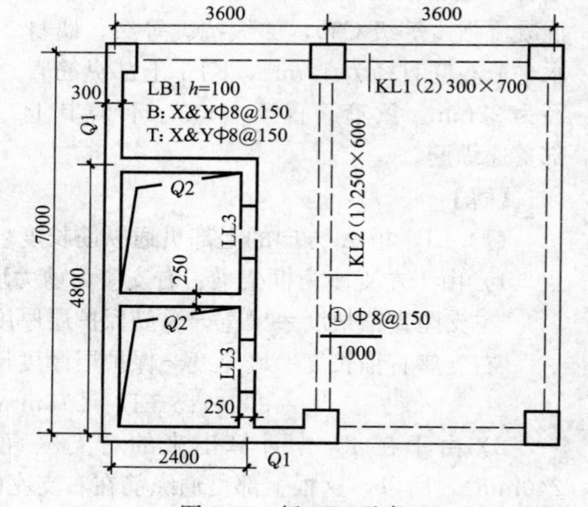

图 5-31　板 LB1 示意

【解】

（1）X 方向的上部贯通纵筋计算

1）长筋

① 钢筋长度计算

（轴线跨度 3600mm；左支座为剪力墙，厚度 300mm；右支座为框架梁，宽度

250mm）

左支座直锚长度$=l_a=30d=30\times8=240$mm

右支座直锚长度$=250-30-22=198$mm

上部贯通纵筋的直段长度$=(3600-150-125)+240+198=3763$mm

右支座弯钩长度$=15d=15\times8=120$mm

上部贯通纵筋的左端无弯钩。

② 钢筋根数计算

（轴线跨度 2200mm；左端到 250mm 剪力墙的右侧；右端到 300mm 框架梁的左侧）

钢筋根数 $=(2200-125-150)/150=13$ 根

2）短筋

① 钢筋长度计算

（轴线跨度 1200mm；左支座为剪力墙，厚度为 250mm；右支座为框架梁，宽度 250mm）

左支座直锚长度 $=250-15-12=223$mm

右支座直锚长度 $=250-30-22=198$mm

上部贯通纵筋的直段长度 $=(1200-125-125)+223+198=1371$mm

左、右支座弯钩长度均为 $15d=15\times8=120$mm

② 钢筋根数计算

（轴线跨度 4800mm；左端到 300mm 剪力墙的右侧；右端到 250mm 剪力墙的右侧）

钢筋根数$=(4800-150+125)/150=32$ 根

注：上面算式"+125"的理由："刀把形"楼板分成两块板来计算长短筋，这两块板之间在分界线处应该是连续的。现在，1）②中的板左端算至"250mm 剪力墙"右侧以内 21mm 处，所以 2）②中的板右端也应该算至"250mm 剪力墙"右侧以内 21mm 处。

（2）Y 方向的上部贯通纵筋计算

1）长筋

① 钢筋长度计算

（轴线跨度 7000mm；左支座为剪力墙，厚度 300mm；右支座为框架梁，宽度 300mm）

左支座直锚长度$=l_a=30d=30\times8=240$mm

右支座直锚长度$=l_a=30d=30\times8=240$mm

上部贯通纵筋的直段长度$=(7000-150-150)+240+240=7180$mm

上部贯通纵筋的两端无弯钩。

② 钢筋根数计算

（轴线跨度 1200mm；左支座为剪力墙，厚度 250mm；右支座为框架梁，宽度 250mm）

钢筋根数 $=(1200-125-125)/150=7$ 根

2）短筋

① 钢筋长度计算

（轴线跨度 2200mm；左支座为剪力墙，厚度 250mm；右支座为框架梁，宽度

300mm）

左支座直锚长度 = 250 − 15 − 12 = 223mm

右支座直锚长度 = l_a = 30d = 30 × 8 = 240mm

上部贯通纵筋的直段长度 =（2200 − 125 − 150）+ 240 + 223 = 2388mm

上部贯通纵筋的左端弯钩 120mm，右端无弯钩。

② 钢筋根数计算

（轴线跨度 2400mm；左支座为剪力墙，厚度 300mm；右支座为框架梁，宽度 250mm）

钢筋根数 =（2400 − 150 + 125）/150 = 16 根

【例 5-19】 如图 5-32 所示，板 LB1 的集中标注为

LB1　h=100
B：X&Y ⌀ 8@150
T：X&Y ⌀ 8@150

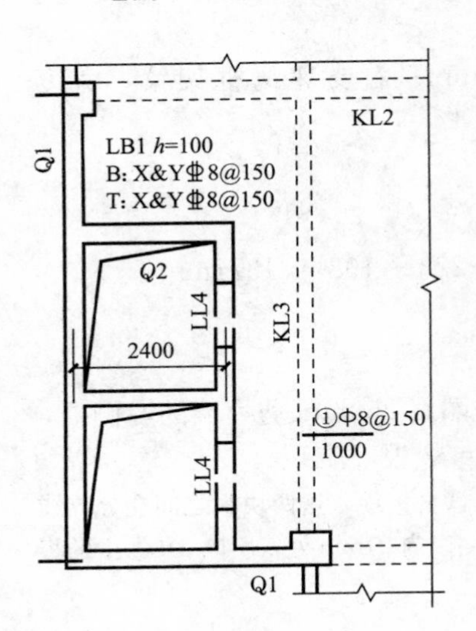

图 5-32　板 LB1 示意

LB1 的大边尺寸为 3500mm×7000mm，在板的左下角设有两个并排的电梯井（尺寸为 2400mm×4800mm）。该板右边的支座为框架梁 KL3（250mm×650mm），板的其余各边均为剪力墙结构（厚度为 280mm），混凝土强度等级 C25，二级抗震等级。墙身水平分布筋直径为 14mm，KL3 上部纵筋直径为 20mm。计算板的上部贯通纵筋。

【解】

（1）X 方向的上部贯通纵筋计算

1）长筋

① 钢筋长度计算

（轴线跨度 3500mm；左支座为剪力墙，厚度 280mm；右支座为框架梁，宽度 250mm）

左支座直锚长度 = l_a = 27d = 27 × 8 = 216mm

右支座直锚长度 = 250 − 25 − 20 = 205mm

上部贯通纵筋的直段长度 =（3500 − 150 − 125）+ 216 + 205 = 3646mm

右支座弯钩长度 = l_a − 直锚长度 = 27d − 205 = 27 × 8 − 205 = 11mm

上部贯通纵筋的左端无弯钩。

② 钢筋根数计算

（轴线跨度 2100mm；左端到 250mm 剪力墙的右侧；右端到 280mm 框架梁的左侧）

钢筋根数 =［（2100 − 125 − 150）+ 21 + 37.5］/150 = 13 根

2）短筋

① 钢筋长度计算

（轴线跨度 1200mm；左支座为剪力墙，厚度为 250mm；右支座为框架梁，宽度 250mm）

左支座直锚长度 = l_a = 27d = 27 × 8 = 216mm

右支座直锚长度 = 250 − 25 − 20 = 205mm

上部贯通纵筋的直段长度 = (1200 − 125 − 125) + 216 + 205 = 1371mm

右支座弯钩长度 = l_a − 直锚长度 = 27d − 205 = 27 × 8 − 205 = 11mm

上部贯通纵筋的左端无弯钩。

② 钢筋根数计算

（轴线跨度 4800mm；左端到 280mm 剪力墙的右侧；右端到 250mm 剪力墙的右侧）

钢筋根数 = [(4800 − 150 + 125) + 21 − 21]/150 = 32 根

(2) Y 方向的上部贯通纵筋计算

1）长筋

① 钢筋长度计算

（轴线跨度 7000mm；左支座为剪力墙，厚度 280mm；右支座为框架梁，宽度 280mm）

左支座直锚长度 = l_a = 27d = 27 × 8 = 216mm

右支座直锚长度 = l_a = 27d = 27 × 8 = 216mm

上部贯通纵筋的直段长度 = (7000 − 150 − 150) + 216 + 216 = 7132mm

上部贯通纵筋的两端无弯钩。

② 钢筋根数计算

（轴线跨度 1200mm；左支座为剪力墙，厚度 250mm；右支座为框架梁，宽度 250mm）

钢筋根数 = [(1200 − 125 − 125) + 21 + 36]/150 = 7 根

2）短筋

① 钢筋长度计算

（轴线跨度 2100mm；左支座为剪力墙，厚度 250mm；右支座为框架梁，宽度 280mm）

左支座直锚长度 = l_a = 27d = 27 × 8 = 216mm

右支座直锚长度 = l_a = 27d = 27 × 8 = 216mm

上部贯通纵筋的直段长度 = (2100 − 125 − 150) + 216 + 216 = 2257mm

上部贯通纵筋的两端无弯钩。

② 钢筋根数计算

（轴线跨度 2400mm；左支座为剪力墙，厚度 280mm；右支座为框架梁，宽度 250mm）

钢筋根数 = [(2400 − 150 + 125) + 21 − 21]/150 = 16 根

12　端支座为剪力墙时，板下部贯通纵筋如何计算？

端支座为剪力墙时，板下部贯通纵筋的计算方法如下：

(1) 计算板下部贯通纵筋的长度

具体的计算方法一般为：

1）先选定直锚长度

直锚长度＝墙厚/2

2）再验算一下此时选定的直锚长度是否不小于 5d——如果满足“直锚长度≥5d”，则没有问题；如果不满足“直锚长度≥5d”，则取定 5d 为直锚长度。（实际工程中，1/2 墙厚一般都能够满足“≥5d”的要求。）

以单块板下部贯通纵筋的计算为例：

板下部贯通纵筋的直段长度＝净跨长度＋两端的直锚长度

（2）计算板下部贯通纵筋的根数

计算方法和前面介绍的板上部贯通纵筋根数算法是一致的。

【例 5-20】 如图 5-33 所示，板 LB1 的集中标注为

LB1　h＝100

B：X&YΦ8@150

T：X&YΦ8@150

板 LB1 尺寸为 3800mm×7000mm，板左边的支座为框架梁 KL1（250mm×700mm），板的其余三边均为剪力墙结构（厚度为 300mm），在板中距上边梁 2100mm 处有一道非框架梁 L1（250mm×450mm）。混凝土强度等级 C25，二级抗震等级。计算其下部贯通纵筋。

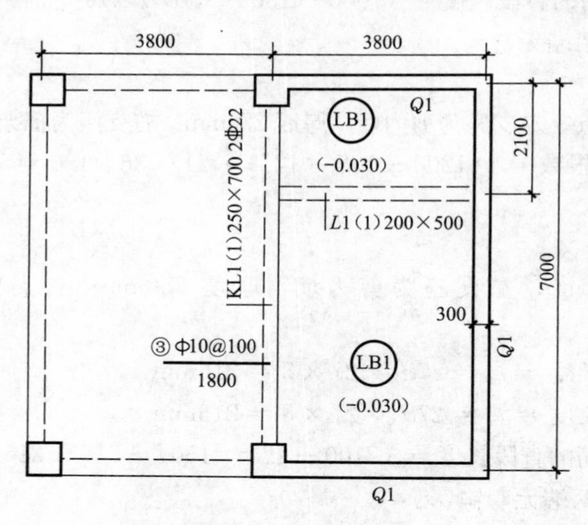

图 5-33　板 LB1 示意

【解】

（1）LB1 板 X 方向的下部贯通纵筋长度

1）左支座直锚长度＝墙厚/2＝300/2＝150mm

右支座直锚长度＝墙厚/2＝250/2＝125mm

2）验算：$5d$＝5×8＝40mm，显然，直锚长度＝125mm>40mm，满足要求。

3）下部贯通纵筋的直段长度＝净跨长度＋两端的直锚长度

＝(3800－125－150)＋150＋125＝3800mm

（2）LB1 板 X 方向的下部贯通纵筋根数

注意：LB1 板的中部存在一道非框架梁 L1，所以准确地计算就应该按两块板进行计

算。这两块板的跨度分别为 4900mm 和 2100mm，这两块板的钢筋根数：

左板根数 ＝（4900 － 150 － 125）/150 ＝ 31 根

右板根数 ＝（2100 － 125 － 150）/150 ＝ 13 根

所以，

LB1 板 X 方向的下部贯通纵筋根数 ＝ 31 ＋ 13 ＝ 44 根

（3）LB1 板 Y 方向的下部贯通纵筋长度

直锚长度＝墙厚/2＝300/2＝150mm

下部贯通纵筋的直段长度＝净跨长度＋两端的直锚长度

＝(7000－150－150)＋150×2＝7000mm

（4）LB1 板 Y 方向的下部贯通纵筋根数

板下部贯通纵筋的布筋范围＝净跨长度＝3800－125－150＝3525mm

Y 方向的下部贯通纵筋根数＝3525/150＝24 根

13 扣筋的计算方法有哪些？

扣筋是板支座上部非贯通筋，它在板中应用得比较多。在一个楼层当中，扣筋的种类是最多的，所以在板钢筋计算中，扣筋的计算占了很大的比重。

1. 扣筋计算基本原理

扣筋的形状为“ ⌈⌉ ”形，其中有两条腿和一个水平段。

（1）扣筋腿的长度与所在楼板的厚度有关。

1）单侧扣筋：

扣筋腿的长度 ＝ 板厚度 － 15(可以把扣筋的两条腿都采用同样的长度)

2）双侧扣筋（横跨两块板）：

扣筋腿 1 的长度 ＝ 板 1 的厚度 － 15

扣筋腿 2 的长度 ＝ 板 2 的厚度 － 15

（2）扣筋的水平段长度可根据扣筋延伸长度的标注值来进行计算。如果单纯根据延伸长度标注值还不能计算的话，则还要依据平面图板的相关尺寸来进行计算。下面，主要讨论不同情况下如何计算扣筋水平段长度的问题。

2. 最简单的扣筋计算

横跨在两块板中的双侧扣筋的扣筋计算。

双侧扣筋（两侧都标注了延伸长度）：

扣筋水平段长度＝左侧延伸长度＋右侧延伸长度

3. 需要计算端支座部分宽度的扣筋计算

单侧扣筋：[一端支承在梁（墙）上，另一端伸到板中]

扣筋水平段长度＝单侧延伸长度＋端部梁中线至外侧部分长度

【例 5-21】 如图 5-34 所示，边梁 KL2 上的单侧扣筋①号钢筋，

在扣筋的上部标注：①Φ8@150

在扣筋的下部标注：1000

以上表示编号为①号的扣筋，规格和间距为 Φ8@150，从梁中线向跨内的延伸长度为

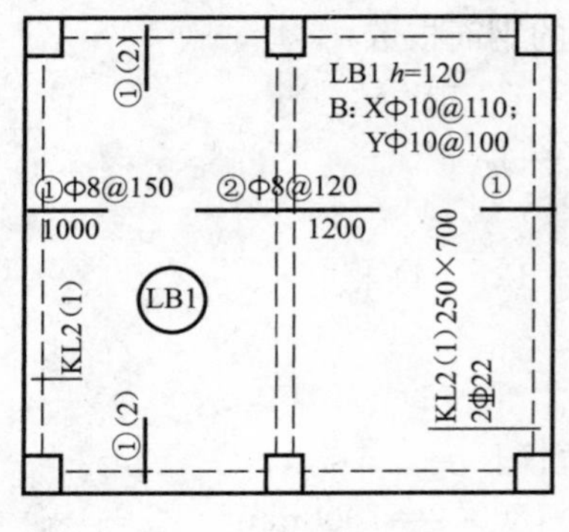

图 5-34　边梁 KL2

1000mm。计算扣筋水平段长度。

根据 11G101-1 图集规定的板在端部支座的锚固构造，板上部受力纵筋伸到支座梁外侧角筋的内侧，则：

板上部受力纵筋在端支座的直锚长度

＝梁宽度－梁纵筋保护层厚度－梁纵筋直径

端部梁中线至外侧部分的扣筋长度

＝梁宽度 /2－梁纵筋保护层厚度－梁纵筋直径

现在，边框架梁 KL3 的宽度为 250mm，梁箍筋保护层厚度为 20mm，梁上部纵筋直径为 22mm，箍筋直径 10mm，则

扣筋水平段长度 ＝ 1000＋(250/2－30－22) ＝ 1073mm

4. 横跨两道梁的扣筋计算（贯通短跨全跨）

（1）在两道梁之外都有延伸长度：

扣筋水平段长度＝左侧延伸长度＋两梁的中心间距＋右侧延伸长度

（2）仅在一道梁之外有延伸长度：

扣筋水平段长度＝单侧延伸长度＋两梁的中心间距＋端部梁中线至外侧部分长度

式中，

端部梁中线至外侧部分长度＝梁宽度/2－梁纵筋保护层厚度－梁纵筋直径

5. 贯通全悬挑长度的扣筋计算

贯通全悬挑长度的扣筋水平段长度计算公式如下：

扣筋水平段长度＝跨内延伸长度＋梁宽/2＋悬挑板的挑出长度－保护层厚度

6. 扣筋分布筋计算

（1）扣筋分布筋根数计算原则（图 5-35）

1）扣筋拐角处必须布置一根分布筋。

2）在扣筋的直段范围内按分布筋间距进行布筋。板分布筋的直径和间距在结构施工图的说明中应该有明确的规定。

3）当扣筋横跨梁（墙）支座时，在梁（墙）的宽度范围内不布置分布筋。也就是说，这时要分别对扣筋的两个延伸净长度计算分布筋的根数。

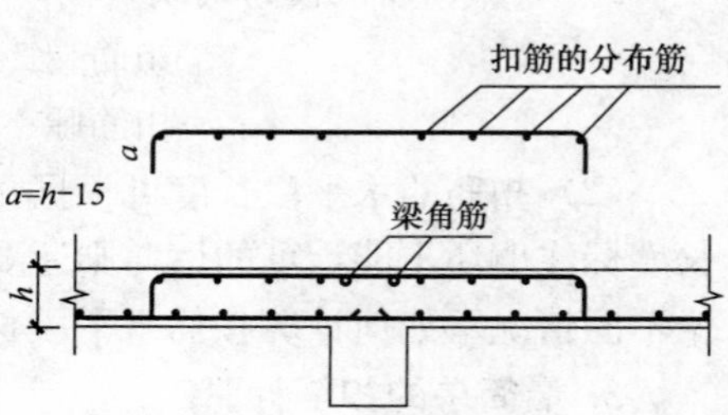

扣筋的分布筋

a

$a=h-15$

梁角筋

h

图 5-35　扣筋分布筋

（2）扣筋分布筋长度

扣筋分布筋长度没必要按全长计算。因为分布钢筋的功能与梁上部架立筋类似，可以按梁上部架立筋的做法“搭接 150”（详见 11G101-1 图集第 79 页），即扣筋分布筋伸进角部矩形区域 150mm。

（3）扣筋分布筋形状

现在多数钢筋工的施工习惯是 HPB300 级钢筋做的扣筋分布筋是直形钢筋，两端不加 180°的小弯钩。但是，单向板下部主筋的分布筋是需要加 180°弯钩的。

7. 扣筋的计算过程

扣筋计算的全过程：

（1）计算扣筋的腿长。如果横跨两块板的厚度不同，则扣筋的两腿长度要分别计算。

（2）计算扣筋的水平段长度。

（3）计算扣筋的根数。如果扣筋的分布范围为多跨，也还是“按跨计算根数”，相邻两跨之间的梁（墙）上不布置扣筋。扣箍根数的计算方法采用贯通纵筋根数的计算方法。

（4）计算扣筋的分布筋。

【例 5-22】 一根横跨一道框架梁的双侧扣筋③号钢筋，扣筋的两条腿分别伸到 LB1 和 LB2 两块板中，LB1 的厚度为 120mm，LB2 的厚度为 100mm。

在扣筋的上部标注：③Φ10@150（2）

在扣筋下部的左侧标注：1800

在扣筋下部的右侧标注：1400

扣筋标注的所在跨及相邻跨的轴线跨度都是 3600mm，两跨之间的框架梁 KL5 宽度为 250mm，均为正中轴线。扣筋分布筋为 Φ8@250，如图 5-36 所示。计算扣筋分布筋。

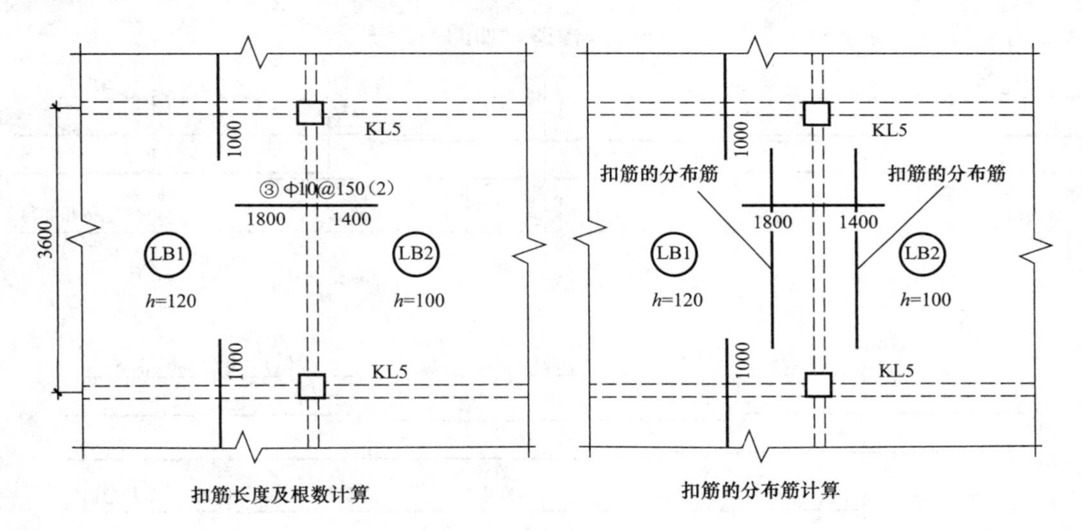

图 5-36 扣筋分布筋

【解】

（1）扣筋的腿长

扣筋腿 1 的长度 = LB1 的厚度 − 15 = 120 − 15 = 105mm

扣筋腿 2 的长度 = LB2 的厚度 − 15 = 100 − 15 = 85mm

（2）扣筋的水平段长度

扣筋水平段长度 = 1800 + 1400 = 3200mm

（3）扣筋的根数

单跨的扣筋根数 = 3350/150 = 23 根

（注：3350/150=22.3，本着有小数进 1 的原则，取整为 23）

两跨的扣筋根数=23×2=46 根

（4）扣筋的分布筋

计算扣筋分布筋长度的基数是 3350mm，还要减去另向扣筋的延伸净长度，然后加上搭接长度 150mm。

如果另向扣筋的延伸长度是 1000mm，延伸净长度＝1000－125＝875mm，则

扣筋分布筋长度＝3350－875×2＋150×2＝1900mm

下面计算扣筋分布筋的根数：

扣筋左侧分布筋根数＝(1800－125)/250＋1＝7＋1＝8 根

扣筋右侧分布筋根数＝(1400－125)/250＋1＝6＋1＝7 根

所以，

扣筋分布筋根数＝8＋7＝15 根

两跨的扣筋分布筋根数＝15×2＝30 根

14 有梁楼盖不等跨板上部贯通纵筋连接构造做法有哪些?

有梁楼盖不等跨板上部贯通纵筋连接构造，如图 5-37 所示。

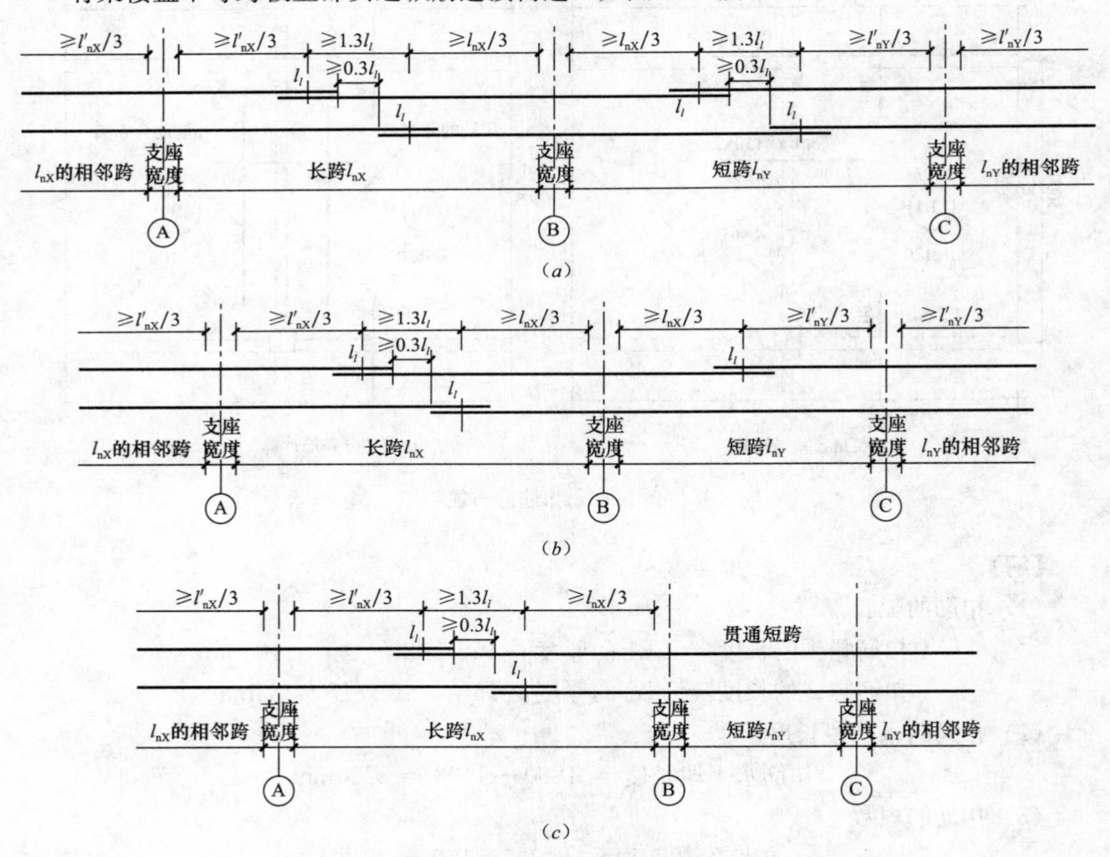

图 5-37 不等跨板上部贯通纵筋连接构造

注：当钢筋足够长时能通则通。

(*a*) 不等跨板上部贯通纵筋连接构造（一）；(*b*) 不等跨板上部贯通纵筋连接构造（二）；

(*c*) 不等跨板上部贯通纵筋连接构造（三）

l'_{nX}—轴线 *A* 左右两跨的较大净跨度值；l'_{nY}—轴线 *C* 左右两跨的较大净跨度值

15　单（双）向板配筋构造要求有哪些？

11G101-1 图集第 94 页给出了单（双）向板配筋示意，如图 5-38 所示。

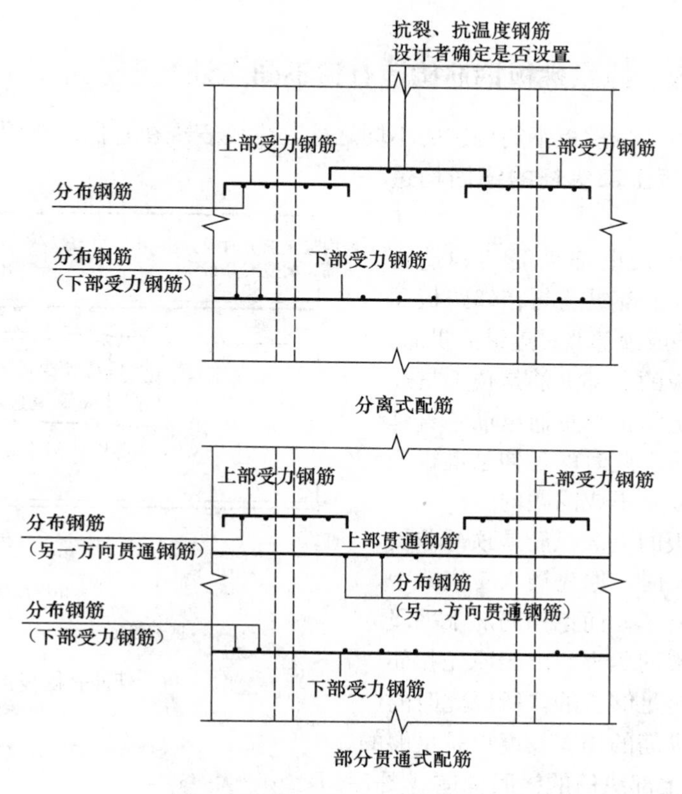

图 5-38　单（双）向板配筋示意

1. 分离式配筋

配筋特点：下部受力钢筋为贯通纵筋，上部受力钢筋为扣筋，上部中央可能配置抗裂、抗温度钢筋。

下部受力钢筋的上面布置分布钢筋（下部受力钢筋）；上部受力钢筋的下面布置分布钢筋。（括号内的配筋为“双向”时采用）

2. 部分贯通式配筋

配筋特点：下部受力钢筋为贯通纵筋，上部受力钢筋为贯通纵筋、还可能再配置非贯通纵筋（扣筋）——例如采用“隔一布一”方式布置。

下部受力钢筋的上面布置分布钢筋（下部受力钢筋）；上部受力钢筋的下面布置分布钢筋（另一方向贯通钢筋）。（括号内的配筋为“双向”时采用）

3. 注意事项

（1）抗裂构造钢筋自身及其与受力主筋搭接长度为 150mm，抗温度筋自身及其与受力主筋搭接长度为 l_l。

（2）板上下贯通筋可兼作抗裂构造筋和抗温度筋。当下部贯通筋兼作抗温度钢筋时，其在支座的锚固由设计者确定。

（3）分布筋自身及与受力主筋、构造钢筋的搭接长度为150mm；当分布筋兼作抗温度筋时，其自身及与受力主筋、构造钢筋的搭接长度为l_l；其在支座的锚固按受拉要求考虑。

16 延伸悬挑板与纯悬挑板钢筋构造有何不同之处？

延伸悬挑板与纯悬挑板钢筋构造的不同之处，主要表现在它们的锚固构造方面。

1. 延伸悬挑板上部纵筋的锚固构造（图5-39）

（1）延伸悬挑板上部纵筋的构造特点：延伸悬挑板的上部纵筋与相邻跨板同向的顶部贯通纵筋或顶部非贯通纵筋贯通。

（2）当跨内板的上部纵筋是顶部贯通纵筋时，把跨内板的顶部贯通纵筋一直延伸到悬挑端的尽头。此时的延伸悬挑板上部纵筋的锚固长度是不成问题的。

（3）当跨内板的上部纵筋是顶部非贯通纵筋（即扣筋）时，原先插入支座梁中的“扣筋腿”没有了，而把扣筋的水平段一直延伸到悬挑端的尽头。由于原先扣筋的水平段长度也是足够长的，所以此时的延伸悬挑板上部纵筋的锚固长度也是足够的。

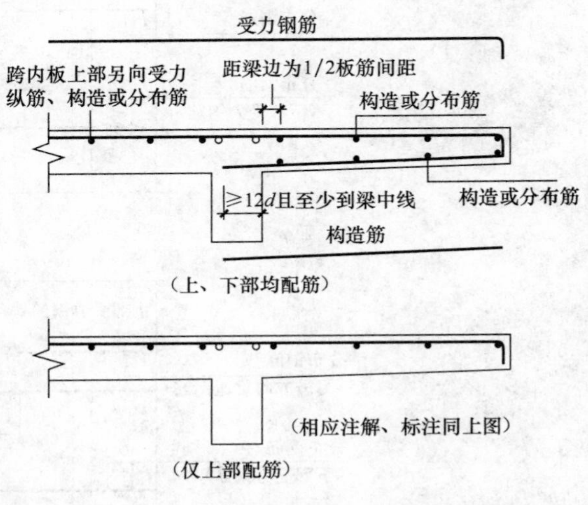

图5-39 延伸悬挑板钢筋构造

2. 纯悬挑板上部纵筋的锚固构造（图5-40）

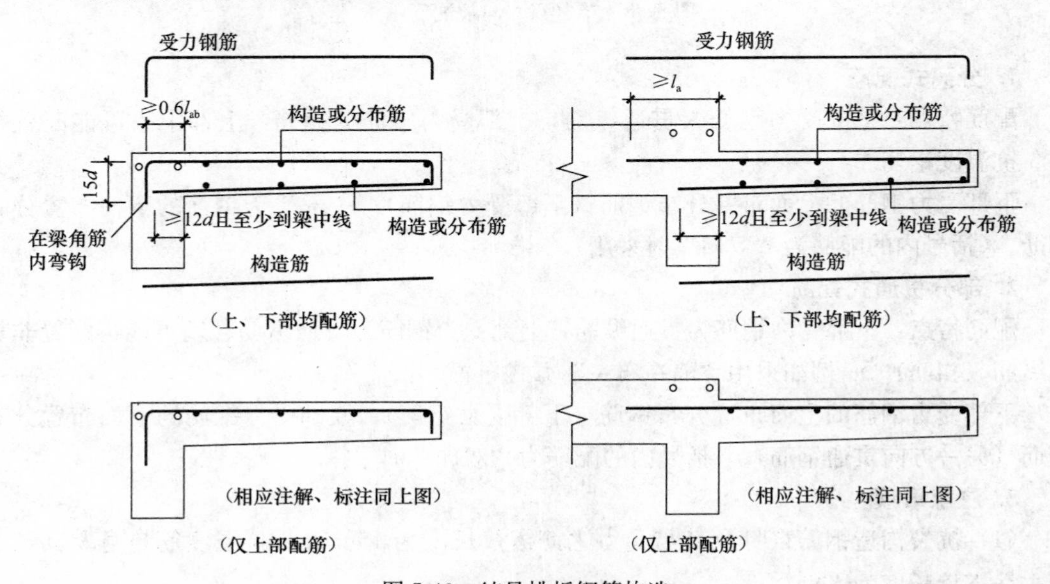

图5-40 纯悬挑板钢筋构造

（1）纯悬挑板上部纵筋伸至支座梁远端的梁角筋内侧，然后弯直钩。

（2）纯悬挑板上部纵筋伸入梁的弯锚长度为 l_a（包括水平锚固段长度和弯钩段长度）。

17　延伸悬挑板和纯悬挑板钢筋构造有哪些相同点？

（1）延伸悬挑板和纯悬挑板的配筋情况都可能是单层配筋或双层配筋。

1）当悬挑板的集中标注不含有底部贯通纵筋的标注（即“B:”打头的标注），则是单层配筋。

2）当悬挑板的集中标注含有底部贯通纵筋的标注（即“B:”打头的标注），则是双层配筋。此时的底部贯通纵筋标注成“构造钢筋”（即“Xc 和 Yc”打头的标注）。例如：

YXB1　h=150/100

B：XcΦ8@150，YcΦ8@200

T：XΦ8@150

（2）延伸悬挑板和纯悬挑板具有相同的上部纵筋构造。

1）上部纵筋是悬挑板的受力主筋。因此，两者的上部纵筋都是贯通筋，一直伸到悬挑板的尽头。

2）延伸悬挑板和纯悬挑板的上部纵筋伸至尽头之后，都要弯直钩到悬挑板底。

3）根据延伸悬挑板和纯悬挑板端部的翻边情况（上翻还是下翻），来决定悬挑板上部纵筋的端部是继续向下延伸，或转而向上延伸。

4）平行于支座梁的悬挑板上部纵筋，从距梁边 1/2 板筋间距处开始设置。

（3）延伸悬挑板和纯悬挑板如果具有下部纵筋，则它们的下部纵筋构造是相同的。

1）延伸悬挑板和纯悬挑板的下部纵筋为直形钢筋（当为 HPB300 级钢筋时，钢筋端部应设 180°弯钩，弯钩平直段为 $3d$）。

2）延伸悬挑板和纯悬挑板的下部纵筋在支座梁内的锚固长度不小于 $12d$。

3）平行于支座梁的悬挑板下部纵筋，从距梁边 1/2 板筋间距处开始设置。

18　无支撑板端部封边构造及折板配筋构造有哪些做法？

11G101-1 图集第 95 页给出了无支撑板端部封边构造，如图 5-41 所示。

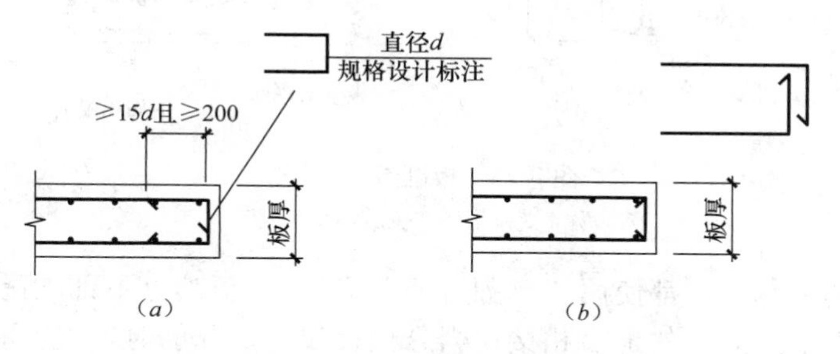

图 5-41　无支撑板端部封边构造

注：当板厚不小于 150mm 时。

（1）板端加套 U 形封口钢筋：

封口钢筋与上部或下部纵筋搭接长度“≥15d 且≥200”。

（2）上下纵筋在板端交叉搭接：

上部纵筋在板端下弯到板底，下部纵筋在板端上弯到板顶。

11G101-1 图集第 95 页给出了折板配筋构造，如图 5-42 所示。

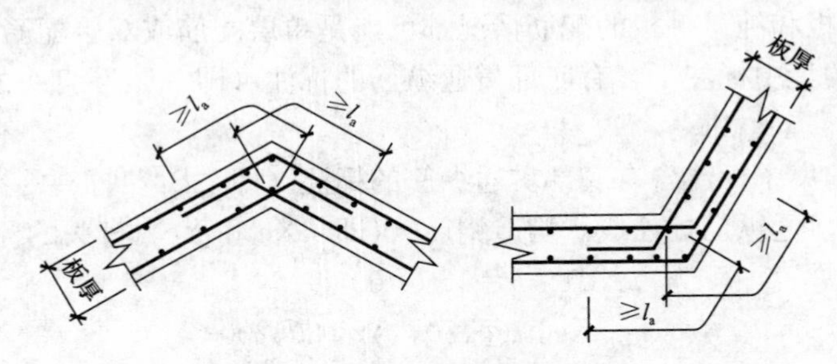

图 5-42　折板配筋构造

配筋特点：一向纵筋从交叉点伸到另一板内的弯锚长度“≥l_a”。

19　板翻边 FB 构造做法是什么？

11G101-1 图集第 104 页给出了板翻边构造，如图 5-43 所示。

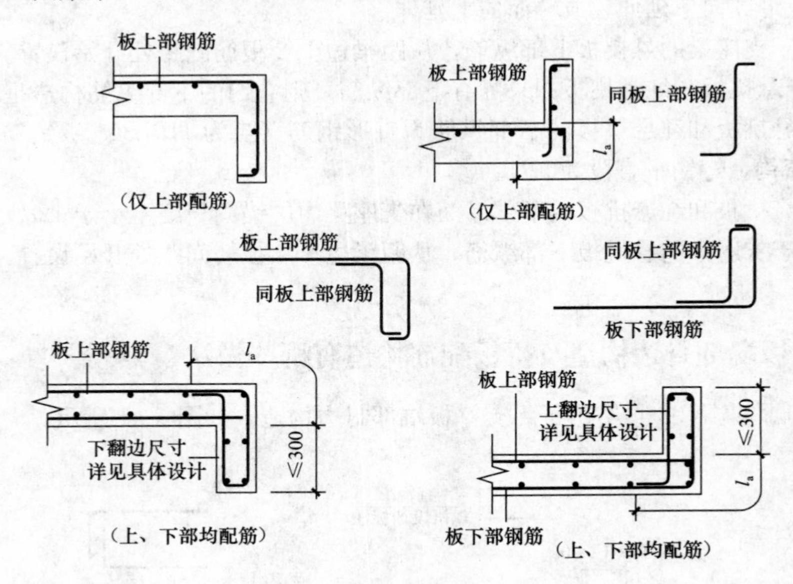

图 5-43　板翻边 FB 构造

l_a—受拉钢筋非抗震锚固长度

（1）悬挑板的上翻边：都使用“上翻边筋”。当悬挑板为上下部均配筋时，悬挑板下部纵筋上翻与“上翻边筋”的上沿相接；当悬挑板仅上部配筋时，“上翻边筋”直接插入悬挑板的端部。

“上翻边筋”的尺寸计算：

“上翻边筋”上端水平段＝翻边宽度－2×保护层厚度

“上翻边筋”垂直段＝翻边高度＋悬挑板端部厚度－2×保护层厚度

“上翻边筋”下端水平段＝l_a－（悬挑板端部厚度－保护层厚度）

（2）悬挑板的下翻边：都是利用悬挑板上部纵筋下弯作为下翻边的钢筋使用。当悬挑板仅上部配筋时，“下翻边”仅用悬挑板上部纵筋下弯就足够了；当悬挑板为上下部均配筋时，除了利用悬挑板上部纵筋下弯以外，还得使用“下翻边筋”。

“下翻边筋”的尺寸计算：

“下翻边筋”上端水平段＝l_a－(悬挑板端部厚度－保护层厚度)

“下翻边筋”垂直段＝翻边高度＋悬挑板端部厚度－2×保护层厚度

“下翻边筋”下端水平段＝翻边宽度－2×保护层厚度

20 悬挑板钢筋如何计算?

【例 5-23】 某延伸悬挑板的集中标注为（图 5-44 左图）：

YXB1 h＝120/80

T：XΦ8@180

这块延伸悬挑板上的原位标注为：在垂直于延伸悬挑板的支座梁上画一根非贯通纵筋，前端伸至延伸悬挑板的尽端，后端延伸到楼板跨内。楼板厚度 120mm。

在这根非贯通纵筋的上方注写：①Φ12@150

在这根非贯通纵筋的跨内下方注写延伸长度：2500

在这根非贯通纵筋的悬挑端下方不注写延伸长度

延伸悬挑板的端部翻边 FB1 为上翻边，翻边尺寸标注为 60×300（表示该翻边的宽度为 60mm，高度为 300mm。）

这块延伸悬挑板的宽度为 7500mm，悬挑净长度为 1000mm，支座梁宽度为 300mm。

计算这块延伸悬挑板的钢筋。

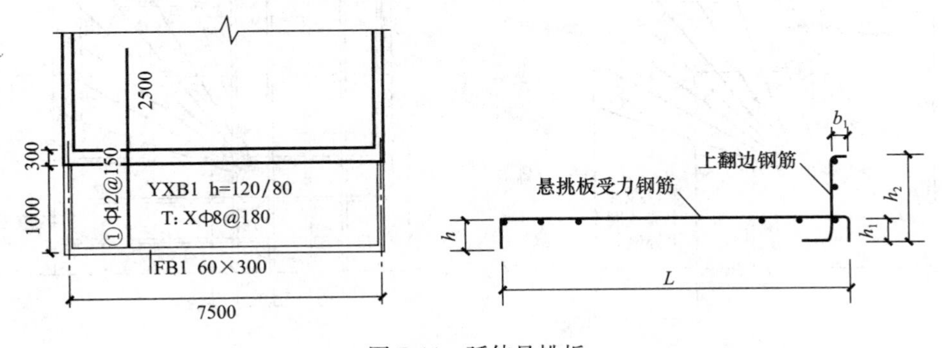

图 5-44 延伸悬挑板

【解】

（1）延伸悬挑板纵向受力钢筋

1）纵向受力钢筋尺寸计算

钢筋水平段长度 L ＝ 2500 ＋ 300/2 ＋ 1000 － 15 ＝ 3635mm

跨内部分扣筋腿长度 $h = 120 - 15 = 105$mm

悬挑部分扣筋腿长度 $h_1 = 80 - 15 = 65$mm

2）翻边钢筋尺寸计算

上翻边钢筋垂直段长度 $h_2 = 300 + 80 - 2 \times 15 = 350$mm

翻边上端水平段长度 $b_1 = 60 - 2 \times 15 = 30$mm

翻边下端水平段长度$= l_a - (80 - 15) = 30 \times 12 - 65 = 295$mm

上翻边钢筋每根长度$= 350 + 30 + 295 = 675$mm

3）纵向受力钢筋根数计算（翻边钢筋根数与之相同）

纵向受力钢筋根数 $= (7500 + 60 - 15 \times 2)/100 + 1 = 76 + 1 = 77$ 根

（2）延伸悬挑板横向钢筋

1）横向钢筋尺寸计算

横向钢筋长度 $= 7500 + 60 - 2 \times 15 = 7530mm$

2）横向钢筋根数计算

"跨内部分"钢筋根数 $= (2500 - 300/2 - 180/2)/180 + 1 = 14$ 根

"悬挑水平段部分"钢筋根数 $= (1000 - 180/2 - 15)/180 + 2 = 7$ 根

上翻边部分的上端和中部钢筋根数：2 根

所以，

横向钢筋根数$= 14 + 7 + 2 = 23$ 根

21 悬挑板阳角放射筋构造做法是什么？

悬挑板阳角放射筋构造，如图 5-45 所示。

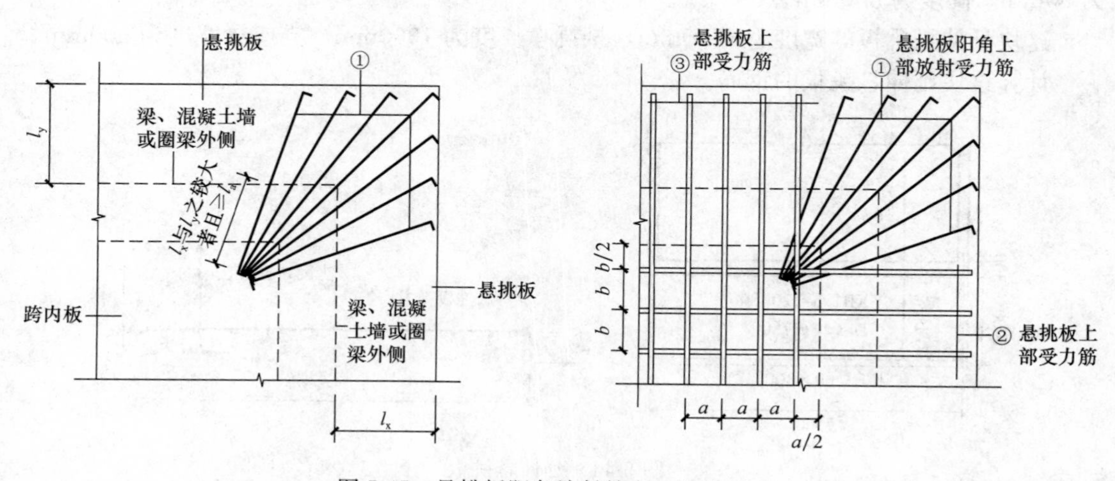

图 5-45 悬挑板阳角放射筋 Ces 构造（一）

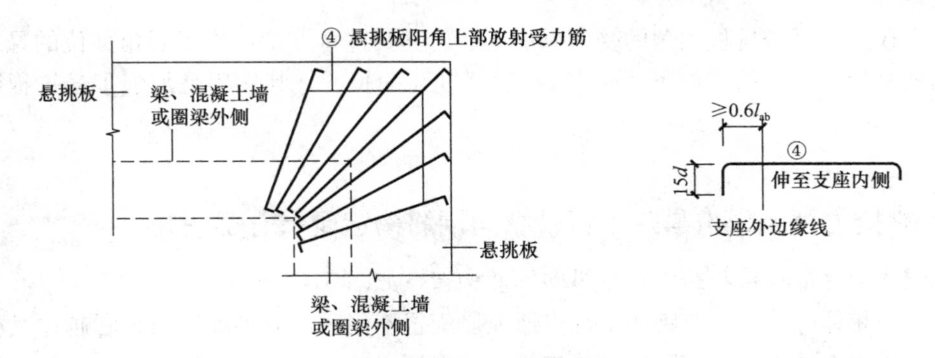

图 5-45　悬挑板阳角放射筋 Ces 构造（二）

注：1. 悬挑板内，①～③筋应位于同一层面。

2. 在支座和跨内，①号筋应向下斜弯到②号与③号筋下面与两筋交叉并向跨内平伸。

l_x—水平向跨度值；l_y—竖直向跨度值；l_{ab}—受拉钢筋非抗震基本锚固长度；

l_a—受拉钢筋非抗震锚固长度；a—竖直向悬挑板上部受力筋间距；b—水平向悬挑板上部受力筋间距

22　悬挑板阴角构造做法是什么？

悬挑板阴角构造见 11G101-1 第 104 页，如图 5-46 所示。

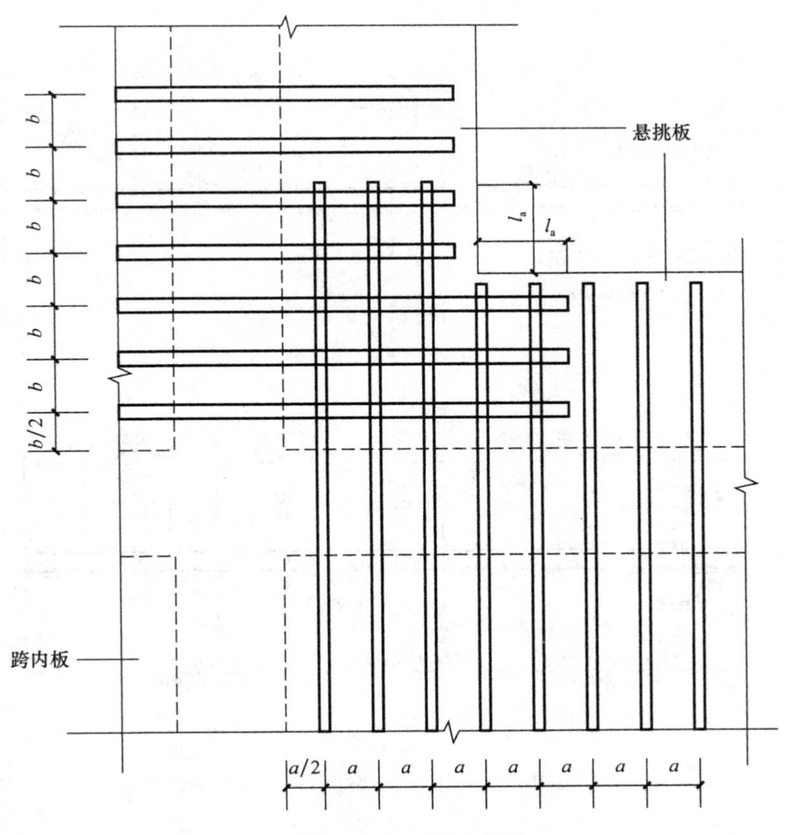

图 5-46　悬挑板阴角构造

图中仅画出了悬挑板阴角的受力纵筋构造。其构造特点是：位于阴角部位的悬挑板受力纵筋比其他受力纵筋多伸出“l_a＋保护层厚度”的长度，其作用是加强了悬挑板阴角部位的钢筋锚固。

23 无梁楼盖柱上板带与跨中板带纵向钢筋构造要求有哪些?

无梁楼盖柱上板带与跨中板带纵向钢筋构造，如图 5-47 所示。

（1）当相邻等跨或不等跨的上部贯通纵筋配置不同时，应将配置较大者越过其标注的跨数终点或起点伸出至相邻跨的跨中连接区域连接。

（2）板贯通纵筋的连接要求详见 11G101-1 图集第 55 页纵向钢筋连接构造，且同一连接区段内钢筋接头百分率不宜大于 50%。当采用非接触方式的绑扎搭接连接时，具体构造要求如图 5-24 所示。

（3）板贯通纵筋在连接区域内也可采用机械连接或焊接连接。

（4）板位于同一层面的两向交叉纵筋何向在下何向在上，应按具体设计说明。

（5）图 5-47 构造同样适用于无柱帽的无梁楼盖。

（6）抗震设计时，无梁楼盖柱上板带内贯通纵筋搭接长度应为 l_{lE}。无柱帽柱上板带的下部贯通纵筋，宜在距柱面 2 狈板厚以外连接，采用搭接时钢筋端部宜设置垂直于板面的弯钩。

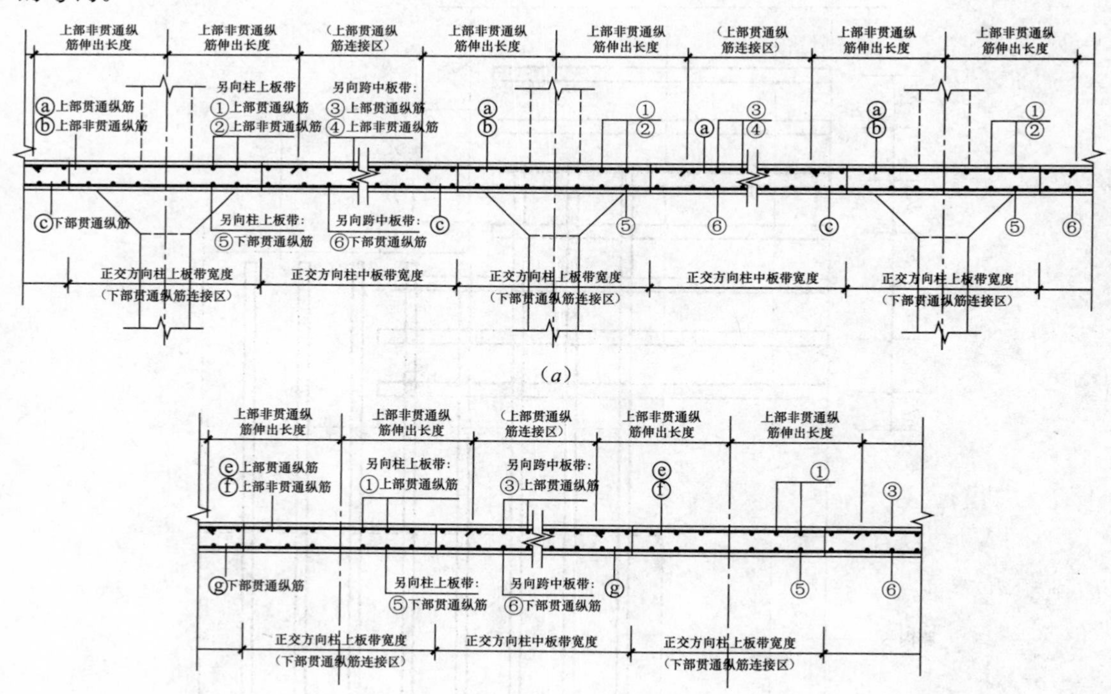

图 5-47 无梁楼盖柱上板带与跨中板带纵向钢筋构造

（板带上部非贯通纵筋向跨内伸出长度按设计标注）

（a）柱上板带 ZSB 纵向钢筋构造；（b）跨中板带 KZB 纵向钢筋构造

24　板带端支座、板带悬挑端纵向钢筋构造及柱上板带暗梁钢筋构造做法有哪些？

板带端支座、板带悬挑端纵向钢筋构造及柱上板带暗梁钢筋构造，如图5-48～图5-50所示。

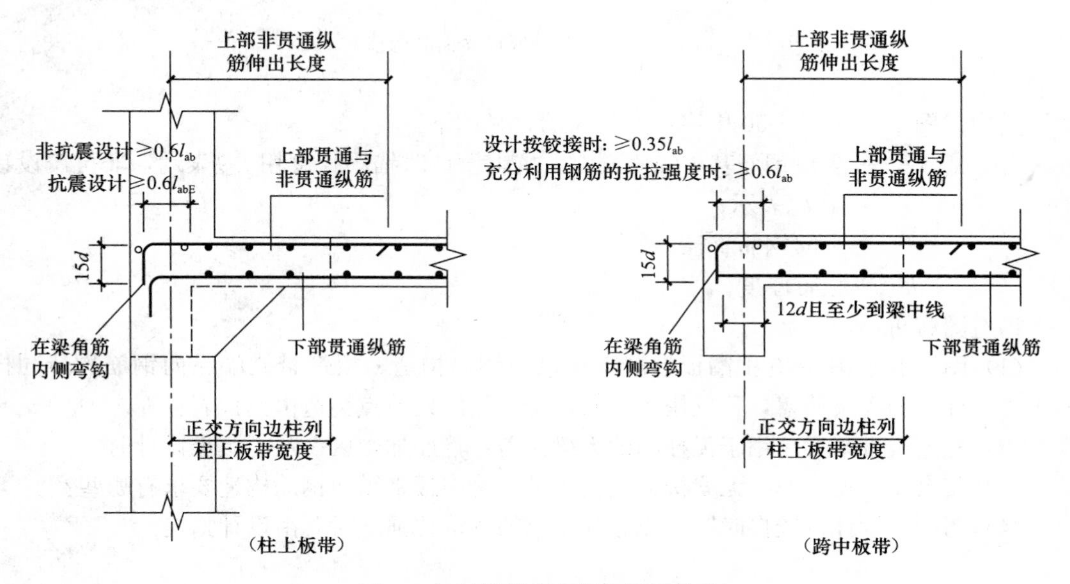

图5-48　板带端支座纵向钢筋构造

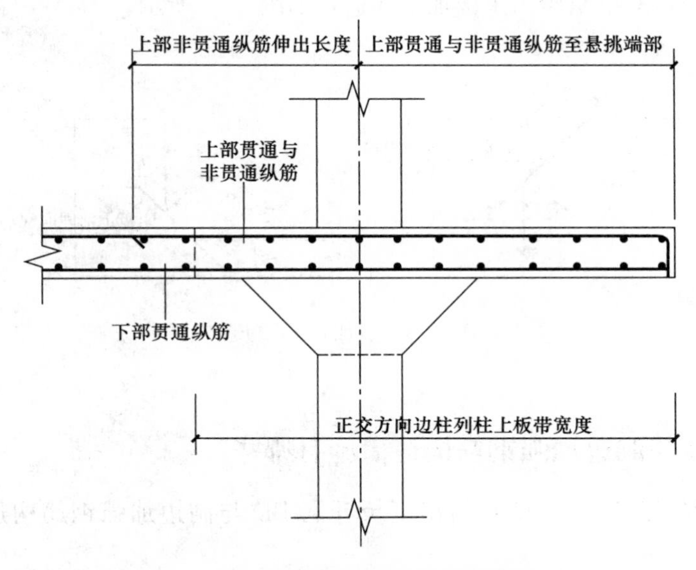

图5-49　板带悬挑端纵向钢筋构造

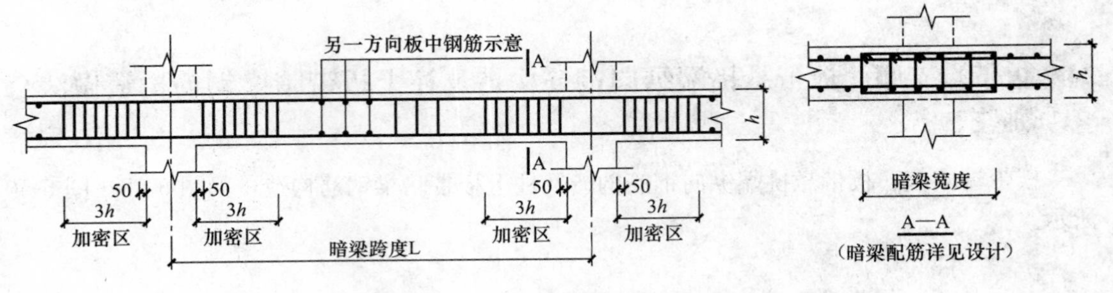

图 5-50　柱上板带暗梁钢筋构造

其中，图 5-48～图 5-50 中字母所代表的含义如下：

l_{abE}（l_{ab}）——受拉钢筋基本锚固长度，抗震设计时锚固长度用 l_{abE} 表示，非抗震设计用 l_{ab} 表示；

d——纵向钢筋直径；

h——板带厚度。

构造图解析：

(1) 图 5-48、图 5-49 中图板带端支座纵向钢筋构造、板带悬挑端纵向钢筋构造同样适用于无柱帽的无梁楼盖，且仅用于中间楼层。屋面处节点构造由设计者补充。

(2) 柱上板带暗梁仅用于无柱帽的无梁楼盖，箍筋加密区仅用于抗震设计时。

(3) 其余要求见“23　无梁楼盖柱上板带与跨中板带纵向钢筋构造要求有哪些?”。

(4) 图中“设计按铰接时”、“充分利用钢筋的抗拉强度时”由设计指定。

25　板加腋如何构造?

11G101-1 图集第 99 页给出了板加腋构造，如图 5-51 所示。

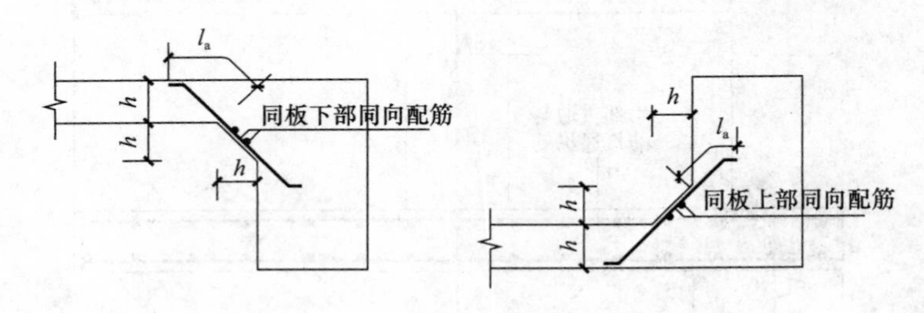

图 5-51　板加腋 JY 构造

26　板开洞 BD 与洞边加强钢筋构造措施有哪些?

11G101-1 图集第 101、102 页给出了板开洞 BD 与洞边加强钢筋构造，如图 5-52～图 5-54 所示。

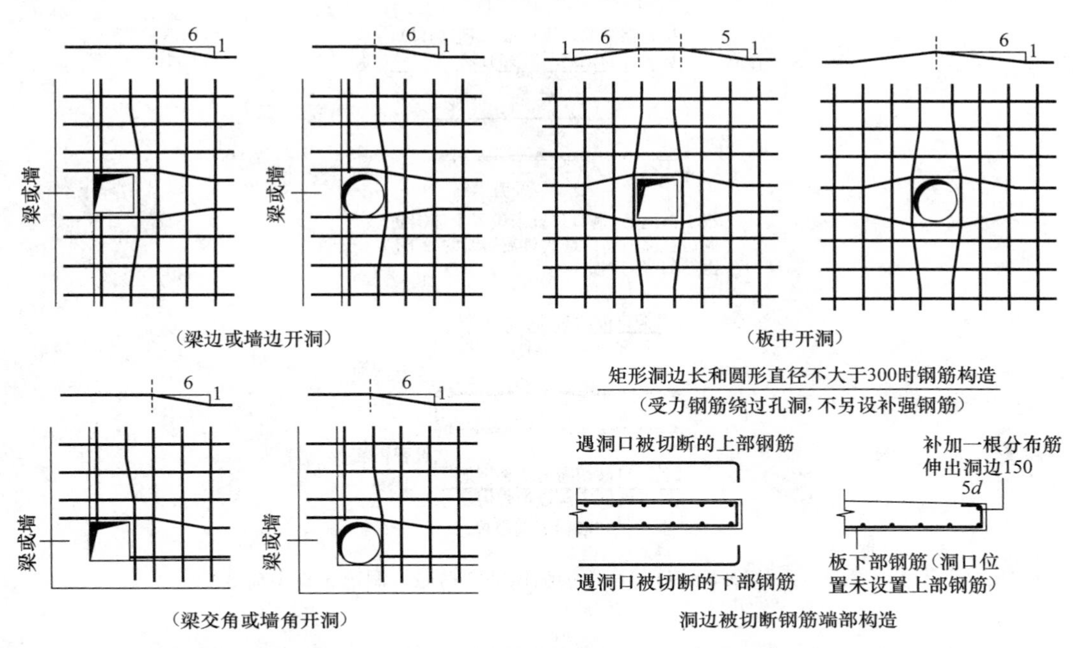

图 5-52　板开洞 BD 与洞边加强钢筋构造一（洞边无集中荷载）

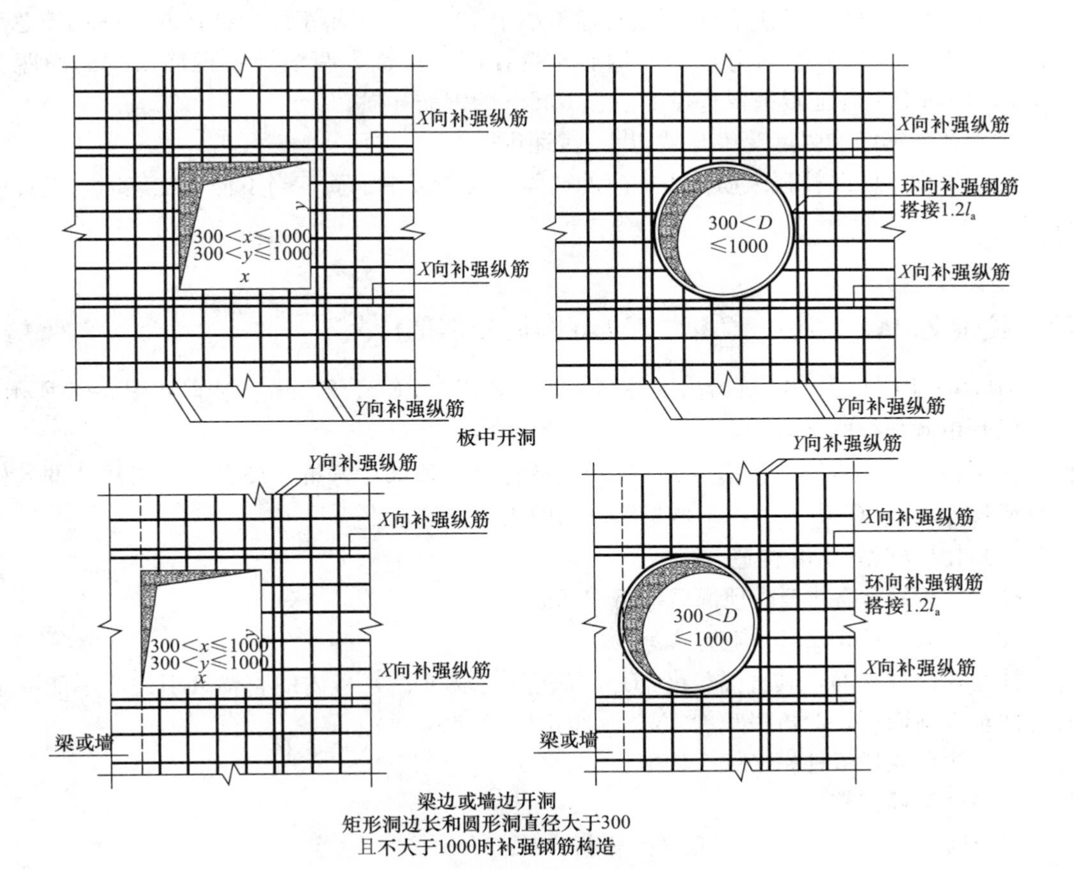

图 5-53　矩形洞边长和圆形洞直径

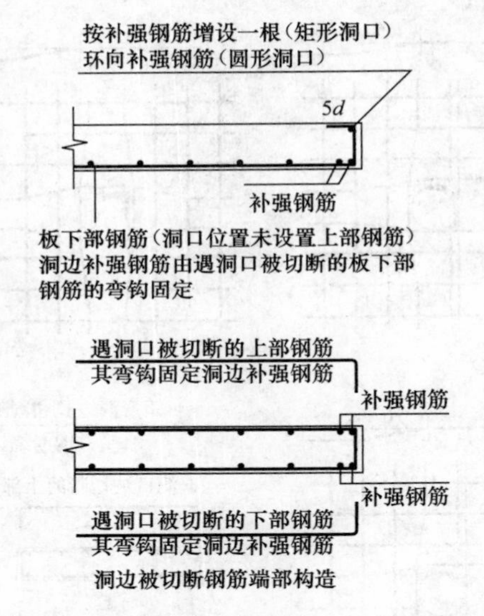

图 5-54　板开洞 BD 与洞边加强钢筋构造二（洞边无集中荷载）

（1）当设计注写补强钢筋时，应按注写的规格、数量与长度值补强。当设计未注写时，X 向、Y 向分别按每边配置两根直径不小于 12mm 且不小于同向被切断纵向钢筋总面积的 50%补强，补强钢筋与被切断钢筋布置在同一层面，两根补强钢筋之间的净距为 30mm；环向上下各配置一根直径不小于 10mm 的钢筋补强。

（2）补强钢筋的强度等级与被切断钢筋相同。

（3）X 向、Y 向补强纵筋伸入支座的锚固方式同板中钢筋，当不伸入支座时，设计应标注。

27　柱帽 ZMa、ZMb、ZMc、ZMab 构造分别是什么?

11G101-1 图集第 105 页给出了柱帽 ZMa、ZMb、ZMc、ZMab 构造，如图 5-55 所示。

（1）单倾角柱帽 ZMa 构造

柱帽斜筋下端直锚“$\geqslant l_{aE}$（$\geqslant l_a$）”；上端伸至板顶部后弯折“15d”，并引注“伸入板中直线长度$\geqslant l_{aE}$（$\geqslant l_a$）时可不弯折”。（旧图集：上端也直锚）

（2）托板柱帽 ZMb 构造

柱帽“U”形筋伸至板顶部后弯折“15d”。

（3）变倾角柱帽 ZMc 构造

柱帽含两种直筋，其直锚长度都是“$\geqslant l_{aE}$（$\geqslant l_a$）”。在板内的直锚处引注“不能满足时，伸至板顶弯折，弯折段长度 15d”。（旧图集无此引注）

（4）倾角联托板柱帽 ZMab 构造

柱帽含两种钢筋：

1）柱帽“U”形筋伸至板顶部后弯折“15d”。

2）柱帽直筋在板内和柱内直锚，其直锚长度都是“$\geqslant l_{aE}$（$\geqslant l_a$）”。在板内的直锚处

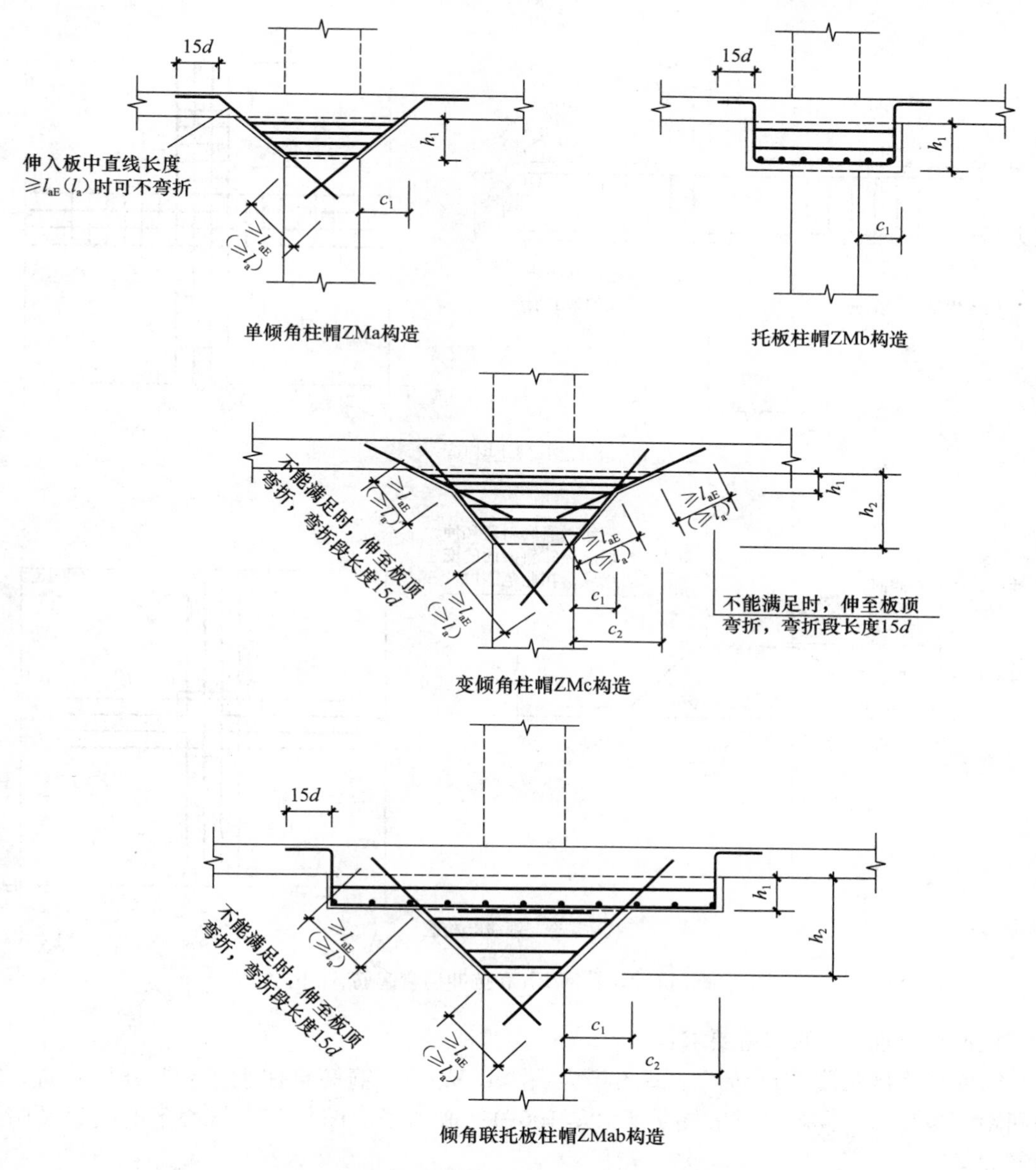

图 5-55　柱帽 ZMa、ZMb、ZMc、ZMab 构造

注：括号内数字用于非抗震设计。

引注“不能满足时，伸至板顶弯折，弯折段长度 15*d*”。

（旧图集无“U”形筋，而用较小的“L”形筋代替——每边长 12*d*）

28　抗冲切箍筋 Rh 和抗冲切弯起筋 Rb 构造做法是什么？

11G101-1 图集第 106 页给出了抗冲切箍筋 Rh 和抗冲切弯起筋 Rb 构造，如图 5-56 所示。

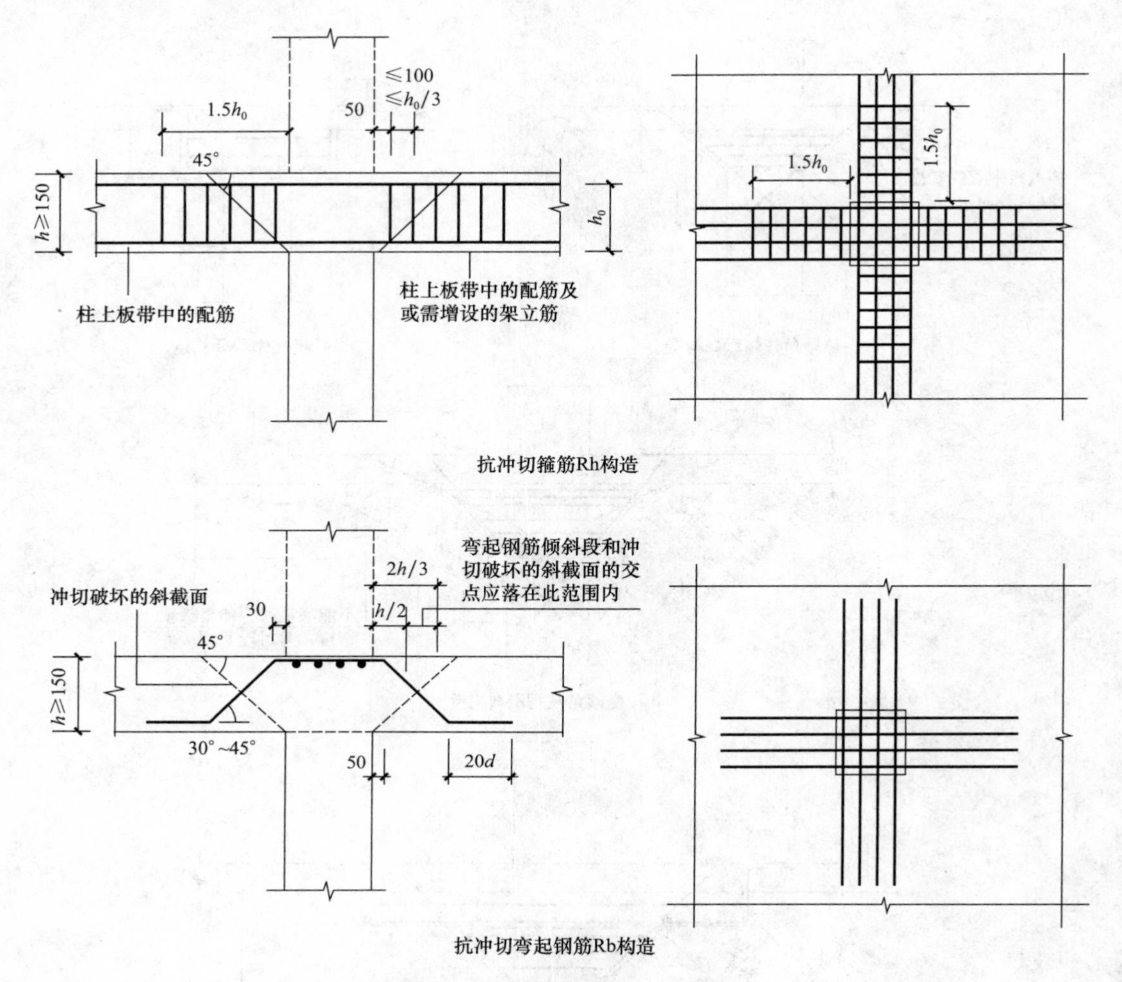

图 5-56　抗冲切箍筋 Rh 和抗冲切弯起筋 Rb 构造

抗冲切箍筋 Rh 的构造要求：

箍筋加密区长度“1.5h_0”（旧图集为“≥1.5h_0”）；箍筋自柱边“50”开始布置，箍筋间距“≤100，≤h_0/3”（旧图集无“≤100”）；取消了旧图集节点核心区的暗梁及暗梁箍筋大样图。

抗冲切弯起筋 Rb 的构造要求：

反弯筋的斜角“30°～45°”（旧图集为“45°”）；引注“冲切破坏的斜截面”（旧图集为“冲切破坏锥体的斜截面”）；新图集增加柱边“h/2”、“2h/3”的范围标注，并在上述范围之间引注“弯起钢筋倾斜段和冲切破坏的斜截面的交点应落在此范围内”。

参 考 文 献

[1] 中国建筑标准设计研究院. 11G101-1 混凝土结构施工图平面整体表示方法制图规则和构造详图（现浇混凝土框架、剪力墙、梁、板）[S]. 北京：中国计划出版社，2011.

[2] 中国建筑标准设计研究院. 11G101-2 混凝土结构施工图平面整体表示方法制图规则和构造详图（现浇混凝土板式楼梯）[S]. 北京：中国计划出版社，2011.

[3] 中国建筑标准设计研究院. 11G101-3 混凝土结构施工图平面整体表示方法制图规则和构造详图（独立基础、条形基础、筏形基础及桩基承台）[S]. 北京：中国计划出版社，2011.

[4] 中国建筑标准设计研究院. 12G901-1 混凝土结构施工钢筋排布规则与构造详图（现浇混凝土框架、剪力墙、梁、板）[S]. 北京：中国计划出版社，2012.

[5] 中国建筑标准设计研究院. 13G101-11G101 系列图集施工常见问题答疑图解 [S]. 北京：中国计划出版社，2013.

[6] 中国建筑科学研究院. GB 50010—2010 混凝土结构设计规范 [S]. 北京：中国建筑工业出版社，2011.

[7] 中国建筑科学研究院. GB 50011—2010 建筑抗震设计规范 [S]. 北京：中国建筑工业出版社，2010.

[8] 上官子昌. 平法钢筋识图与计算细节详解 [M]. 北京：机械工业出版社，2011.

[9] 赵荣. G101 平法钢筋识图与算量 [M]. 北京：中国建筑工业出版社，2010.

[10] 高竞. 平法结构钢筋图解读 [M]. 北京：中国建筑工业出版社，2009.